保持林業

木を伐りながら生き物を守る

柿澤宏昭＋山浦悠一＋栗山浩一 編

築地書館

はじめに

戦後さかんに造成された日本の針葉樹人工林が主伐可能な時期を迎え、各地で皆伐されるようになった。成熟しつつある資源状況を背景に、木材自給率の向上が期待されている。一方世界的には、森林の皆伐に対する批判を受けて、保持林業という伐採方法が一九九〇年代以降大きな注目を浴びるようになった。森林を伐採する際に樹木をすべて伐採せず、一部をその後の生物多様性や生態系の回復のために残すのが保持林業（retention forestry）である（注）。本文中で詳しく紹介されているように、例えば多くの国々で森林認証の要件になるなど、保持林業は世界的に普及し、保持林業の有効性を検証する実証実験も世界各地で実施・継続されている。

このような状況のなかで、日本でも生物多様性の保全に配慮して人工林を管理することは重要な論点になるだろう。実際、二〇〇〇年代以降、国内でも人工林における生物多様性の研究が行なわれ、知見が蓄積されるようになった。しかし、得られた知見は現場に落としこんで保全の実践につなげる必要がある。そのためには、国内で生物多様性の保全に直接関連する野外実験を行ない、生物多様性の保全に配慮した施業の具体的なモデルを構築する必要があると感じていた。人工林の主伐は、人工林の構造を変える決定的なイベントであり、そして森林の生物多様性の保全を推進するための大きなチャンスにもなると考えられる。

こうしたなか、北海道道有林課の理解と協力のもと、アジア地域で初となる保持林業の大規模操作実験が開始された。この実験が二〇一二年に計画されてはや六年が経過した。主要な伐採はすでに終了し、二〇一七年にはすべての伐採区の事後調査が初めて一斉に行なわれた。本書はこの実証実験の状況について紹介しつつ、世界的に注目されるようになった保持林業を多角的に検討し、今後の保持林業の日本での展開、さらには森林における生物多様性の保全についてまとめたものである。さまざまな観点からなる章を通読することにより、日本の林業の進むべき方向が見えてくると期待している。

第1章では、まず保持林業の紹介を行ない、各章を紹介しながら日本での保持林業の展望と課題についてまとめている。続いて、保持林業のアメリカ合衆国での勃興（第2章）、カナダでの保持林業（第3章）、既往研究の知見の整理統合（第4章）と、保持林業の世界的な動向を整理する。カナダでの実践の報告は、渓流生態系に森林の伐採と保持林業が及ぼす影響がまとめられている。国内で林業が行なわれている場所は渓流生態系を含むことが多く、保持林業にかかわらず一般的な施業にとっても大いに参考になるだろう。

その後、国内の事例として、北海道の実験（第5章）、富山の事例（第6章）を紹介している。富山のカラマツ人工林の報告は、国内ですでに実施されている保持林業の稀有な事例である。こうした国内の事例の紹介を通じて、読者に保持林業を身近に感じてもらえれば幸いである。

さらに第7章では、傘伐《さんばつ》や複層林施業といった、国内の非皆伐施業が総括されている。非皆伐施業は国内でも長い歴史があり、今後の保持林業を含めた施業を有意義に展開するために、国内の歴史は大いに参考にすべきであろう。第8章、第9章では海外での森林の生物多様性保全の制度を整理し、国内での保全への展望を述べている。最後に第10章では、環境経済学的視点から、森林における生物多様性保全の課題を整理している。

持続可能な森林経営が叫ばれるようになって久しいが、生物多様性の保全はそのなかで重要な位置を占める。日本は国土の六七％が森林で覆われた、森林大国である。日本の生物多様性を保全するためには、森林で生物多様性を保全しなければならない。木材消費大国の日本では、人工林は森林の四二％を占める。この値は決して小さくなく、日本の森林で生物多様性を保全するうえで、人工林は重要である。そして言うまでもなく、人工林は木材を生産するために造成された存在であり、伐採による木材生産も重要である。実際、現在伐採活動のほとんどは人工林で行なわれている。森林、そして人工林における生物多様性の保全については、世界各地で数多の実験や研究が行なわれている。しかし、森林を構成する樹木や生息する生物、森林を取りまく社会経済や歴史の地域性を考えると、欧米の研究成果をそのまま日本での生物多様性の保全に適用することはできない。日本で森林の生物多様性を保全するためには、日本で実験や研究を行なう必要がある。本書が日本の森林における生物多様性の保全に貢献することができれば幸いである。

なお、本書は、独立行政法人日本学術振興会平成三〇年度科学研究費助成事業（科学研究費補助金、研究成果公開促進費）の助成（ＪＳＰＳ科研費 JP18HP5244）を受けたものである。

編者一同

注――本書において保持林業という用語はretention forestryの全般的概念を指し示すものとして用い、保持林業のもとでの一連の具体的施業を保持林施業、保持林業のもとでの伐採（主伐retention harvesting）を保持伐・保持伐採、保持伐で残存させた立木・枯損木など（retained tree）を保持木とする。自然攪乱跡地に残った樹木などのbiological legacyは生物遺産とした。

目次

◉第1章

保持林業と日本の森林・林業

山浦悠一・岡　裕泰

自然攪乱、生物遺産と保持林業

――どんな強度の自然攪乱でも、樹木を枯らすことはあっても、その場から持ち出すことはない。

これは、アメリカ合衆国で保持林業の開発・普及を主導してきたジェリー・フランクリンの言葉である。噴火や山火事、風倒（台風などの強い風で木が倒れること）といった、短期間で生態系を変化させる出来事は「攪乱」と呼ばれる。主として人間によらない攪乱は「自然攪乱」、伐採などの人間による攪乱は「人為攪乱」と呼ばれる。フランクリンが言うように、自然攪乱の後には、立ち枯れた木（立ち枯れ木）や倒れずに残った生きた木（生立木《せいりゅうぼく》）、倒木などが残され、これらは「生物遺産」と呼ばれる。生物遺産は、攪乱跡地で多様な生物が生き残ることを可能にし、その後の生態系の回復に重要な役割を担う（この過程については、第2章で詳しく整理されている）。このため、生物遺産は攪乱前後の生態

図 1.1　北海道のトドマツ人工林における保持林業の実験地
人工林内に混交していた広葉樹を残している。伐採後は地拵え、植栽、下刈りを行ない、引き続き木材生産林としての経営をめざしている。この伐採区は広葉樹が 1ha 当たり 50 本残された中量保持区

系を結ぶ「糸」とも表現される（Franklin et al. 2000）。

森林を伐採して樹木を持ち出した後、残った枝葉を集めて整地し（地拵え）、種を蒔く（播種）、あるいは苗木を植える（植栽）――この一連の作業によって仕立てた森林を「人工林」と呼ぶ。これに対して、播種や植栽によらない森林の再生は「天然更新」、天然更新によって成立した森林を「天然林」と呼ぶ。人間の力によって均質に整地された植栽地は、自然攪乱跡地とは攪乱後の生態系として対照的である。フランクリンの冒頭の言葉は、このように単純化された伐採跡地や植栽地と自然攪乱跡地の対比を示したものである。

一九七〇年代から八〇年代にかけて、フランクリンは相反する二つの要求の間で揺れた。一つは、高まる木材需要

を背景とした残存原生林の伐採であり、もう一つは老齢木や絶滅危惧種、森林の審美的な価値の保全である。森林を木材生産に特化した「木の畑」と伐採を行なわない「保護区」に二分する以外に方法はないのか？　この答えとして、フランクリンのグループは、伐採しながら生物を保全する保持林業を提案した（Franklin 1989）。保持林業は、攪乱跡地における生物遺産の役割に注目し、森林を伐採する際にすべての樹木を伐採（皆伐）せず、立ち枯れ木や生立木を伐採跡地に残す森林施業である（図1・1）。これにより、木材を収穫しながら生物多様性を一つの林分（樹木の組成や構造が類似した一続きの区域で、森林管理の単位となる）内で保全する。彼らは保持林業を、従来の手法とは哲学が新鮮で異なるという意味でNew Forestryと呼んだ。これには第7章でふれられているように、従来の概念や手法の単なる焼き直しであるという批判もあった。だがNew Forestryは、樹木を残す目的として、それ自身が種子の供給源となることだけではなく、複雑な生態系の維持に焦点をおくことを強調している。保持林業の考案の契機となったアメリカ合衆国西海岸北部にあるセントヘレンズ火山の噴火や保持林業の勃興期の経緯については、第2章で詳しく記載されている。当時、保持林業に懐疑的な人々から、伐採地に残された樹木は「避雷針」と揶揄されたという（中村太士　私信）。その後の保持林業のアメリカ合衆国での普及に関しては、第8章を参照してほしい。

保持林業の定義、目的、展開

保持林業とは、森林の構造や生物を伐採する際に残し、長期的に維持する森林施業と定義される（Gustafsson et al. 2012; Lindenmayer et al. 2012）。第7章で整理されているように、主伐（上層木を伐採し世代交代を促す伐採）時に樹木を残す森林施業は非皆伐施業と呼ばれ、さまざまな方法がある。ほかの非皆伐施業と比較して、保持林業の特徴は残す木の選び方にある。典型的な保持林業では、生物多様性の保全のために重要な生立木や立ち枯れ木を優先的に残し、それ以外の樹木を伐採する。木材生産に主眼をおいた従来の非皆伐施業では、木材としての価値が高い樹木を伐採し、価値の低い樹木を残す。あるいは、将来の木材生産のために、経済的に価値が高い樹木（優良木）の一部を残しながら、その他の樹木を伐採する。

先述したように、保持林業はアメリカ合衆国西部で提案されたが、それより前から、あるいは同時発生的に、世界各地で類似の施業法が考案され、実施されてきた。その背景の一つに、皆伐への社会的な批判がある。例えばスウェーデンは、すべての伐採地で保持林業が用いられている数少ない国である。スウェーデンでの保持林業の普及の背景には、一九七〇年代の皆伐への社会的な批判、それに続く環境に配慮しない木材商品のボイコット運動がある（Simonsson et al. 2015）（第8章参照）。皆伐への批判は日本国内でも行なわれており、国内では複層林施業（スギ・ヒノキ人工林を抜き伐りし、明るくなった林床にスギ・ヒノキを植栽し、スギ・ヒノキの二段林を造成するのが代表的）が皆伐に代わる方法として注目されてきた。皆伐への批判に対する新たな施業法の模索に関しては第6章、特に日本国内に関しては第7章を参照していただきたい。

保持林業には三つの目的がある（Franklin et al. 1997）。一つ目は生物や生態系機能の救済である。伐採跡地に樹木を残して生物に生息地を提供して、温度や湿度などの環境条件を改善し、そして自ら光合成ができない消費者や分解者にエネルギー源を提供する（図1・2）。二つ目は次の主伐までの間、森林の構造を複雑にすることである（図1・3）。これは、例えば大きな樹洞を有した大径木など、形成に時間が

図 1.2　伐採区に保持された広葉樹を使う森林性鳥類
北海道の実験地での調査から、広葉樹の保持は鳥類の保全に役立つことがわかってきた
a：日本の天然林に生息する代表的な鳥類、キビタキ（森林総合研究所提供）
b：日本で最大のキツツキ、クマゲラ
c：大径木で営巣・採食し、伐採に敏感なことで知られるキバシリも保持木を利用していた

図 1.3　北海道の保持林業実験地に生育するシナノキの大木
上：成熟したトドマツ人工林に混交する大径木。人工林造成時に残された広葉樹は大径木となり、人工林の構造を複雑にし、人工林の生物多様性の保全に大きく寄与する
下：伐採区に残された大径木。このシナノキも、60 年前に人工林を造成したときに保持されたと考えられる

図 1.4　北海道の実験地のドローン空撮写真
広葉樹を 1ha 当たり 50 本残した中量保持区。森林性の鳥類は保持木をつたって伐採区を横断できる（古家直行氏〈森林総合研究所〉撮影）

かかる森林の要素を維持するために特に重要である。三つ目は伐採されずに残された森林の間の連結性の向上である（図1・4）。森林性の生物にとって、伐採がさかんな地域の非伐採地は、伐採地という海に浮かぶ島のように映っているだろうが、樹木を伐採地に保持することにより、この海を浅くして移動を容易にする。

保持林業は現在世界的に注目され、一億五〇〇〇万ヘクタールに上る亜寒帯と温帯の森林で実施されている（Gustafsson et al. 2012）。この世界的な普及には、FSC（Forest Stewardship Council：森林管理協議会）などの森林認証制度（詳しくは第8章を参照）が大きな役割を果たしている。先述したスウェーデンでは、一九九三年に改訂された森林法で、環境と生産は等しく重要で、森林は生物多様性を維持しながら持続可能な財の収穫をもたらすように管理すべき国家資源であると明記されている（第4・8章参照）。伐採地に樹木を残していないと認証材として認定されない。一九九七年に制定されたFSCの認証基準では、背の高い切り株の作成（第4章図4・3）、一ヘクタール当たり少なくとも一〇本の大径木・老齢木と、すべての枯死木の維持が盛りこまれた（Simonsson et al. 2015）。なお、スウェーデンでは日本同様、こうした施業地の多くは植栽によって更新される人工林だという（レナ・グスタフソン 私信）。スウェーデンで保持林業を支える社会的な仕組みについては、第8章で詳しく紹介されている。またアメリカ合衆国のFSCでは、認証基準（指標6・3・f）に伐採地での大径木や腐朽木、立ち枯れ木の維持が含まれている。地域によっては、一定面積以上で人工林施業を行なう際には、伐採地に生立木などを残すことも求められている（指標6・3・g・1）。カナダでも保持林業の普及が進みつつあるが、こちらについては第3章で現場の様子を含めて詳しく紹介されている。

日本の森林・林業の歴史

このように世界的に注目されつつある保持林業であるが、なぜ今、日本で保持林業に注目する必要があるのだろうか？　まず簡単に日本の森林・林業の歴史を振り返り、その後、保持林業の日本における重要性について考えたい。

日本の国土の六七％は森林で、植栽によって成立した人工林はそのうち四二％を占める。日本の人工林面積一〇二七万ヘクタールは最近、世界における順位を下げたものの第七位、国土面積に対する人工林面積は二八％で、世界第五位である（FAO 2015）。世界的には、日本は森林が豊富でかつ人工林が比較的早くから大面積に造成された国といえる。**図1・5a**は、各種資料をもとに再構築した、日本の過去二〇〇〇年間の土地利用の歴史である。森林が国土の大部分を一貫して占めてきたことに疑いの余地はないが、土地利用は大きく変遷してきた。

依光良三（一九八四）は、日本の森林の転換点として四つの時期をあげている。第一は、人口が一〇〇〇万人を超えた一一世紀で、森林が農業のための採草地に転換されるようになった。次の転換点は一七世紀前半で、安定した江戸時代を迎え、人口は三〇〇〇万人に達した。建築用材を供給するために多くの森林が伐採されるようになった。建築熱に沸いたこの時期、掠奪的な伐採により、日本列島のほとんどの高木林が裸にされたという（タットマン 一九九八）。不足した木材資源と高い木材需要のもと、スギやアカマツ、ヒノキを主体とした針葉樹の人工林林業が各地に広がった。タットマン（一九九八）は、日本で江戸期に森林が残った理由として、この時期に天然林を対象とした採取林業から人工林を対象とした育成林業へ転換できたことをあげている。さらにこの時期、薪炭材や肥料を生産するために、雑木林の利用も集約的に行なわれた。また、草地は国土の一〇％以上を占め（具体的な値は諸説ある）、その面積は最近二〇〇〇年間で最も大きかったと考えられる。

次の転換点は一九世紀後半の明治期で、森林鉄道（伐採した木材を運搬するための専用の鉄道）や林道が用いられ、より奥地の森林が開発されるようになった。明治期は日本の森林が最も荒廃した時期だとされる（千葉 一九九一）。一方でこの時期は、化学肥料などの普及により、採草地の需要が減少した。役割を終えた草地は人工林に姿を変えた（依光 一九八四）。

最も劇的な転換点は戦後の一九五〇年代で、燃料革命により雑木林が利用されなくなった。人口は一

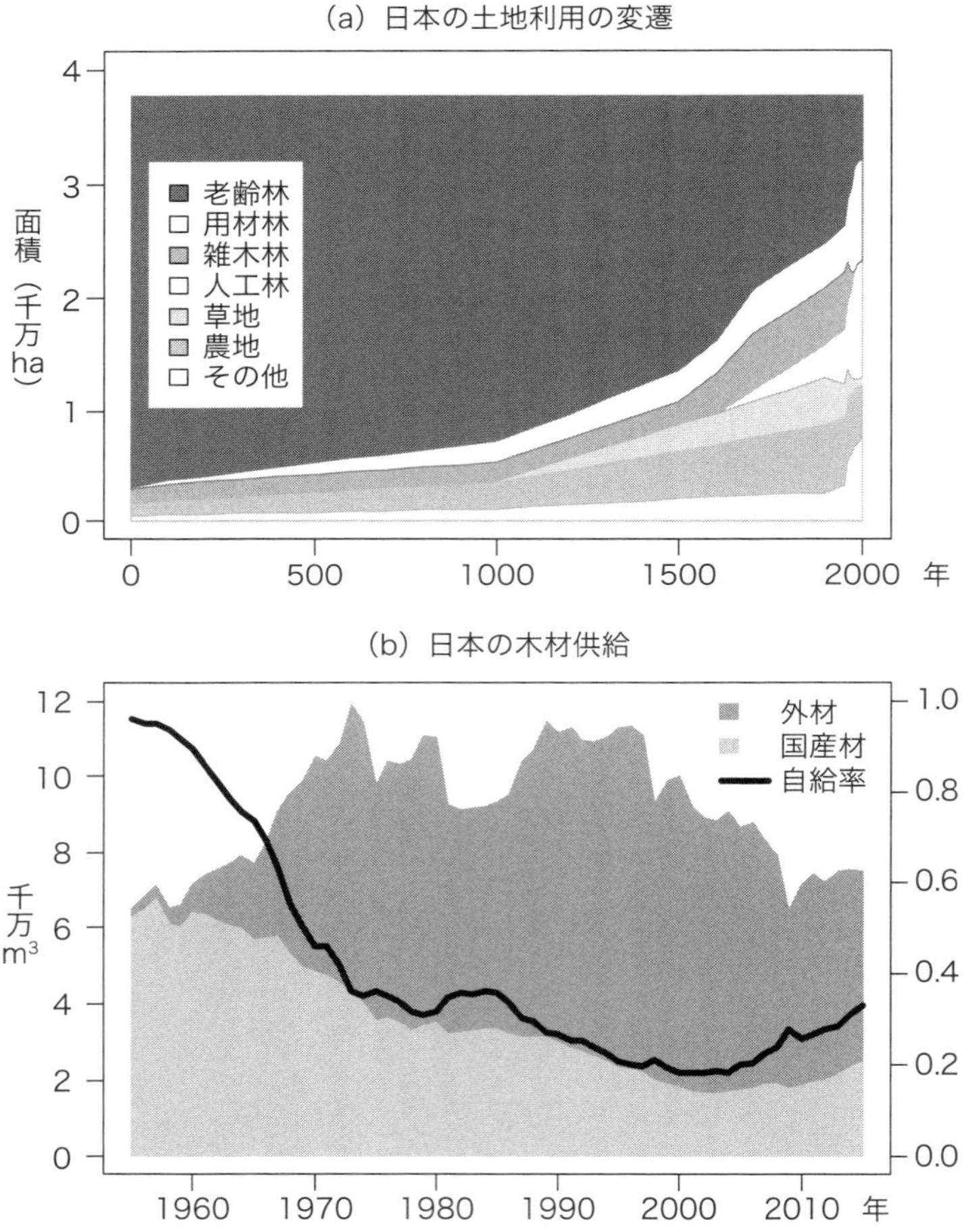

図 1.5　日本の土地利用と木材供給の変遷

a：依光（1984）などの各種資料をもとに、日本の土地利用を 7 つに区分し、構成割合の変化を推定した。用材林は人手の入った痕が残る天然林を示し、択伐林や管理が放棄された雑木林を含む。図内の 7 つの土地利用は、凡例と同じ順で上から並べている（Yamaura et al. 2012a をもとに作成）

b：木材需要（供給）累年統計（林野庁 2016b より作成）

億人にまで急激に増加し、木材需要も大きく増加した。拡大造林政策のもと、草地や雑木林、二次林（伐採後再生した森林）が木材生産性の高い針葉樹人工林によって置き換えられ、人工林率は四〇％に達した。草地は大きく面積を減らし、現在国土の一％を占めるにすぎない。一方で木材の輸入自由化以降、安価で品質のそろった大量の輸入材に押され、一九五五年当時九六％あった木材自給率は二〇年後の一九七五年には三六％、二〇〇二年には一八％まで落ちこんだ（図1・5b）。森林の伐採面積も一九五〇年代をピークに長期的に減少した。第一次・第二次世界大戦を経て荒廃した山地は下流域に土砂災害や水害をもたらしたが、山地保全事業により、三〇〇年以上続いた山地荒廃は大きく復旧した（太田二〇一二）。

森林伐採の長期的な減少、山地の復旧を経て、近年、日本の森林は大きく成長した。昭和後期から平成（一九七〇年代から二〇〇〇年代）にかけての森林の最も大きな変化は、面積の増加でも減少でもなく、樹木の成長である。人工林は荒廃した国土の保全のほか、主として製材用原木を生産するために造成されたが、製材・合板の国内需要は一九七〇年代のピークに比べると半減した。これに代わってパルプ・チップの需要が一九九〇年代半ばまで増加を続けたが、その需要も一九九〇年代をピークに減少に転じている（林野庁 二〇一六b）。これにともない、日本人一人当たりの木材需要量も、一九七三年のピークからおおよそ半減している（林野庁 二〇一六a）。さらに、日本の人口は今後一〇〇年間で半減する（明治の人口に戻る）という、急激な人口減少を迎えると予測されており（国立社会保障・人口問題研究所 二〇一二）、木材需要も減少すると予測するのが自然だろう。それでも増大しつつある木材資源量を背景に、国内の木材生産量は九州の一部の地域などを中心に二〇〇二年以降増加に転じ、木材自給率は二〇一五年には三三％まで回復してきた（図1・5b）。

今、日本で保持林業に注目する理由

天然林から人工林への転換は、拡大造林期にも、政策的支援によって過剰に行なわれているのではないかという批判があった。多くの土地では初めての人工造林だったために、適地の判定を誤って、植栽木が健全に成長せず、人工林への転換が成功しなかった場合もある（横井・山口 二〇〇〇など）。植栽した当時の社会経済的状況のもとでは人工林造成が合理的だった場合でも、その後の木材需要の低下と外材輸入による価格低下や、賃金の上昇と生産性の低迷によって、結果的に経営としては失敗だったと判断される場合もある（四手井 一九七四など）。老齢の大径木を有する天然林や、薪炭林として利用されてきた里山林が続々と人工林化されて単純化していくのを惜しむ人々もいた（沼田 一九九四、依光 二〇一七）。また、人工林への転換が成功した場合でも、経済条件の変化や生物多様性の保全を考慮して、将来に向けて人工林をどう扱うべきか再検討が必要になる場合もある。

「平成二七年度森林・林業白書」（林野庁 二〇一六ａ）によると、現在、五〇年生のスギ人工林を主伐した際の平均的な木材収入は伐採などの経費を差し引くと、一ヘクタール八八万円と推定される。一方で、五〇年生のスギ人工林を育成するまでに必要な経費は一ヘクタール一一四万〜二四五万円と推定される。このように、木材の販売収益よりも経費のほうが一般に高くなってしまっている。一方で、人工林の成熟にともない林業の再生が近年期待され（林野庁 二〇一三）、造林や育林経費の低減に向けた研究がさかんに行なわれるようになった（梶本ら 二〇一六、山川ら 二〇一六）。例えばカラマツでは、大型の苗を低密度で植栽することによって下刈り回数を抑え、造林経費を三〇％削減できる可能性があるという（宇都木二〇一五）。

それでもなお現在では、人工林を伐採した後に再度人工林を造成して人工林林業を継続するためには、公的な支援が一般に必要とされる（林野庁二〇一六a）。そして、人工林を伐採したのちに再造林が行なわれない「再造林放棄地」が多く見られるようになっている（村上ら二〇一二）。さらに、近年では植栽木がシカに食害されるという問題が広域的に生じており（明石二〇一七）、シカの多い地域では、シカ柵の設置など食害対策にともなう造林・育林費のさらなる上昇が避けられない状況になっている（コラム1）。例えば、林分全体を柵で囲うゾーンディフェンスの場合、一ヘクタール当たりの初期コストは一〇〇万〜一六〇万円、一五年間のトータルコストは五〇〇万円に上るという（野生動物保護管理事務所二〇一四）。ちなみにこれには柵の撤去費用は入っていない。

こうしたなかで、国内林業にどのような展望を見出していったらよいのだろうか？　大住克博（二〇〇七）は、「それでも林業をする理由」という論説のなかで、山村振興や公益的機能の発揮など、林業再生にかかわる多面性を指摘している。しかし少なくとも、林業は木材の生産費用を減少させる一方で、森林の社会的な価値（便益）を総合的に向上させるように努力する必要があるということに関しては、多くの人の同意を得られるのではないだろうか。そこで生物多様性の保全は重要な役割を担うだろう。保持林業などに代表される、環境に配慮した森林の管理の仕方を模索していく必要があるのではないだろうか？

日本の人工林と保持林業

一般に天然林――特に老齢段階に達した天然林（老齢林）――には多様な樹種が生育し、林冠を構成する高木層からその下の亜高木層や低木層など、複数の階層構造が形成される。第4章で述べられているように、森林に多様な生物が生息するのは、まさにこうした樹木の多様な種組成や階層構造のおかげである。近年では、樹木の種多様性は、森林の成長量や炭素貯留機能、レクリエーション機能など多様な森林の機能の源となっていることが示されるようにもなった（Gamfeldt et al. 2013; Liang et al. 2016）。単一樹種の苗木を植えて均一で単純な生態系（人工林）をつくり出すことによる木材生産性の最大化は、多様な森林の機能を犠牲にすることによって達成されているといえよう。木材生産という目的に特化（専門化）した単純な森林は、森林を取りまく環境や人間の森林への需要の変化に対応する能力が小さいという指摘は、海外でも近年なされるようになった（Puettmann et al. 2008; Messier et al. 2015）。

樹木の多様性や森林の構造が単純化して森林の各種機能が低下してしまっているならば、これらを少しでも複雑化すれば森林の機能が向上すると期待できる。実際、下層植生が発達し広葉樹が混交した針葉樹人工林では、甲虫や鳥類の多様性が高いことが国内の研究から明らかになってきた（Ohsawa 2007; Yamaura et al. 2008; Yoshii et al. 2015）。こうした研究事例は、針葉樹人工林でも状況によっては広葉樹が生育し、生物多様性の保全に寄与できることを示している。実際、間伐は広葉樹が更新・発達する契機になり（野々田ら 二〇〇八、Seiwa et al. 2012）、高齢の人工林では広葉樹が混交しやすいことが知られている（鈴木ら 二〇〇五、Ohsawa and Shimokawa 2011）。また、第5章でふれられている北海道の保持林業の実験地では、直径が一メートルを超えるような広葉樹を人工林のなかで時折目にすることができる(図1・3上)。伐採区では、広葉樹大径木は現在、保持木として伐採されずに残されている(図1・3下)。広葉樹大径木は恐らく、人工林を造成するときに、伐採するのが容易ではなく、伐採しても高値で売れないと判断されて残されたと考えられる。同様の事例は山梨県でも報告されており、成熟した人工林内では大径木となり、人工林内での生物多様性の保全に重要な役割を果たしている(コラム2)。第6章では富山県のカラマツ人工林での広葉樹の保持の事例が詳しく紹介されている。

現在、戦後さかんに造成された日本の人工林は主伐開始期を迎え、林業の再生が期待されている(林野庁二〇一三)。これまで述べてきたように、通常の人工林林業の施業体系では、主伐の際に樹木はすべて伐採され(皆伐され)、地拵えの後に苗木が植栽される。しかし、気候や地形、人工林の履歴や施業の経緯によっては、人工林でも広葉樹が混交してそれなりの生物多様性が保たれている。人工林を主伐する際、こうした広葉樹を伐採せず、生物多様性保全のために残すという選択肢があってもよいのではないだろうか? 第7章で紹介されている複層林施業をはじめ、長伐期施業や強度の間伐などが人工林での環境配慮型施業として提案されてきた。もう一つの選択肢として、保持林業を提案したい。これが本書の問題意識である。

人工林における生物多様性保全の便益

さて視点を変えて、人工林で生物多様性を保全する意義について考えてみたい。従来、人工林における生物多様性の保全は、経営上考慮すべき事項を増やし、経費ばかりかかる面倒なこととしてとらえられてきたといえるだろう。しかし一方で、生物多様性やその保全に対する社会的な理解はここ一〇年で大きく進んだ。人工林に広葉樹や立ち枯れ木を維持して生物多様性を保全することに意義を見出すことができるかもしれない。こうした状況下で、私たちは現地調査により、人工林に広葉樹が増加すると鳥類が増加することを明らかにし、アンケート調査により鳥類が増加することの経済的な価値を評価した。その結果、広葉樹を増加させることによって生じる経済的な損失は、鳥類が増加することによる経済的な価値の増加により相殺された。つまり、人工林で広葉樹を混交させて鳥類の多様性を保全することで、人工林の社会的価値を高めることができる（コラム3）。木材を効率的に生産するために、森林の構造や組成を犠牲にするのが人工林だが、そこに複雑性を一定程度付与することによって、森林（や林業）の価値を高めうるのである。

実際、人工林の主伐による木材自給率の向上が望まれる一方で、人工林内や人工林が優占する景観での生物多様性の保全も重要な課題になってきた。例えば林野庁は、二〇一六（平成二八）年策定の森林・林業基本計画で、皆伐・再造林を前提とした木材生産を行なう人工林（育成単層林）の面積を、現在の一〇三〇万ヘクタールから段階的に減少させ、将来的には六六〇万ヘクタールにまで縮小するという目標を打ち出している。木材生産以外の公益的機能を発揮するために、現在の人工林の三分の一以上を広葉樹との混交林（育成複層林）に誘導していくとされる。「木材生産のために造成された人工林で、なぜ生物多様性を保全するのか？」こうした疑問の声はよく聞かれた。しかし政策的にも、日本の森林・林業、人工林は大きな転換点を迎えているのである。

日本の人工林では、何を、どの程度、どのように残すのか？

それでは、人工林の伐採地にどのような樹木を何本、どのような空間的配置で残せばよいのか？　伐採する樹木を優先的に選択する択伐とは異なり、保持林業では伐採後の生物多様性や生態系の回復過程を考慮し、残す樹木が優先して選択される（Franklin 1989）。このため、何を残すかは保持林業の要である。しかし、保持林業が普及している欧米の主要林業地では、苗木の植栽や播種を行なわなくとも、伐採後は木材として適した高木から構成される森林が成立する。これは、木材生産を行なう生産林と保全に特化した保護林の間で、樹木の構成に大きな違いはなく（第8章参照）、伐採地で保持される樹木は、保護林を構成する樹木である場合が多いことを意味する（山浦ら 二〇一八）。保持林業は、自然攪乱後の生態系の回復過程を参考に、天然更新を主体とした北米の林業地帯で提案され、天然林施業において推奨される地位を確立してきたといえよう。

この点で、スギやヒノキなどの人工林が生産林の中心となる日本は大きく状況が異なる。しかし、針葉樹の人工更新が主体の北欧林業においても保持林業は森林認証基準として広まっている。これまで述べてきたように、針葉樹人工林で保持林業を行なって生物多様性を保全しようとするとき、広葉樹が混交していれば、広葉樹を保持の対象にするのが有望な選択肢だろう。例えば、生産林が針葉樹主体で構成されるスウェーデンでは、生産林で広葉樹を少なくとも一〇％保持することがＦＳＣの森林認証基準で求められている（基準6・3・8）。リンドブラッドら（Lindbladh et al. 2017）は、オウシュウトウヒの生産林で、広葉樹が一五％未満であっても広葉樹が増加すれば鳥類の種数が増加することを示している。

ハンター（Hunter 1990）は針葉樹林に生息する生物が少ない理由について、針葉樹の葉が昆虫の食物として適していないこと、針葉樹に樹洞ができにくいこと、針葉樹は種子散布や花粉媒介などを介して動物と共進化を遂げていないことなどをあげている。第5章で、北海道の実験地における樹種選択のいきさつが述べられているので参照していただきたい。ただし、第7章ではスギ・ヒノキの分布の変遷を考慮し、スギ・ヒノキの保持に関して前向きな指摘も行なわれている。

林冠層に達した広葉樹が存在しない場合には、次善の選択肢として広葉樹の低木や若齢木を保持したり（第8章のフィンランドの例も参照）、前述のようにスギやヒノキといった植栽木の一部を伐採せずに残すという方法もありえるだろう。ほかには立ち枯れ木や枯損木、倒木も維持する対象となりうる。北欧のように植栽木の立ち枯れ木を創出する選択肢もある（林業試験場 二〇一四）。例えば私たちの研究から（Yamaura et al. 2008）、植栽されたカラマツの立ち枯れ木であっても、その存在はカラマツ人工林の樹洞営巣性鳥類の多様性を高めることが明らかにされている。雲野明（二〇一二）は、七年生のグイマツ人工林内にポツンと単木的に残されたシラカンバに樹洞が九個あり、アカゲラとヤマゲラがこの樹洞木をねぐらとして利用しているのを確認している。

残す対象が決まれば、それ以外の主要な課題は、何本、どのような配置で残すかである。フィンランドでは一ヘクタール当たり五本残すことが推奨され（Triviño et al. 2017）、スウェーデンではほぼすべての伐採地で一ヘクタール当たり一〇本残されているという（Simonsson et al. 2015）。グスタフソンら（Gustafsson et al. 2012）は、保持林業の目的を達成するためには、少なくとも伐採地に五〜一〇％の木を残す必要があるだろうと指摘している。また、樹洞を利用する動物を保全するためには、森林内に一ヘクタール当たり五〜一〇本の立ち枯れ木を残すことが推奨されている（Hunter 1990; Newton 1994）。北米やタスマニア

表 1.1　単木保持と群状保持の比較

目的	単木保持	群状保持
残される樹木の多様性	伐採前の樹種構成や保持対象に依存	伐採前の樹種構成や保持対象に依存
大径木	重視	軽視
林冠構造	単純	複雑
攪乱されない林床の維持	困難	群状保持区の面積だけ確保される
微小気候の改変	小さいが全面的	大きいが局所的
水循環への影響	同上	同上
根系の維持	同上	同上
伐採コスト	大きい	小さい
安全性の問題	同上	同上

（Franklin et al. 1997 を参考に作成）

の保持林業では、主伐時に、林縁効果の影響を受ける部分（残された木を中心にして、その木の樹高を半径とする円内の面積）が伐区の五〇％以上を占めることが必要とされている（B. C. Ministry of Forests 2002; Neyland et al. 2012）。つまり、残される木の樹高が五、一〇、一五、二〇、二五メートルのとき、一ヘクタール当たり最低限残す本数はそれぞれ六四、一六、八、四、三本となる。後述する群状保持の場合には、個々の木の影響範囲が重複するので、この基準を満たすためには、より多くの本数を残す必要がある。なお、実証研究からは、保持する本数に関して、最低限保持する本数を示す閾値は今のところ見つかっていない（Fedrowitz et al. 2014）。保持の効果についての最新の知見に関しては、第４章をご覧いただきたい。

樹木の残し方に関するもう一つ重要な点は、その配置である。樹木をまとめて残すか（群状保持）、ばらばらに残すか（単木保持）によって、保持の効果は異なってくると予測される（**表１・１**）。しかし、これまでのほとんどの研究は群状保持か単木保持の片方、あるいはその両方を用いて保持の量の効果を検証しており、群状保持と単木保持のどちらがすぐれた効果を上げるかについてはほとんど明らかにされておらず（Fedrowitz et al. 2014）、今後の研究成果が待たれる（第4章も参照）。しかし、当初から予測されていたように、求める機能によって適した配置は異なり、お互いに補完的な役割を担っていると考え（例えばLee et al. 2017）、状況によって適宜使い分けることもできるだろう。

なお、天然更新を主体とした林業が展開されてきた北米でも、近年では植栽をベースにした集約的な人工林林業がさかんに行なわれるようになってきた。当初北米では、景観の一部を犠牲にして、木材生産性の高い人工林を造成すれば、残りの森林は伐採を行なわずに保護できると指摘されてきた（Vincent and Binkley 1993; Sedjo and Botkin 1997）。しかしアメリカ合衆国南部のように人工林の面積が増えると、今度は人工林内での生物多様性の保全が重要な社会的課題と認識されるようになった。そのための手段として、主伐時の樹木や立ち枯れ木の保持が脚光を浴びている（Demarais et al. 2017）。何とも皮肉である。

アジア初の保持林業の検証実験

保持林業への世界的な注目を背景に、保持林業の効果を検証する実験が現在世界的に行なわれている。第4章の図4・11を見ていただければ、保持林業の検証実験は主に北欧と北米で行なわれており、日本を含めたアジアではまったく行なわれていないことがわかる。こうした状況のなか、北海道の道有林で、トドマツ人工林を主伐する際に広葉樹を残す大規模な実験が始まった。これまで述べてきたように、保持林業は天然更新が主体の林業地域で展開されてきた。人工林が生産対象である日本へ導入するためには、残す対象や量、配置など、さまざまな点を新たに考慮する必要があり、国内での検証をせずに導入することは難しい。あのピッチャーのカーブはこんなに曲がるのか!? バッターボックスに立って驚くことは多い。第3章でもふれられているように、日本の森林で生物多様性を保全するためには、日本で研究を行なう必要がある（山浦 二〇〇七）。

北海道の実験地では、人工林を主伐する際に混交する広葉樹を実験的に残し、主伐を行なった後に地拵えを行ない、トドマツを再造林している。まさに単一の林分のなかで木材生産と生物多様性の保全を同時に達成しようという試みである。広葉樹を残した伐採区は、樹木を残さない皆伐区や伐採しない対照区と比較され、生物多様性や木材の生産性、水源涵養機能が調査されている（尾崎ら 二〇一八、Yamaura et al. 2018）。残している広葉樹の本数や配置、実験の過程など、詳細は第5章で詳しく紹介する。この実験では伐採区と対照区の両方で、伐採前と伐採後の調査を行なっている。第3章で詳しく述べられているように、空間と時間の二軸からの検証は、得られた実験結果の厳密性を担保するうえで重要である。

日本における保持林業の見こみと課題

針葉樹人工林で広葉樹を保持する保持林業は、日本でも山梨県や富山県、北海道で、拡大造林期から生物多様性の保全とは異なる意図ではあるが、実施されてきた実績がある。また、主伐時に樹木を残すという作業自体は理解されやすく、国内の小規模林家でも実施が可能であることも保持林業の長所だろう。第9章で示されているように、生物多様性の保全に理解のある森林所有者も増えてきた。北海道での実験はすべての伐採が終わったところだが、保持林業の有効性は実証研究で示し、保持林業の実施にともなう経済的損失（費用）を見積もる必要がある（表1・2）。森林経営としては、最低限の収益が確

表 1.2　保持林業で想定される便益と損失

便益	生物多様性の保全 水土保全機能の維持・促進 審美的な価値の維持・促進 木材生産性の長期的な維持
損失	保持木を販売した場合の木材収益 伐採・作業効率の低下（保持木の倒伏リスク回避などに割く労力の増加を含む） 植栽面積の縮小（保持木が成長するほど小さくなる） 保持木や保持木の稚樹による植栽木の被圧

保できなければ、保持林業は実施することができない。第6章や第7章でふれられているように、樹木を伐採地に残し、その後苗木を植栽することは、伐採作業の効率性を下げ、苗木の成長を低下させると予測される。こうした経済的損失は保持木の本数が少なければ比較的小さいが、少数でも木を残せば針葉樹を植栽できる面積は狭くなる。残された広葉樹が枝を広げ、種子の供給源となれば、人工林内の植物の多様性は向上する一方で（第6章参照）、植栽木の占有面積は減り、下刈りや除伐の労力は増大し、人工林の生産性はさらに低下するだろう（第6・7章参照）。

生物多様性を保全することの社会的価値（便益）は、コラム3でふれるように、特に生物多様性が劣化している状況では大きいと考えられる。この意味で、人工林が卓越して天然林が希少な景観では、広葉樹を保持する意義が大きいと考えられる（**表1・3**参照。ただし、この点に関してはいくつか異論もある：Barlow et al. 2016; Betts et al. 2017）（第4章参照）。また、日本の人口の将来的な減少や一人当たりの木材需要の減少を考えると、将来的に生産林として利用される人工林は、意外に少ないのかもしれない。その際、人工林に混交する広葉樹は天然林再生のカギとなる。混交広葉樹は、周囲に天然林が乏しい場合には特に重要だと考えられる（第6・7章参照）。そして将来的に人工林として維持される可能性が不確かな場所では、天然林への再生に備えて広葉樹を維持する意義が大きいだろう

表 1.3 人工林に広葉樹を保持する伐採手法の適地

景観のタイプ	人工林卓越				天然林卓越			
現在の管理形態	生産	生産	伐採対象外	天然林化	生産	生産	伐採対象外	天然林化
将来の管理形態	生産	状況依存	老齢化	状況依存	生産	状況依存	老齢化	状況依存
保持林業の適合度	可能～好適	好適		好適	必要性低い	可能		好適

人工林内で広葉樹を保持することの意義は、特に天然林が少なく人工林が卓越する景観で大きいだろう。そして人工林のなかでも、今後木材生産林として維持されるか不透明な林分の施業法として、保持林業は適しているだろう

(表1・3)。

対照的に、天然林が多く残存する景観のなかで、人工林を人工林として伐採更新していく場合には保持林業を採用せずに集約的な林業を維持するという選択肢も考えられる。また、現在人工林が卓越し、広葉樹が希少な景観でも、今後人工林から天然林への誘導が相当に期待される場合には、生物多様性の保全は天然林に誘導する部分にまかせて、人工林として維持する部分は生物多様性ではなく林業生産を重視してもいいかもしれない。ただし、天然林は必ずしも人間が意図したとおりの組成や構造に再生できるわけではなく、再生には長い時間が必要である(Chazdon 2008)。一方で、保持林業の林業生産上の便益として、地力を維持し長期的な木材生産性を維持することができるという指摘も古くからなされてきた(Franklin 1989; Franklin et al. 1997)。これら一連の保持林業の損得をふまえて、生産林として維持していく人工林のどこで保持林業を実施すべきか、また混交林化を図る場合の伐採のタイミングや伐採木と保持木の決め方などについて考えていく必要があるだろう。前者については、第7章でも議論されている。

保持林業の勃興の経緯から、生態学的な重要性をもとに残す樹木を選ぶことが強調されてきた。この点で、一般に木材としての経済的価値が低い広葉樹を残すことに関しては、植栽木を残すことよりも収益に対する影響が小さい(広葉樹があればという仮定つきだが)。形質が悪いなどの理由

で材価の低い広葉樹でよければ、さらに敷居は低くなるだろう（コラム2参照）。しかし、森林の構造が複雑になると、伐採やその後の作業の安全性に与える影響を考慮しなければならない。また、人工林内に残っている優良広葉樹、例えばケヤキやウダイカンバといった、高値で売れる通直な（まっすぐに成長した）樹木を残すことは、経済的に不利になる。北欧では一ヘクタール当たり五〜一〇本といった保持木の基準が設けられているが、採算性の低い日本林業の場合は、これ以上採算性を低下させたら、人工林として再生産可能な生産林はほとんどなくなってしまうかもしれない。保持林業をはじめとした生物多様性の保全に対していかに価値を見出し、社会としてどのような施業を支援するかは重要な課題である。第8章では、海外で保持林業を含めた生物多様性の保全が社会制度のなかにいかに組みこまれ、実施されているかが紹介されている。第9章では、保持林業や生物多様性の保全を日本の森林で推進するための方策や課題に関して実際的な議論がなされている。第10章では、市場価格の存在しない生物多様性をいかに経済的に評価し、社会的な保全活動に結びつけるかに関して、具体的な事例とともに議論されている。

保持林業が日本で有効であると示されれば、保持林業を普及する手立てを考える必要がある。すでに述べたように、いくつかの欧米諸国では、保持林業が森林認証の基準として求められている。日本ではほかにも、保安林の制度に保持林業を組みこむことができるかもしれない。保安林は水源涵養や土砂流出防止など、さまざまな森林の機能を保全する目的のために指定を受け、その種類に応じて伐採の仕方に一定の制限が課せられている（第9章参照）。もし保持林業の実施が保安林に望まれる機能の維持向上に貢献するならば、保持林業に相当する伐採方法を伐採の要件として設定してもいいかもしれない。そして仮にこうした枠組みで保持林業を推進していく場合には、保持林業が適切に実施されているかを現場で判断する基準が必要になる（山浦ら 二〇一八）。林冠層に達した広葉樹がない場合の代替策も考慮し、伐採作業時の安全性や効率性にも考慮しながら、何を何本、どのように残すかに関して基準をつくっていく必要があるだろう。

もう一点、保全上の課題として、保持林業と草地性生物保全との折り合いがある。近年、日本では草地が大きく減少しており、それにともない草地性の生物も減少している。森林の伐採、特に地拵えや下刈りをともなう人工林施業は、植栽後一〇年程度、草地環境を創出する。そのため、林業活動は草地性生物の保全に寄与するのではないかと私たちは指摘してきた（Yamaura et al. 2012a, 2012b）。一〇年生以下の人工林（幼齢人工林）の草地性生物の保全機能は、数は少ないものの、国内でもハナバチ（Taki et al. 2013）やチョウ類（コラム4）、イヌワシ（コラム5）などの研究事例が存在する。しかし海外の研究によると、伐採地に樹木を多く保持すると、伐採地の環境が非伐採地に近くなり、草地性生物の保全機能が低下する（Fedrowitz et al. 2014）。例えば、人工林の前歴に注目し、草地由来の人工林は皆伐を行なって（樹木を残さずに）草地性生物の保全に重点をおき、天然林由来の人工林は混交する広葉樹を残して森林性生物の保全に重点をおくというのも一つの考え方かもしれない。もっとも、小量の保持ならば、草地性生物も伐採地に十分生息することができるだろう（Viljur and Teder 2016）。保持林業ははたして草地性生物や森林性生物の保全に顕著な貢献ができるのか、それに木の残し方がどのように影響するのか、実証研究による解明が待たれる。

生物多様性は保護区で守るのか、施業しながら守るのか？

冒頭で紹介したように、保持林業は単一の林分内で木材を伐採しながら生物多様性を保全する手法である。第４章で述べられているように、この手法にはおのずと限界がある。例えば、閉鎖環境を好むような森林選好性の強い種を保全するためには、非常に多くの樹木を残す必要があり、林業活動とはそもそも相容れなくなる（Vanderwel et al. 2007、山浦 二〇〇七）。したがって、保持林業を採用すれば森林性の生物が十分に保全でき、ほかの方策は考慮しなくてもよいというものではない。これに関しては、第４章と第7章で詳しく述べられているように、生物多様性は施業を行なわない保護区で守るのか（土地の節約land sparing）、施業を行ないながら林分内で守るのか（土地の共用land sharing）、という議論と大いに関連する（なお、land sharingは土地の「共有」と訳されることもあるが、本書では、土地の所有よりも土地の利用方法という観点から、「共用」という単語を用いた）。自然保護区は単一の大面積保護区と複数の小面積の保護区、どちらがすぐれているかという、二者択一の保全上の議論はかつてもあり、ＳＬＯＳＳ（single large or several small）と呼ばれた（山浦・森 二〇一二）。ＳＬＯＳＳに関しても、多様な生物が保全対象になることを考えると、どちらか片方の保全手法がすぐれているというわけではなく、両方の長所を生かすべきである、と近年指摘されている（Rösch et al. 2015; Gunton et al. 2017）。森林景観での生物多様性の保全に関しても、保護区の設立のみでは生物多様性は十分に保全できないことがすでに指摘されており（山浦 二〇〇七、山浦・森 二〇一二）、冒頭で紹介したフランクリンは、生物多様性の保全は、仮にたくさんの保護区が設立できたとしても、保護区内に物理的に隔離して解決するような問題ではない、と指摘している（Franklin 1993）。保護区と集約的な生産林および人工林内での生物多様性保全の長所を生かしつつ、景観全体として生物多様性の保全を推進していく。第7章でも述べられているように、両者のバランスは保全の目標や地理条件、社会経済的な状況に応じて柔軟に進めていくスタンスが今後大事になってくるだろう（Yamaura et al. 2012a, 2016）。

保持林業を小さな費用で実行できるならば、スウェーデンのように保持林業を一律に実行させるための制度を採用すれば、その普及を大きく推進するだろう。しかし、日本の林業を取りまく経済的な状況は厳しい。繰り返しになるが、保持林業の得失や社会的な状況を考慮して、適地を慎重に判断する必要がある。特に第7章で述べられているように、日本では保持林業同様、樹木を林地に残す複層林施業が研究・政策上、大きく推進されてきた。だが、結果として複層林施業は国内で顕著な普及にいたらなかった苦い経験がある。保持林業は海外で注目され普及を遂げているが、日本の自然・社会的な独自性を考慮し、複層林施業と同じ轍をふまないよう、国内の研究成果をふまえて冷静に評価する必要があるだろう。

森林・林業の社会的価値の向上をめざして

本書は生物多様性の保全に主眼をおいているが、伐採地に樹木を残すことは、森林の炭素貯留機能の維持や土砂流出・崩壊の防止にも貢献するという指摘がある（Dhakal and Sidle 2003; Putz et al. 2008）。保持林業が先行的に実施されている海外では、一般市民は皆伐地よりも樹木が残された伐採地を選好することが一貫して示されている（Brunson and Shelby 1992; Ribe 2005など）。伐採地の見た目の受け入れやすさ（審美的価値）は、森林施業、ひいては林業が社会的に受け入れられるかを左右する重要な森林の社会的評価軸である（Sheppard et al. 2004）。ヨーロッパでは、一般市民は大径木を有し、多くの樹種から構成される森林を好むという（Edwards et al. 2012）。人工林を伐採する際の広葉樹の維持、より一般的には、針葉樹人工林で広葉樹を維持することは、日本で人工林林業が社会に受容されて支持されるために重要な役割を担う可能性がある。**図1・3**やコラム2の山梨県の事例で示されているように、老齢の広葉樹大径木はどれも独特な樹形を有している。そして大径木は森林の機能や構造をも決定づける存在である（Lindenmayer and Laurance 2017; Lutz et al. 2018）。特に広葉樹老齢木の維持育成は、均質に管理される人工林に大きな個性を与えるだろう。現在、森林には木材生産以外の公益的機能の維持増進が大きく求められるようになった。本書が国内での保持林業を含めた生物多様性の保全の展開、ひいては林業の社会的な価値の向上に寄与できれば幸いである。

【引用文献】

明石信廣（二〇一七）森林におけるエゾシカの影響を把握する　森林科学　七九：一四―一七
B. C. Ministry of Forests (2002) The retention system: maintaining forest ecosystem diversity. Notes to the Field 7: 1-6.
Barlow, J., Lennox, G. D., Ferreira, J., Berenguer, E., Lees, A. C., Mac Nally, R., Thomson, J. R., de Barros Ferraz, S. F., Louzada, J., et al. (2016) Anthropogenic disturbance in tropical forests can double biodiversity loss from deforestation. Nature 535: 144-147.
Betts, M. G., Wolf, C., Ripple, W. J., Phalan, B., Millers, K. A., Duarte, A., Butchart, S. H. M., Levi, T. (2017) Global forest loss disproportionately erodes biodiversity in intact landscapes. Nature 547: 441-444.
Brunson, M., Shelby, B. (1992) Assessing recreational and scenic quality: how does new forestry rate? Journal of Forestry 90: 37-41.
Chazdon, R. L. (2008) Beyond deforestation: restoring forests and ecosystem services on degraded lands. Science 320: 1458-1460.

千葉徳爾（一九九一）増補改訂 はげ山の研究 そしえて

Demarais, S., Verschuyl, J. P., Roloff, G. J., Miller, D. A., Wigley, T. B.（2017）Terrestrial vertebrate biodiversity and intensive forest management in the U.S. Forest Ecology and Management 385: 308-330.

Dhakal, A. S., Sidle, R. C.（2003）Long-term modelling of landslides for different forest management practices. Earth Surface Processes and Landforms 28: 853-868.

Edwards, D., Jay, M., Jensen, F. S., Lucas, B., Marzano, M., Montagné, C., Peace, A., Weiss, G.（2012）Public preferences for structural attributes of forests: towards a pan-European perspective. Forest Policy and Economics 19: 12-19.

FAO（2015）Global forest resources assessment 2015. Food and Agriculture Organization of the United Nations.

Fedrowitz, K., Koricheva, J., Baker, S. C., Lindenmayer, D. B., Palik, B., Rosenvald, R., Beese, W., Franklin, J. F., Kouki, J., Macdonald, E., Messier, C., Sverdrup-Thygeson, A., Gustafsson, L.（2014）Can retention forestry help conserve biodiversity? A meta-analysis. Journal of Applied Ecology 51: 1669-1679.

Franklin, J. F.（1989）Toward a new forestry. American Forests 95: 37-44.

Franklin, J. F.（1993）Preserving biodiversity: species, ecosystems, or landscapes? Ecological Applications 3: 202-205.

Franklin, J. F., Berg, D. R., Thornburgh, D. A., Tappeiner, J. C.（1997）Alternative silvicultural approaches to timber harvesting: variable retention harvest systems. In Kohm, K. A., Franklin, J. F.（eds.）Creating a forestry for the 21st century: the science of ecosystem management. Island Press. 111-139.

Franklin, J. F., Lindenmayer, D., MacMahon, J. A., McKee, A., Magnuson, J., Perry, D. A., Waide, R.（2000）Threads of continuity. Conservation Biolology in Practice 1: 8-16.

Gamfeldt, L., Snall, T., Bagchi, R., Jonsson, M., Gustafsson, L., Kjellander, P., Ruiz-Jaen, M. C., Froberg, M., Stendahl, J., Philipson, C. D., Mikusinski, G., Andersson, E., Westerlund, B., Andren, H., Moberg, F., Moen, J., Bengtsson, J.（2013）Higher levels of multiple ecosystem services are found in forests with more tree species. Nature Communications 4: 1340.

Gunton, R. M., Marsh, C. J., Moulherat, S., Malchow, A.-K., Bocedi, G., Klenke, R. A., Kunin, W. E.（2017）Multicriterion trade-offs and synergies for spatial conservation planning. Journal of Applied Ecology 54: 903-913.

Gustafsson, L., Baker, S. C., Bauhus, J., Beese, W. J., Brodie, A., Kouki, J., Lindenmayer, D. B., Lõhmus, A., Pastur, G. M., Messier, C., Neyland, M., Palik, B., Sverdrup-Thygeson, A., Volney, W. J. A., Wayne, A., Franklin, J. F.（2012）Retention forestry to maintain multifunctional forests: a world perspective. BioScience 62: 633-645.

Hunter, M. L. Jr.（1990）Wildlife, forests, and forestry: principles of managing forests for biological diversity. Prentice Hall.
梶本卓也・宇都木　玄・田中　浩（二〇一六）低コスト再造林の実現にコンテナ苗をどう活用するか――研究の現状と今後の課題　日本森林学会誌　九八：一三五―一三八
国立社会保障・人口問題研究所（二〇一二）日本の将来推計人口（平成二四年一月推計）　東京
Lee, S.-I., Spence, J. R., Langor, D. W.（2017）Combinations of aggregated and dispersed retention improve conservation of saproxylic beetles in boreal white spruce stands. Forest Ecology and Management 385: 116-126.
Liang, J., Crowther, T. W., Picard, N., Wiser, S., Zhou, M., Alberti, G., Schulze, E.-D., McGuire, A. D., Bozzato, F., Pretzsch, H., et al.（2016）Positive biodiversity-productivity relationship predominant in global forests. Science 354: aaf8957.
Lindbladh, M., Lindström, Å., Hedwall, P.-O., Felton, A.（2017）Avian diversity in Norway spruce production forests - how variation in structure and composition reveals pathways for improving habitat quality. Forest Ecology and Management 397: 48-56.
Lindenmayer, D. B., Franklin, J. F., Lõhmus, A., Baker, S. C., Bauhus, J., Beese, W., Brodie, A., Kiehl, B., Kouki, J., Pastur, G. M., Messier, C., Neyland, M., Palik, B., Sverdrup-Thygeson, A., Volney, J., Wayne, A., Gustafsson, L.（2012）A major shift to the retention approach for forestry can help resolve some global forest sustainability issues. Conservation Letters 5: 421-431.
Lindenmayer, D. B., Laurance, W. F.（2017）The ecology, distribution, conservation and management of large old trees. Biological Reviews 92: 1434-1458.
Lutz, J. A., Furniss, T. J., Johnson, D. J., Davies, S. J., Allen, D., Alonso, A., Anderson-Teixeira, K. J., Andrade, A., Baltzer, J., Becker, K. M. L., et al.（2018）Global importance of large-diameter trees. Global Ecology and Biogeography 27: 849-864.
Messier, C., Puettmann, K., Chazdon, R., Andersson, K. P., Angers, V. A., Brotons, L., Filotas, E., Tittler, R., Parrott, L., Levin, S. A.（2015）From management to stewardship: viewing forests as complex adaptive systems in an uncertain world. Conservation Letters 8: 368-377.
村上拓彦・吉田茂二郎・太田徹志・溝上展也・佐々木重行・桑野泰光・佐保公隆・清水正俊・宮崎潤二・福里和朗・小田三保・下園寿秋（二〇一一）九州本島における再造林放棄地の発生率とその空間分布　日本森林学会誌　九三：二八〇―二八七
Newton, I.（1994）The role of nest sites in limiting the numbers of hole-nesting birds: a review. Biological Conservation 70: 265-276.
Neyland, M., Hickey, J., Read, S. M.（2012）A synthesis of outcomes from the Warra Silvicultural Systems Trial, Tasmania: safety, timber production, economics, biodiversity, silviculture and social acceptability. Australian Forestry 75: 147-162.
野々田秀一・渋谷正人・斎藤秀之・石橋　聡・高橋正義（二〇〇八）トドマツ人工林への広葉樹の侵入および成長過程と間伐の影響　日本森林学会誌　九〇：一〇三―一一〇

沼田　真（一九九四）自然保護という思想　岩波書店
Ohsawa, M.（2007）The role of isolated old oak trees in maintaining beetle diversity within larch plantations in the central mountainous region of Japan. Forest Ecology and Management 250: 215-226.
Ohsawa, M., Shimokawa, T.（2011）Extending the rotation period in larch plantations increases canopy heterogeneity and promotes species richness and abundance of native beetles: implications for the conservation of biodiversity. Biological Conservation 144: 3106-3116.
大住克博（二〇〇七）それでも林業をする理由――あとがきに代えて　林業施業研究会編　主張する森林施業論――22世紀を展望する森林管理　日本林業調査会　三八八―三九四
太田猛彦（二〇一二）森林飽和――国土の変貌を考える　ＮＨＫ出版
尾崎研一・明石信廣・雲野　明・佐藤重穂・佐山勝彦・長坂晶子・長坂　有・山田健四・山浦悠一（二〇一八）木材生産と生物多様性保全に配慮した保残伐施業による森林管理――保残伐施業の概要と日本への適用　日本生態学会誌　六八：一〇一―一二三
Puettmann, K. J., Coates, K. D., Messier, C.（2008）A critique of silviculture: managing for complexity. Island Press.
Putz, F. E., Zuidema, P. A., Pinard, M. A., Boot, R. G. A., Sayer, J. A., Sheil, D., Sist, P., Elias, Vanclay, J. K.（2008）Improved tropical forest management for carbon retention. PLoS Biology 6: e166.
Rösch, V., Tscharntke, T., Scherber, C., Batáry, P.（2015）Biodiversity conservation across taxa and landscapes requires many small as well as single large habitat fragments. Oecologia 179: 209-222.
Ribe, R. G.（2005）Aesthetic perceptions of green-tree retention harvests in vista views: the interaction of cut level, retention pattern and harvest shape. Landscape and Urban Planning 73: 277-293.
林業試験場森林資源部保護グループ（二〇一四）森林における立枯れ木の管理　北海道立総合研究機構森林研究本部林業試験場森林資源部保護グループ　https://www.hro.or.jp/list/forest/research/fri/01sigen/pdf/tachigare.pdf　（二〇一七年七月三〇日参照）
林野庁（二〇一三）平成二四年度 森林・林業白書
林野庁（二〇一六ａ）平成二七年度 森林・林業白書
林野庁（二〇一六ｂ）木材需給表（長期累年）
Sedjo, R. A., Botkin, D.（1997）Using forest plantations to spare natural forests. Environment 39: 14-30.
Seiwa, K., Etoh, Y., Hisita, M., Masaka, K., Imaji, A., Ueno, N., Hasegawa, Y., Konno, M., Kanno, H., Kimura, M.（2012）Roles of thinning intensity in hardwood recruitment and diversity in a conifer, Criptomeria japonica plantation: a 5-year demographic study. Forest Ecology and Management 269: 177-187.

Sheppard, S. R. J., Achiam, C., D'Eon, R. G.（2004）Aesthetics: are we neglecting a critical issue in certification for sustainable forest management? Journal of Forestry 102: 6-11.

四手井綱英（一九七四）日本の森林　中央公論社

Simonsson, P., Gustafsson, L., Östlund, L.（2015）Retention forestry in Sweden: driving forces, debate and implementation 1968-2003. Scandinavian Journal of Forest Research 30: 154-173.

鈴木和次郎・須崎智応・奥村忠充・池田　伸（二〇〇五）高齢級化に伴うヒノキ人工林の発達様式　日本森林学会誌　八七：二七―三五

Taki, H., Okochi, I., Okabe, K., Inoue, T., Goto, H., Matsumura, T., Makino, S.（2013）Succession influences wild bees in a temperate forest landscape: the value of early successional stages in naturally regenerated and planted forests. PLoS ONE 8: e56678.

タットマン（一九九八）日本人はどのように森をつくってきたのか（熊崎　実訳）築地書館

Triviño, M., Pohjanmies, T., Mazziotta, A., Juutinen, A., Podkopaev, D, Le Tortorec, E., Mönkkönen, M.（2017）Optimizing management to enhance multifunctionality in a boreal forest landscape. Journal of Applied Ecology 54: 61-70.

雲野　明（二〇一二）造林地内に残された樹洞木を利用したキツツキ　森林保護　三二八：二五―二六

宇都木　玄（二〇一五）低密度植栽と大苗植栽　季刊 森林総研　二九：八―九

Vanderwel, M. C., Malcolm, J. R., Mills, S. C.（2007）A meta-analysis of bird responses to uniform partial harvesting across North America. Conservation Biology 21: 1230-1240.

Viljur, M.-L., Teder, T.（2016）Butterflies take advantage of contemporary forestry: clear-cuts as temporary grasslands. Forest Ecology and Management 376: 118-125.

Vincent, J. R., Binkley, C. S.（1993）Efficient multiple-use forestry may require land-use specialization. Land Economics 69: 370-376.

山川博美・重永英年・荒木眞岳・野宮治人（二〇一六）スギ植栽木の樹高成長に及ぼす期首サイズと周辺雑草木の影響　日本森林学会誌　九八：二四一―二四六

山浦悠一（二〇〇七）広葉樹林の分断化が鳥類に及ぼす影響の緩和――人工林マトリックス管理の提案　日本森林学会誌　八九：四一六―四三〇

山浦悠一・山中　聡・明石信廣（二〇一八）研究から実践へ――タスマニアにおける保持林業　森林技術　九一八：二六―二九

Yamaura, Y., Katoh, K., Takahashi, T.（2008）Effects of stand, landscape, and spatial variables on bird communities in larch plantations and deciduous forests in central Japan. Canadian Journal of Forest Research 38: 1223-1243.

山浦悠一・森　章（二〇一二）分断化景観のマネジメント――残存生息地からマトリックスへ　森　章編　エコシステムマネジメント――包括的な生態系の保全と管理へ　共立出版　四四―七二

Yamaura, Y., Oka, H., Taki, H., Ozaki, K., Tanaka, H.（2012a）Sustainable management of planted landscapes: lessons from Japan. Biodiversity and Conservation 21: 3107-3129.

Yamaura, Y., Royle, J. A., Shimada, N., Asanuma, S., Sato, T., Taki, H., Makino, S.（2012b）Biodiversity of man-made open habitats in an underused country: a class of multispecies abundance models for count data. Biodiversity and Conservation 21: 1365-1380.

Yamaura, Y., Shoji, Y., Mitsuda, Y., Utsugi, H., Tsuge, T., Kuriyama, K., Nakamura, F.（2016）How many broadleaved trees are enough in conifer plantations? The economy of land sharing, land sparing and quantitative targets. Journal of Applied Ecology 53: 1117-1126.

Yamaura, Y., Akashi, N., Unno, A., Tsushima, T., Nagasaka, A., Nagasaka, Y., Ozaki, K.（2018）Retention Experiment for Plantation Forestry in Sorachi, Hokkaido（REFRESH）: a large-scale experiment for retaining broad-leaved trees in conifer plantations. Bulletin of Forestry and Forest Products Research Institute 17: 91-109.

野生動物保護管理事務所（二〇一四）野生鳥獣による森林生態系への被害対策技術開発事業報告書　野生動物保護管理事務所

横井秀一・山口　清（二〇〇〇）積雪地帯におけるスギ人工林の成林に影響する立地要因　日本林学会誌　八二：一五―一九

依光良三（一九八四）日本の森林・緑資源　東洋経済新報社

依光良三（二〇一七）私の研究史　林業経済　七〇（三）：一―九

Yoshii, C., Yamaura, Y., Soga, M., Shibuya, M., Nakamura, F.（2015）Comparable benefits of land sparing and sharing indicated by bird responses to stand-level plantation intensity in Hokkaido, northern Japan. Journal of Forest Research 20: 167-174.

◉コラム1

ニホンジカが多い時代の林業とは

長池卓男

人工林で植栽後に実施される最初の保育作業は、一般的には「下刈り」である。植栽直後は、植栽木がまだ小さいため豊富な光資源が地面に到達し、遷移初期種を中心にした植生が旺盛に繁茂する。植栽木の成長がその植生により阻害されることを防ぐために、植栽木以外の植生を刈り取る「下刈り」が必要になる。日本の気候条件は植生の繁茂に適しているため、「皆伐をしてスギやヒノキなどの単純な人工林をつくろうとすると、多大な下刈りやつるきり作業を必要とする」(藤森 二〇〇六)。ところが最近の山梨県では、「下刈りが必要のない新植地が多い」と言う業者や行政担当者の声が聞こえている。それはとりもなおさずニホンジカが植生を食べているからである。

ニホンジカが増え、その分布地が拡大している(環境省・農林水産省 二〇一三)。ニホンジカは、森林と草地的環境が混在するところを好む習性があり、伐採地の散在はニホンジカの生息条件としては好適な状況をつくり出したとされる(三浦 一九九九、河合 二〇〇九)。下刈りが必要なほどに豊富な植生量もニホンジカには魅力的である(図1・6)。伐採地は、遷移初期種や草原性種のハビタットとも、ニホンジカの餌場ともなりうるのである。

現代の日本林業は、ニホンジカの少ない自然環境のなかでその仕組みが確立した(横山 二〇〇九)。現在の日本で土地利用を大きく改変する産業は、林業であると言えよう。それは、収穫期を迎えた人工林が多くを占めていること、木材を収穫するための伐採がこれまでの森林から草原状の開地を

図 1.6　新植地における防鹿柵（植生保護柵）内の植生

生み出す作業ともいえるからである。したがって、ニホンジカの多い地域では、「伐採地は植生が質的・量的に豊富である」というこれまでの経験だけではなく、ニホンジカを適切に管理するうえで伐採地がどういう意味をもつのかという視点が今は求められている。「林業がニホンジカを増やした」と言われないためにどうすればよいか。林業という自然相手の産業は、生態系のなかでのさまざまな連鎖を生み出していることを想起することが、研究者のみならず実務者にも必要とされている。

植栽木をニホンジカの摂食から防除するには、忌避剤の塗布、保護チューブや防鹿柵《ぼうろくさく》（植生保護柵）の設置が実施されている。伐採地がニホンジカにとっての好適地であり、餌資源の供給地となりうることをあわせて考えると、植栽木や植生の摂食をニホンジカから防除するための対応策は、新植地を防鹿柵で囲うことが最善策となるだろう。それにより、植栽木の生育の確保とともに、遷移初期種や草原性種も生育したうえで、ニホンジカの餌資源となることも防ぐことができる。ただ、防鹿柵設置には当然コストがかかる。

現在、「低コスト林業」への努力や技術開発が進められているが、防鹿柵の設置などのニホンジカ対策費は、コストの低減分を相殺、もしくははるかに上回っているのが現状である。ニホンジカが多い時代の林業は、少なくとも「林業がニホンジカを増やした」と言われないように留意することと、ニホンジカに対しての根本的・総合的な対策も視野に入れることが必要だろう。

【引用文献】

藤森隆郎（二〇〇六）森林生態学――持続可能な管理の基礎　全国林業改良普及協会

環境省・農林水産省（二〇一三）抜本的な鳥獣捕獲強化対策　https://www.env.go.jp/nature/choju/effort/effort9/kyouka.pdf（二〇一七年七月三〇日参照）

河合雅雄（二〇〇九）里山とは何か　河合雅雄・林　良博編著　動物たちの反乱　PHP研究所　二六―五四

三浦慎悟（一九九九）野生動物の生態と農林業被害　全国林業改良普及協会

横山真弓（二〇〇九）シカと向き合う　河合雅雄・林　良博編著　動物たちの反乱　PHP研究所　一〇二―一二七

◉コラム2

針葉樹人工林の海に浮かぶ広葉樹

大澤正嗣

針葉樹人工林のなかに、人工林になる前から生えていた広葉樹の老齢木が、一本から数本の小集団で残されていることがある。まわりの人工林がまだ若いのに対し、この孤立した老齢木は太く、枝を大きく横に広げている。

一般的に、樹洞をもつ老齢木は、樹洞を巣とする鳥類や小型の哺乳類の生息場所になることが知られている。ところが、実際に観察してみると、樹洞がなかったり、樹洞があっても巣として活用されていない老齢木が大多数である。これらの孤立老齢木は人工林の生物多様性に役立っているのだろうか。この疑問に答えるべく、昆虫を対象にした調査を行なった。昆虫は鳥獣類に比較して生活空間が狭いものが多く、今回の孤立木の働きを調べるには適した調査対象である。

カラマツ林に孤立して残されたミズナラの老齢木を調査対象とした。カラマツの適地として知られる調査地周辺は、大正時代からカラマツ造林が始まり、戦後の拡大造林期に広範囲にカラマツが植林された地域である。その前後にミズナラを中心とした多くの原生的老齢林が伐採された。残されたミズナラは、岩場や急斜面で伐採できず残ったもの、架線を張るなどの林業作業に利用されたもの、樹形や樹幹の状況が悪く良い材が取れないため伐採されなかったものなどであった。これらの前生樹は伐採時に相当痛めつけられ、老齢なこともあり、その時からそれほど成長していないと思われる木が多かった。そして、材生産の観点からは価値が低く、放置され、人工林に徐々に覆われ枯れていくものも出てきていた。

　このカラマツ人工林内のミズナラ孤立木の周囲と、ミズナラのないカラマツ林に昆虫を捕獲するトラップを仕掛け、ミズナラ孤立木がカラマツ人工林の昆虫多様性にどのような影響を与えているかを調査した（図1・7）。昆虫のなかでも、今回は、カミキリムシ科、コメツキムシ科、ゾウムシ科、ハムシ科、ベニボタル科を調査対象とした。ミズナラ孤立木は大きな樹冠をもち、枝葉を広げているため、今回の調査では、林床のみでなく、林冠へもトラップを設置した。

　その結果、カラマツ林内と比較し、ミズナラ孤立木周辺では昆虫の種数が多く、また種構成も異なっていることが示された。特に、ミズナラの周囲では、材生息性（木材を生息の場所にする）昆虫類が多く捕獲された。ミズナラ老齢木を見ると確かに樹幹や太枝の一部が枯れて腐っているケースが多く見られた。よく管理された人工林は枯木が少ないことが知られている。ミズナラの存在が、広葉樹の枯死材に生息する昆虫を維持する働きがあると思われた。

　また、ミズナラ孤立木の周囲の昆虫相は、この地域の原生植生に見られる昆虫相に類似していた。材生息性の昆虫類を含め、ミズナラ孤立木は原生植生に生息する昆虫類の人工林内での生存にかかわっていることが明らかになった。

　このように伐採を免れ点在する孤立老齢木は、生物多様性の面で大きな役割を果たしていると思われた。一見、腐朽部分がないと思われる木でも根元周囲の土壌から秋にマイタケが発生したり、幹にクロサルノコシカケの子実体がついていたりと、木の内部が腐朽していることがわかる場合があった。マイタケやクロサルノコシカケはミズナラの老齢木で見られるキノコで、カラマツ林内に残された孤立木はこのような材生息性の菌類の生活場所にもなっていた。

また、老齢木は晩夏にどんぐりを実らせ、周囲にこのどんぐりを散布する役割も果たしていた。今回は直接調査対象にしなかった木ではあったが、ツキノワグマがどんぐりを食べに来た事例も確認された。このように、孤立木は昆虫多様性以外でも、人工林の生態系にさまざまな貢献をしていることが、今回の調査を通して観察された。

図 1.7　針葉樹人工林の海に浮かぶ島のようなミズナラ孤立老齢木。昆虫を捕獲するためのトラップを仕掛けてある

この調査で、今後、人工林に点在する老齢木を大切にする必要があることが示された。そして、前生樹を皆伐し、人工林を造成するときに、孤立木として残る程度でも、前生樹を残すことで生物多様性により配慮できると考えられた。

今回の調査で、ミズナラ孤立老齢木は、原生林が覆っていたころの昆虫相の一部をまだ保持していると思われた。それはまさに人工林の海に浮かぶ島とたとえることができるかもしれない。

◉コラム3

広葉樹が混交した針葉樹人工林の社会的価値

山浦悠一

生物多様性はタダでは守れない。生物多様性の保全の重要性は社会的に認識されるようになってきたものの、市場で商品として取引されないため、市場価格が存在しない。生物多様性の保全を有意義な社会的な投資とするためには、生物多様性の保全の価値とそれに必要な費用を比較する必要がある。生物多様性は、費用をかけて人工林で保全するほどの価値があるのだろうか？

そこで私たちは野外調査とアンケート調査を行ない、人工林における生物多様性保全が有する価値を経済的に評価した。

まず、北海道の針葉樹人工林で、広葉樹の混交度合いが異なる林分を選び、鳥類調査を行なった。針葉樹を好む三種の鳥類をのぞき、人工林化によって負の影響を受けると考えられる三一種の鳥類の個体数と人工林内の広葉樹の量の関係を探った。その結果、鳥類の個体数は広葉樹の増加量に応じて比例して増加していると考えられた（Yoshii et al. 2015）。

次に北海道の一万四〇〇〇ヘクタールの人工林（北海道の人工林の一％）で鳥類を増加させる仮想の複数の森林管理計画を立てた。計画を実施する経費は税金で負担することとし、保全される鳥類の個体数と税金の負担額が異なる複数の計画から、最も望ましいものを回答者に選択してもらった（選択型実験と呼ばれる）。

北海道在住の一万一八〇〇人にインターネットを通じて調査を依頼し、一一九四人（一〇・一

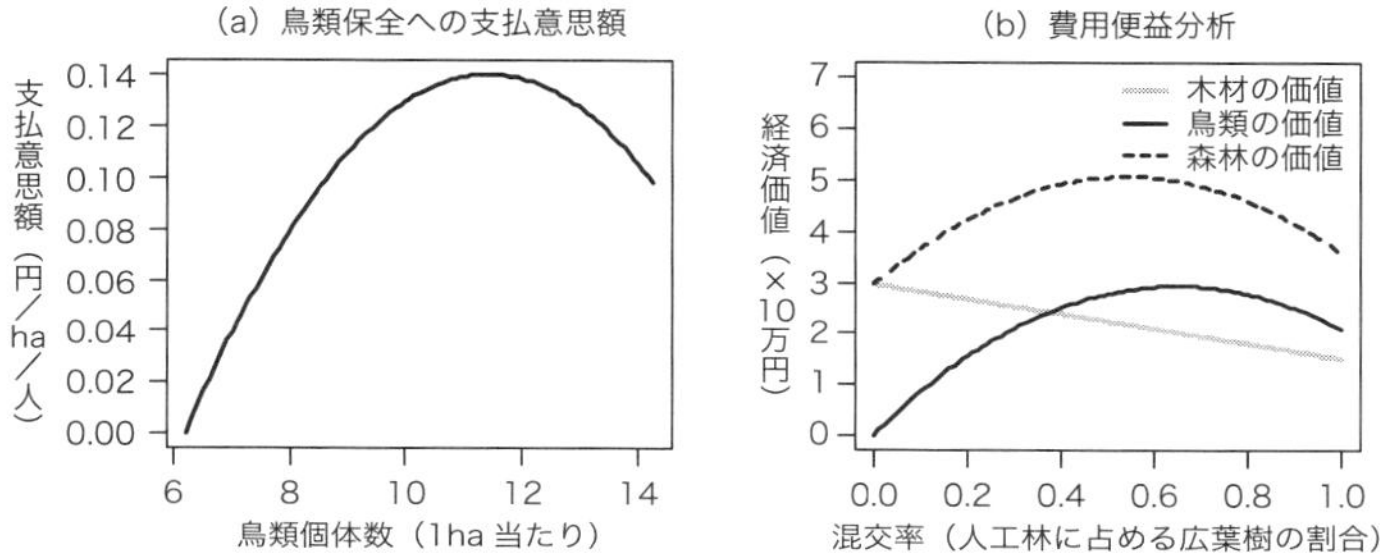

図 1.8　費用便益分析の結果
木材の価値は、北海道の山元立木価格（木材を販売後、輸送費を差し引いて山林所有者の手元に残る金額）をもとに、広葉樹は 500 円/m^3（薪炭材と仮定）、針葉樹は 1,000 円/m^3（集成材や合板に用いられる B 材と仮定）とした。鳥類を保全する仮想の森林計画に 8 割の人が賛成したため、支払意思額（1ha、1 人当たりの金額）に北海道の労働力人口の 8 割（212 万人）を掛け合わせて、鳥類の価値を求めた（Yamaura et al. 2016 の図を改変して描いた）

%）から回答を得た。そのうち二三八人は新たな計画の導入に反対し、九五六人（八〇%）から賛同する回答を得た。

その結果、鳥類が増加するにつれて、鳥類の保全に支払ってもいいと考える金額は一山型の傾向を示した（図1・8a）。

保全される鳥類の個体数が小さいうちは、鳥類の個体数が増加するにつれて支払意思額は大きく増加したが、鳥類の個体数が増加するにつれて支払意思額は頭打ちになり、やがて微減した。鳥類を保全する仮想の森林計画に八割の人が賛成したため、この一人当たりの鳥類保全の経済価値に、北海道の労働力人口の八割を掛け合わせて、鳥類の経済価値とした。

広葉樹が増加すると、広葉樹は一般に針葉樹よりも木材としての価格が低いため、広葉樹が混交した針葉樹人工林の木材価格は減少する。しかし、広葉樹の混交による経済的損失（木材価格の減少）は、鳥類の個体数が増加するという、鳥類の価値の増加により相殺された（図1・8b）。木材や鳥類の経済的価値、広葉樹の混交にともなう経費を変化させても、多くの条件下で、広葉樹の増加は森林の価値を上昇させた。針葉樹人工林に広葉樹を混交させて鳥類の多様性を保全することが、社会的に有意義な結果をもたらしうると示されたといえる。ちなみに、支払意思額（財やサービスの満足度）の増加率が次第に減少するのは「限界効用の低減」と呼ばれる。ビールは一杯目が一番おいしいのである（庄子康 私信）。

【引用文献】

Yamaura, Y., Shoji, Y., Mitsuda, Y., Utsugi, H., Tsuge, T., Kuriyama, K., Nakamura, F.（2016）How many broadleaved trees are enough in conifer plantations? The economy of land sharing, land sparing and quantitative targets. J. Appl. Ecol. 53: 1117-1126.

Yoshii, C., Yamaura, Y., Soga, M., Shibuya, M., Nakamura, F.（2015）Comparable benefits of land sparing and sharing indicated by bird responses to stand-level plantation intensity in Hokkaido, northern Japan. J. For. Res. 20: 167-174.

◉コラム4
草原性チョウ類の保全場所としての幼齢林

井上大成

日本には二五〇種ほどのチョウが生息しているが、そのうちの七〇種が環境省のレッドリストに掲載されている。これらのうち森林性とされる種は三〇種、草原性とされる種は四〇種である。日本のチョウ全体の六四%は森林性、三六%は草原性なので、草原性チョウ類の衰亡がより著しいといえるだろう。

戦後の拡大造林期には、原生林の伐採などによって森林性昆虫が著しく衰亡した。このため一九九一年に発行された初めてのレッドリストに掲載されたチョウには、森林性種のほうが多かった。その後、草原性種の衰亡がより深刻であるという認識が高まり、リストにもそれが反映された。

日本の自然環境において、草原性昆虫のすみかは、高山帯や海岸、湿地、河川の氾濫原などに限られる。しかし、人間の居住地の周辺には草原的な環境がつくられるため、草原性昆虫はそこにも生活の場を広げるようになった。衰亡が著しい草原性昆虫の大半は、人里の昆虫である。

草原性昆虫の衰亡の理由として強調されてきたものに、伝統的農業の衰退による半自然草原の荒廃・消滅がある。すなわち、屋根をふく材料をとるための萱場や、家畜の餌を生産するための採草地が、高度成長期を境に経済価値を失って、ほかの土地利用に転換されたり、管理放棄されて森林にのみこまれていったりしたことが、草原性昆虫の衰亡の理由であると説明されてきた。もしそうであるならば、彼らを救う手立ては、伝統的施業を復活させる以外にはないのだろうか？
　図1・9は阿武隈山地南部にある広葉樹林を主体とする地域と、スギ植林を主体とする地域において、チョウの種数と個体数を調査した結果である。伐採・植林直後の林には、採草地と同程度の種数の草原性チョウ類が生息していた。広葉樹林では、伐採二年後では種数はそれほど変わらないが、草原性種の個体数は大きく減少した。一方、スギ植林では、植栽八年後でも、草原性種の種数・個体数はかなり多い状態が維持されていた。さらに注目すべきことに、スギ幼齢林には、生息地として（半）自然草原を好むと考えられる、ヒメシジミ、コキマダラセセリ、チャマダラセセリなどが生息し、その密度は同林齢の広葉樹林や、場所によっては手入れされた採草地よりも高かった。

　チャマダラセセリは、レッドリストで絶滅危惧IB類に掲げられている。幼虫の食草はミツバツチグリやキジムシロで、主に放牧地や採草地、農耕地の畔などの日あたりのよい草地に生息し、特にところどころに地面が裸出しているような場所を好む。北海道、本州、四国の約二〇の道県に分布していたが、これらのうちのほぼ半数の県ではすでに絶滅したと考えられる。スギ幼齢林でチャマダラセセリの個体数が多かった理由は、下刈りにある。広葉樹林は伐採後、特に手入れされていないため、遷移が進行して短期間で樹林化するが、植林では定期的に下刈りが行なわれるため、草原状態である期間がより長くなる。

　拡大造林期のピーク時には、日本全体の約二%にも相当する面積の森林が、毎年伐採され、針葉樹が植えられていた。広大な面積の〝チョウにとっての草原〟が、山のなかに存在していたのである。それは放牧地や採草地などの半自然草原をし

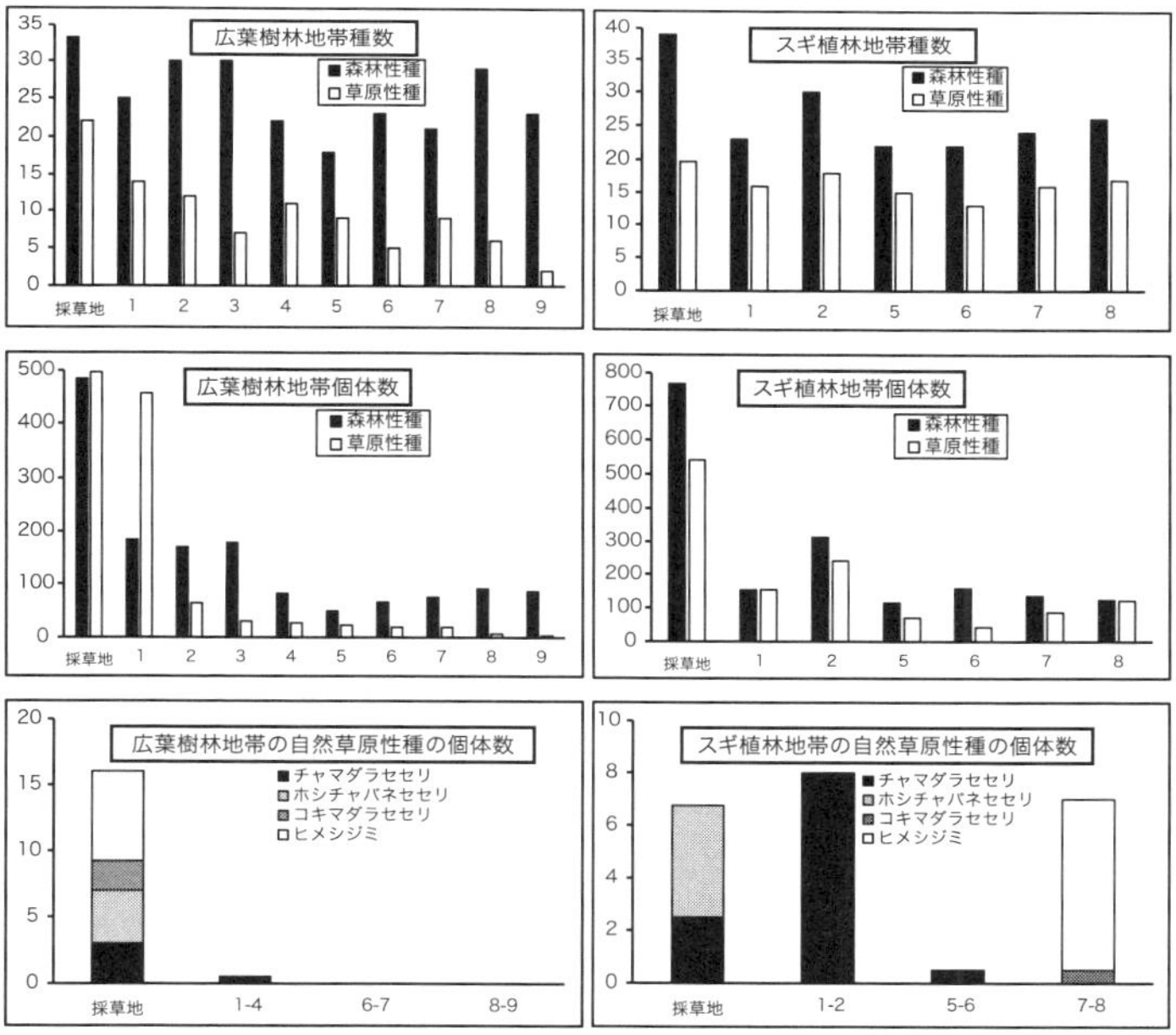

図 1.9　森林の初期の成長とチョウの種数・個体数

横軸の数字は伐採または植林後の林齢を示す。上段はチョウ類全体の種数、中段はチョウ類全体の個体数で、黒い棒グラフは森林性種、白い棒グラフは草原性種を示す。下段は生息地として（半）自然草原を好むと考えられる種の個体数のぐほど重要な草原性チョウ類の生息地だったのではないだろうか?

過去五〇年の間に本州の関東・中部地方から二種のチョウ、オオウラギンヒョウモンとヒョウモンモドキが絶滅した。両種とも主に半自然草原を生息地としているが、ヒョウモンモドキは伐採跡地で見られることもあった。

半自然草原を、かつてのように復活・維持することは、現実的には困難である。しかし、チャマダラセセリをはじめとしたいくつかの種は、地域のなかで毎年計画的に森林伐採・植林を行なうことによって、生息地を創出することができる可能性が高い。チャマダラセセリにオオウラギンヒョウモンやヒョウモンモドキの二の舞を演じさせないために、林業が重要な役割を果たせるかもしれない。

◉コラム5

イヌワシと林業との共存

由井正敏

現在、ニホンイヌワシは成鳥、亜成鳥、幼鳥を合わせて五〇〇羽程度と推定されている（小澤二〇一二）。個体数の少なさから国の天然記念物（一九六五）や「種の保存法」の国内希少野生動物種（一九九三）に指定されている。イヌワシは後述のように多様な餌動物の棲む落葉広葉樹林帯生態系の指標種である。

世界のイヌワシは六つの亜種に分けられるが、ニホンイヌワシはそのなかで最も体が小さく、森林の多い国土に適応して生活している。しかしながら、一九八〇年代に五〇％前後であった繁殖成功率は、一九九〇年代以降二〇％を前後し、二〇一五年には一一％（調査ペア数一三六）と急激に下がっている（日本イヌワシ研究会ホームページ 二〇一七年二月一八日掲載）。繁殖成功率が低い原因の一つとして、餌狩場の喪失（由井ら 二〇〇五）、それに付随する餌資源の減少（由井 二〇〇七）など、繁殖環境の悪化が指摘されている。

イヌワシが安定的に個体群を維持するためには繁殖成功率が三一・三五％以上必要である（由井二〇〇七の数値二八・二％をその後修正：由井 二〇一三）ことから、現在のイヌワシ繁殖成功率は個体群維持に関して危機的な状況にあり、地域によっては実際にペアが消失する事態にいたっている（飯田二〇一五）。

こうした事態に対応した応急的な保全対策として東北各地では、行動圏内の餌狩場創出のための列状間伐（人工林の間伐を列状に行なう方法で、特に東北森林管理局管内国有林で多く実施）、巣上部への人工的な庇《ひさし》の設置、巣入り口周辺の支障木、ツル類の除去などの取り組みが実施されてきた（岩手県環境保健研究センター 二〇一二）。しかしながら、最も大切な餌狩場の持続的な確保に関しては根本的対応が取られないままである。その原因の一つは、イヌワシ保護のために膨大な経費をかけて独自に広大な餌狩場を供与し続ける行政やNGOの組織や施策がないことによる。したがって、餌狩場の持続的確保は林業との共存施策を展開することで打開するしかない。

さて国内のイヌワシの分布を見ると、主な生息域はブナ、ミズナラなどの落葉広葉樹林帯である。落葉広葉樹老齢林には倒木により形成される樹冠の隙間（ギャップ）や、冬期落葉時の隙間があり、イヌワシはそこからノウサギ、ヤマドリ、ヘビ類などの餌動物をねらう。しかし、落葉広葉樹老齢林は往時の拡大造林により大半が針葉樹の単純人工林に置き換えられ、今から老齢林を造成しても間に合わない。その点では、二〇年程度で萌芽更新（伐採木の根元から出る新芽による林の再生）を繰り返す薪炭林施業は疎開地を餌狩場として好むイヌワシにとって好都合である。薪や炭の利用が減っている現在、再生可能エネルギーとして木質バイオマスを用いた熱電併給システムの展開が期待される。

しかし、薪炭林施業だけでは餌狩場供与は足りない。そこで着眼するのが新植造林地である。由井ら（二〇〇五）が分析したデータに宮城県南三陸地方のデータを足して、解析した結果は左記のようになった。ペアごとの解析範囲は巣から六・四キロメートル圏内である（n＝37）。

5年平均繁殖成功率＝0.2856＋0.0602・（10年生以下人工林面積km^2）＋0.0157・（広葉樹低

図 1.10　若い人工林上で狩りの訓練をするイヌワシ幼鳥
北上高地にて 2011 年、荒木田直也氏撮影

木・草地面積 km^2）＋0.0194・（落葉広葉樹老齢林面積 km^2）−0.00062・（巣の標高 m）

この式から、まず一〇年生以下の人工林面積が繁殖成績向上に最も効果をもつことがわかる。また、式の右辺に各ペアの半径六・四キロメートル行動圏内の該当植生面積を代入すれば、繁殖成功率が推測される。これと実際の繁殖成功率を比べれば、繁殖率の低い理由が植生環境にあるかどうかが把握できる。もし、植生環境が原因だとわかれば、特に一〇年生以下の人工林面積を、そのペアの行動圏内に重点的に増加させる施策を取るように行政などへ依頼することになる。なお、右式から一〇年生以下の人工林のみで繁殖成功率〇・三一三五を得るには、毎年五七ヘクタールの伐採新植を行なえばよく、人工林率四〇％の地域では巣から半径六・四キロメートル圏内で八八年に一

回の伐採で間に合う。
幸い、木材自給率は二〇〇二年の一八％から二〇一六年には三五％まで回復し、伐採地は増加の傾向にある。しかし、伐採跡地は新植して下刈りを実施しないとイヌワシの好むノウサギは増えないし、放置すると低木が数年で覆ってしまいノウサギを発見しにくくなる。イヌワシは多くの餌動物が生息し捕りやすい植生環境が持続的に供与される地域でヒナを育てることができる（図1・10参照）。森林の持続的生産を審査して認証するシステム（FSCやSGEC、第10章参照）を利用して、生態系保全の指標種であるイヌワシを守る仕組みをぜひ構築していただきたい。

【引用文献】

飯田知彦（二〇一五）減少し続ける鳥―イヌワシ　私たちの自然　六〇〇：二一―二三

岩手県環境保健研究センター（二〇一二）岩手県のイヌワシ　二〇〇二～二〇一一年の生息状況報告

日本イヌワシ研究会HP　https://srge.info/about-ge（二〇一八年六月二四日参照）

小澤俊樹（二〇一二）日本イヌワシ研究会の活動とイヌワシの現状　山階鳥研NEWS　二四四：六―七

由井正敏・関山房兵・根本　理・小原徳応・田村　剛・青山一郎・荒木田直也（二〇〇五）北上高地におけるイヌワシ*Aquila chrysaetos*個体群の繁殖成功率低下と植生変化の関係　日本鳥学会誌　五四：六七―七八

由井正敏（二〇〇七）北上高地のイヌワシ*Aquila chrysaetos*と林業　日本鳥学会誌　五六：一―八

由井正敏（二〇一三）林業と猛禽類保護　フォレストコンサル　一三二：二一―二八

◉第2章

アメリカ合衆国における保持林業の勃興

中村太士

保持林業勃興の背景

現在、世界的に広がった保持林業の考え方は、アメリカ合衆国から始まった。アメリカ合衆国において保持林業の考え方が提案され活発に議論されるようになった背景には、一九七〇年代後半から一九八〇年代にかけての二つの大きな出来事があったと考えられる。その出来事は西海岸に位置する自然豊かなワシントン州、オレゴン州、カリフォルニア州を中心に起こった。

一つは絶滅に瀕する種の保護をめぐる議論である。一九七三年に制定されたEndangered Species Act（ESA：絶滅の危機に瀕する種の保存に関する法律）は、世界で最も精緻かつ強力な種の保護法といわれ、これまでに千数百種が指定されてきた。この法律は、種の指定にあたり「重要生息地」も併せて指定しなければならない点が重要で、これによって生息地を脅かすあらゆる人為的行為が規制を受けることになる。一九七八年、連邦最高裁判所が絶滅危惧種の魚を守るために、ほぼ完成したテリコダム建設工事を差し止めた判決や、一九九九年にサケの遡上と生態系保護のためエドワーズダム（水力発電用）を連邦政府の命令で取り壊した例は有名である。

森林伐採をめぐる議論のなかで最も先鋭化し、産業界や広域の森林資源管理に影響を与えたのは、アメリカ合衆国太平洋沿岸北西部における原生林の伐採とニシアメリカフクロウ保護をめぐる論争である。ニシアメリカフクロウは、ダグラス・ファーが優占する高齢の原生林である老齢林に生息している。この老齢林を特徴づける構造が、大径木、枯損木や倒木・傾倒木、樹洞をもつ老齢木などで、ほかの発達段階の森林ではほとんど認められない要素であった。そして、こうした大面積の老齢林がニシアメリカフクロウに必要な生息場所と餌環境を提供していたのであるが、一方でこのような原生老齢林は、一九六〇年代以降、木材生産の目的で急激に面積を減らしてきた。ダグラス・ファーを主体とする林分の管理方法は、皆伐と火入れによる山火事リスクの軽減と地拵え、そして一斉植林であり、この管理により失われる老齢林の要素、そしてそれに依存する種の保護問題を受けて、保持林業が検討されてきたといえる。

もう一つは、自然攪乱とその後の生態系回復に関する議論である。一九七〇年代まで、風倒や山火事などの自然攪乱は生態系にダメージを与える災害としてとらえられ、発生を抑制したり、攪乱後の残渣《ざんさ》を除去したりする森林管理が行なわれてきた。その結果、攪乱があることで成立する群集や生態系が失われるようになり、攪乱は生態系を動的に維持する仕組みとして必要不可欠であることが理解されるようになってきた（White and Pickett 1985）。

一九八〇年、アメリカ合衆国ワシントン州セントヘレンズ火山が噴火し、その大規模攪乱後の生態系回復がジェリー・フランクリンをリーダーとしたアメリカ合衆国ワシントン大学、オレゴン州立大学、北西太平洋森林科学研究所（森林局の研究所の一つ）の研究者たちによって精力的に調査された。そして、彼らがその後のアメリカ合衆国における保持林業を主導することになる。

その少し前の一九七七年に噴火した北海道有珠山でも、多くの日本人研究者たちによって噴火後の地形発達ならびに植生回復過程が調べられた。その結果、セントヘレンズ火山でも有珠山でも噴火後の植生や生態系回復の起点となったのは、攪乱後に残された生残植物、倒木、種子、根茎などの生物遺産であった。こうした生物遺産を維持すべき要素としてとらえ、攪乱によって失われる樹木を森林伐採の対象として考えたのが保持林業であった。

林業に応用するための課題として、林分そして景観レベルで、どのような生物遺産をどの程度伐採後に残すべきか、が検討されてきた。まさに長期かつ実験的なテーマであり、当時アメリカ合衆国全体で始まった大規模プロジェクトである長期生態学研究（Long-term Ecological Research）がその理論的柱を構築し、生態系管理の基本的な考え方となった順応的管理（Adaptive Management）（コラム６参照）が現場への応用を支えた。

希少種保全と老齢林の減少、そしてマトリックス管理

一九八八年ごろから、原生老齢林伐採とニシアメリカフクロウ保護の問題が、訴訟も含めてワシントン州、オレゴン州、カリフォルニア州を舞台に議論されるようになった。一九八九年ニシアメリカフクロウは「絶滅のおそれのある種」に指定され、法的な保護を受けることになった（この間の経緯については、餅田〈一九九二〉に詳しい）。これにより、生息地指定にともなう原生林伐採禁止区域が大面積に

広がり、林業・林産業によって支えられてきた地域社会が致命的な打撃を受けた。

ニシアメリカフクロウが絶滅危惧種に指定された背景には、アメリカ合衆国西海岸地区における原生老齢林の戦後の急激な減少があげられる。戦前（一九三三〜一九四五年）と戦後（一九九二年）におけるワシントン州の老齢林は、三六八万ヘクタールから一一三万ヘクタールに減少しており、同様に、オレゴン州、カリフォルニア州では、五七五万ヘクタールから一九八万ヘクタール、三八四万ヘクタールから一〇一万ヘクタールと減少している（Bolsinger and Waddell 1993）。もちろん、ニシアメリカフクロウの個体数減少が危機的状態であったため、自然保護団体がＥＳＡを根拠に訴訟を起こしたのであるが、そのことは同時に、急激に減少する原生老齢林を保護することを意味し、老齢林保護の代用物としてこの問題をとらえる研究者もいた。

ニシアメリカフクロウは、いわゆるインテリア・フォレスト（interior forest：周辺伐採区から環境変化の影響を受けない中央部分の森林）を大面積必要とする種であり、これを保護することはすなわち大面積の原生老齢林を保護することにつながる。アメリカ合衆国西海岸のダグラス・ファーを主体とする林分の伐採方法は皆伐であり、これまではチェッカーボードのように、伐採区を景観全体に分散させて伐採してきた（図2・1）。これにより、面積全体としてはある程度の成熟林や老齢林が残されていくことになるが、そのほとんどは島状であり、インテリア・フォレストといえる森林は実質的に失われる（Harris 1984）。いわゆる分断化（fragmentation）といわれる問題がこれである。

一九九〇年代くらいまで、こうした森林の分断化問題は、国立公園や自然保護地区などの保護区指定と、その保護区をつなぐ回廊の設置で対応しようと、さまざまな大きさや形が議論されてきた。ちょうどこのころ、ヨーロッパで発祥した景観生態学（landscape ecology）もアメリカ合衆国で根をおろし、

図 2.1　森林景観の分断化（アメリカ合衆国オレゴン州の事例）
皆伐区の影響を分散するために、小面積皆伐を実施しているが、伐採区の影響は周辺森林にも及ぶ

地理情報システム（GIS）の普及も相まって広域の森林分布とその機能が議論されるようになっていた。一方で、一向に減らない絶滅危惧種の数を鑑み、こうした保護区と回廊による種の保護計画論に限界を唱える研究者も増えてきた。その一人が保持林業を先導したジェリー・フランクリンであった。

もともと保護区と回廊の考え方は、マッカーサーとウィルソンが提唱した「島の生物地理学」にもとづいている（MacArthur and Wilson 1967）。この考え方は、ソロモン諸島など海に浮かぶ島々の生物（例えば鳥類）の種数が、対象とする島の面積が規定する絶滅率と周辺にある大きな島からの距離が規定する移入率のバランスによって決まるなど、島の大きさと島間の空間配置に注目していた。これを森林生態系に適用すると、島が森林保護区であり、回廊となる樹林帯は飛ぶことができない哺乳類などの生物種の移動を確保する手段となる。景観生態学では、島と回廊以外の周辺地域をマトリックスと呼ぶが、森林生態系におけるマトリックスは、木材生産のための森林施業地であったり農地であったりする場合が多く、島の生物地理学でいう地表を移動する生物種にとってまったく移動できない〝海洋〟とは異なる。フランクリンはこの点を指摘し、マトリックスにおいて生物種が生育・生息そして移動できるような森林施業を実施することによって、十分な保護区面積や効果的な回廊を設置できない現状を改善できると考えた（Franklin 1993）。この考えが保持林業を中心にしたNew Forestryであり一九九〇年代初頭、三つの州とカナダのブリティッシュ・コロンビア州などを中心に活発に議論されるようになった。

もう一つ、フランクリンは、ＥＳＡによる種レベルの保護に重点をおいた従来の考え方は、生物多様性保全に限界があることも指摘している（Franklin 1993）。その大きな理由の一つは、どんな種がいるかも不明な分類群も多く、さらに種ごとの生活史や生息地の要求度もわかっていない現状で、種ベースの保護論を展開することは、時間的・科学的・経済的・社会的に無理があるからである。もちろん、アンブレラ種（食物連鎖の頂点に位置する動物で、これを保護することにより、下位の動植物も保護できるという考え）などによる生物多様性の保護も検討されてきたが、これも対象とする分類群や地域によって結果は異なっている。これに対して、生態系プロセスや景観レベルの管理を考えることが、まだ把握できていない生物種とそれによってもたらされる生態系機能を保全するのに適していると主張し、景観レベルの生態系モザイク構造や生態系の維持機構としての攪乱の頻度と強度、その後の回復過程に注目した研究が実施されるようになった。こうした研究成果をベースに、保持林業の景観レベルの空間配置、そして林分単位でどのような要素をどの程度残すか、といった考え方が提案されている。

火山噴火後の生物相の回復

アメリカ合衆国ワシントン州セントヘレンズ火山の噴火が一九八〇年に起こる数年前に、北海道の有珠山が噴火した。両者は、規模や強度は違うものの噴火後の生態系回復ではいくつかの共通点が認められた。そのなかでも、保持林業を考えるうえでの重要な共通点は、噴火後に残された生物遺産とその後の生態系回復過程であった。こうした共通の関心を反映して一九八〇年代に地形学や砂防学、生態学に関する多くのシンポジウムが火山噴火をテーマに開催され、両国の研究交流も進んだ。ここでは、まず一九七七年に噴火した有珠山における噴火と植生回復の特徴を解説し、その後セントヘレンズ火山について、同様の視点から述べたい。

一九七七〜一九七八年北海道有珠山の噴火

一九七七〜一九七八年に噴火した北海道有珠山では、噴出した火山灰や軽石が一〜三メートル堆積し、降雨にともなってリルやガリー侵食（降水による水が集まってできた細い溝や深い裂刻）が発達し、新山を形成した地殻変動にともなって外輪山がせり出し、その結果多くの斜面崩壊が発生した。さらにこうした崩壊から頻繁に土石流や火山灰を多く含んだ泥流が発生し、急勾配のガリーを流れ下った。

噴火による植生被害ならびにその回復過程を調査した春木雅寛（一九八八）によると、樹木の被害形態としては樹冠部に付着した火山灰が、雨の水分を吸収することにより重量化し、その重みによって幹や枝が折れたり、倒伏するなどの被害が生じていた。降灰に対する抵抗性は樹種によって異なり、遷移初期種（例えば、ダケカンバ、ドロノキ、ケヤマハンノキなど）で弱く、遷移後期種（例えば、ミズナラ、イタヤカエデ、ヤチダモなど）で強い傾向が認められている。

噴火一年後には、通常ほとんど当年生枝（その年の春から伸びてきた枝）を着生することのない樹幹や太枝から不定枝を発達させている多くの個体が見つかり、生残個体からの回復の兆しが表れていた。噴火六年後に詳しく調べられた調査結果によると、回復した植物は、噴火前の植生や埋土種子（地面に散布されてまだ発芽していない種子）から発芽したものと、周辺の非攪乱地から風や重力、流水、動物などによって種子や胞子が供給され定着したものに区分されている。特に一年生草本はシードバンクによるものが占められていた（Tsuyuzaki 1989）。また、オオイタドリやオオブキなどは旧土壌から火山灰層を突き抜けて茎や葉を展開している個体が認められたほか、火山灰層に種子から定着している個体も見られた。

さらに、ガリー侵食が拡大し、ガリー底部に旧土壌が露出した部分から草本相が回復している様子も観察されている。一九八三年から一九八九年まで調査した露崎史朗によると、シードバンクから回復した植物は侵食を受けたガリー内に限られ、一年生草本や窒素固定できる多年生草本の主な供給源になっていた（Tsuyuzaki 1994）。ガリー外では、周辺から新規に侵入した個体や、生残個体からの栄養繁殖によって回復した個体がほとんどであるが、窒素固定できる種は含まれていなかった。

また、春の融雪時に種子散布する種は、融雪にともなう地表変動の影響を受けやすく、地形的な凹地にたまるなどの傾向が認められている。こうした回復過程は樹木種でも同様で、ドロノキやカンバ類、ヤナギ類など先駆性の樹種は風散布によって周辺非攪乱林分から種子が供給され、樹高三メートル程度の幼樹小群落が形成されていた。またドロノキは、噴火によって枯死した上木からの落枝から萌芽したり、イタヤカエデが親株から萌芽することによって回復するなど、栄養繁殖を利用しながらしたたかに生き延びている様子がうかがえる。

以上のように、周辺植生からの種子による繁殖のみならず、草本種の埋没土壌からの回復、木本種の落枝や親株からの萌芽など、有珠山における植生回復過程を見る限り、いわゆるゼロからの出発（一次遷移）ではなく、噴火後残された生物遺産による二次遷移であったことが理解できる。

一九八〇年アメリカ合衆国セントヘレンズ火山の噴火

アメリカ合衆国ワシントン州セントヘレンズ火山は一九八〇年に噴火し、山体崩壊、岩屑なだれ、爆風、火砕流、降灰、泥流など、さまざまな生態系攪乱が発生した。筆者が噴火七年後に訪れたときに目前に広がっていた姿は、生物が生息していることを感じさせない荒涼たる景観であり、胸高直径五〇センチメートル、樹高五〇メートルを超える大径のダグラス・ファーが、まるでマッチ棒のように渦巻いた火山爆風の軌跡に沿って倒れていた（図2・2）。このように、火山噴火にともなう攪乱とその後の地形発達によって、噴火前に成立していた生態系は劇的に変化した。攪乱規模や強度は有珠山とは比較にならないほど大規模な噴火であったが、植生回復という視点から見ると両者には共通点も多い。

これほど大きな火山噴火攪乱であっても、噴火三年後に調査された結果では、噴火前に確認されている二三〇種を超える植物種のうち、約九〇％が生育していることが明らかになっている（Franklin et al. 1985）。また、植生回復の程度は、攪乱後どの程度の生物遺産が残っているか、そして攪乱を免れた周辺植生からどの程度新規侵入があるかによって決定されていた（del Moral and Wood 1988）。攪乱後の植生回復は、攪乱の種類によって大きく異なっており、火砕流による攪乱を受けた大規模裸地では、七年を経

図 2.2　セントヘレンズ火山噴火後 7 年目の森林景観
胸高直径 50〜100cm のダグラス・ファーの大径木が、爆風が渦巻く方向にしたがってマッチ棒のように倒されていた

てもほとんど植物が定着していないのに対し、爆風による攪乱を受けた地域では草本種が回復していた。前者による攪乱地ではほとんど生物遺産が残らないのに対し、後者では攪乱前の植物相が生残していた。また、新規侵入個体による回復の速度は、周辺の未攪乱地からどの程度距離が離れているかによって決定され、大規模攪乱地で孤立すればするほど回復速度は遅れた。

噴火時の積雪の存在も大きく影響した。積雪は熱や爆風によって受ける致命的な影響を緩和し、さらに火山降下物からなる硬い表層の形成を防ぐことにより、噴火前に積雪下にあった植物種が茎を伸ばすことを可能にした(Franklin et al. 1985)。積雪下にあった多年生草本、樹木の稚幼樹も積雪によって守られていた。

さらに、有珠山同様、降り積もった火山灰や軽石が、降雨とともに発生するリルやガリー侵食、泥流などによって運ばれ、火山堆積物の下で生き残っていた植物個体が、栄養繁殖によって再生するなどの事例が多く報告されている。また、河畔域の植生も、流路変動によって降灰堆積物が侵食され、土壌水分が高いため早い速度で植生回復した。一方で、崩壊や泥流などの二次的移動による火山噴出物の再堆積地では植生回復は大きく遅れた（Franklin et al. 1985）。

自然攪乱と生物遺産

火山噴火や山火事、風倒などの自然攪乱と生物遺産の関係は、攪乱の種類や規模、頻度に応じて変化する。そのため、生物遺産も景観レベルで認められるモザイク構造から、林分レベルで認められる残存個体や倒木などの個別要素にいたるまでさまざまである（Foster et al. 1998）。

火山噴火

前節で述べたように、火山噴火による森林攪乱の場合、その噴火形態や規模によって、噴火以前に成立していた森林が受ける影響はさまざまである。また、噴火は決まった季節に発生するわけでもなく、噴火頻度はある程度火山ごとに推定されているが、推定幅は広く、予測するのはきわめて困難である。代表的な攪乱としては、溶岩流、外輪山崩壊によって形成される岩屑なだれ、爆風、火砕流、泥流、噴石、降灰と、その後の地形発達や地殻変動がもたらす斜面崩壊や土石流などがあげられる。森林に与える影響は攪乱の種類、強度、規模、頻度、発生箇所によって異なり、攪乱後の森林の様相も噴火ごとに異なるといっても過言ではない。ほかの攪乱と比べると、噴火時の短い時間によって瞬時にその様相は激変し、噴火口からの距離と風向にしたがって、その攪乱強度は変化する。

火山噴火と聞くと、その規模の大きさからすべての生物が死滅し砂漠のような光景が広がる姿を思い浮かべる人も多いと思う。確かに遠方から俯瞰するとそのように見えるが、現地に入るとまったく異なる様相が展開する。噴火後の攪乱地には、攪乱を免れ生き残った動物、地形的に攪乱を回避した残存植物群落、埋められてはいるが萌芽する能力をもった植物個体、地下に残った根茎や菌糸、地表面下や積雪の下で守られた埋土種子や胞子、そして枯死はしているがその後の栄養塩循環、ほかの生物のすみかや餌資源、避難場所を提供する倒木や立ち枯れした樹木個体など、さまざまな生物遺産が残されている(Franklin et al. 1985)。そして、噴火後の地形発達とともにこれらの遺産が生態系回復の拠点となり、さまざまな動植物が蘇ってくる。また、総じて噴火口から離れるほど残存林分の割合も増加すると推定される。したがって、攪乱後の生態系は、拠点的に残された生物遺産からの回復と、周辺に残された非攪乱林分からの侵入による回復の二つのプロセスによって再生されると考えられ、両プロセスの貢献度が高いほど、回復は速くなると考えられる。

台風

台風による攪乱は一〇〇〜五〇〇キロメートル程度にわたり、その強度は風速の影響を受ける。日本に到来する台風のほとんどは、偏西風に乗って南西から接近する経路をとるため、近年のシミュレーションモデルの発達により攪乱強度はある程度予測できる。また、季節的にも限られており、北半球では七〜一〇月に襲来するケースがほとんどである。そして、台風の通行経路にあたる尾根部や、強風が突き抜ける沢部の森林が大きな攪乱を受けるが、その様相は複雑な地形や森林の構造・組成によって変化する。特に単純な一斉林構造をなす人工林は風倒に弱く、構造的に複雑な天然林との差は顕著である。放棄人工林など間伐されずに放置されると樹冠が上部まで枯れあがり、重心も上部に移動するため、いったん風が吹くと強い曲げモーメント（樹木を曲げようとする力）が地下部の根茎にかかることになり、結果的に林分全体が倒壊するなど、多くの風倒が起こることになる（図2・3）。

火山噴火や山火事と違って有機物を燃焼するプロセスは存在しないので、攪乱後の生物遺産の残存度合いはきわめて高い。強い台風災害では根返り個体が集団的に発生することが多いが、構造が複雑な天然林では一斉に倒れることはまれで、倒壊林分のなかにも幹折れ個体が数多く存在する（図2・4）。また下層植生は倒木によって被害を受けるが、多くの場合非常に多くの前生稚樹（攪乱前から生育していた稚樹）や草本植物、埋土種子・胞子などは残されている。倒木や幹折れ木は、その後の生物多様性や生態系機能に貢献し、多くの動物・植物種にとっての生息場を提供する。特に倒木（上）更新は古くから知られた針葉樹の更新パターンである。積雪地帯で林床を覆うササなどによって光阻害を受けたり、土壌中の暗色雪腐病菌に侵されてしまうような種子のセーフサイト（発芽・定着の場所）として倒木は機能する（程・五十嵐 一九九〇、Takahashi et al. 2000）。また、根返り倒木後に形成されたピット（樹木の根返りによって生まれる窪地）とマウンド（根返りによって生まれる微高地）という微地形もよく知られた樹木種の更新立地であり、これらの立地もササによる光阻害を回避でき、菌類が少ない鉱質土壌が露出されることにより、多くの高木性樹種のセーフサイトとして機能する（夏目 一九八五）。

生物遺産を取りのぞく行為は、人間による風倒後の樹木個体の収穫であるサルベージ・ロギング（salvage logging）であろう。サルベージ・ロギングは、樹木を搬出する過程においても、多くの前生稚樹や幼樹、下層植生、土壌に二次的な攪乱を与える。サルベージ・ロギングの是非についてはさまざま

図 2.3　1991 年台風による人工林の倒壊
単純な一斉林構造をなす人工林は風倒に弱く、大規模な倒壊が起こることがある

図 2.4　風倒被害を受けた天然林
多くの樹木が倒壊しているが、一方で幹折れや生残個体も数多く存在するのが特徴である

な研究成果が報告されているが、その多くは植生や生態系の回復速度を遅らせる結果となっており、日本でも同様な成果が報告されている（Morimoto et al. 2011）。

景観レベルでは、人工林・天然林、幼齢林・成熟林、尾根部・斜面部・沢部など、さまざまな林分組成や構造、大地形・微地形が影響するため、攪乱された林分パッチ（周辺とは異なった性質をもつ小区画の林分）もモザイク状に分布するのが普通である。風倒攪乱の場合、周辺には多くの非攪乱林分が残ることが多く、これらの林分からの新規侵入・定着する植物・動物個体によって生態系は素早く回復すると考えられる。

台風攪乱は、多くの場合豪雨をともなう。日本においては特にその傾向が強く、時に風による攪乱よりも豪雨による洪水や斜面崩壊、土石流攪乱が発生する。これらの攪乱とその後の生物遺産については75ページ以降を参照願いたい。

山火事

山火事による攪乱も、その規模、頻度、強度はさまざまであり、すぐに消火できる山火事もあるが、乾燥した気候条件が続き、強い風に吹かれた場合などは、一カ月以上も消火できない大規模な山林火災が発生する。発生原因は、落雷やたばこの不始末など、自然と人間による不注意な火種管理などがあげられる。その規模も数ヘクタールから数千平方キロメートルにいたるまでさまざまである。季節的にも偏りがあり、日本では意外にも春先が多い。太平洋側では落葉が乾燥して燃えやすい状態になっていることや、季節風が強いこと、また行楽や山菜採りのために山に入る人が増加することなどがあげられる。アメリカ合衆国西海岸では乾燥した夏季に多い。日本では、火山噴火や台風攪乱が代表的な大規模攪乱

図 2.5　山火事後の林分（アメリカ合衆国オレゴン州）
林床も焼けた強度の高い火事であるが、大径の樹木個体は生残している

であるが、山火事も年間約五〇〇〇件程度発生し、焼損面積は全体で六〇〇〇〇ヘクタールに及ぶ（消防庁消防研究所　一九八八）。

山火事の発生は、林床にどの程度の落葉・落枝などの有機物成分が蓄積しているか、それらがどの程度乾燥しているかによって影響を受ける。また、森林火災の延焼や飛火は地形の影響を強く受ける。稜線と風上斜面の火災は激しく、谷筋と風下斜面は抑えられる。また、河川や湖沼、稜線なども自然の防火帯として機能する。山火事の頻度はアメリカ合衆国西海岸では七〇〜三〇〇年周期と推定されている。こうした頻度も地形の影響を受けることが知られており、斜面上部や南もしくは西向き斜面においては強度の高い山林火災を受ける頻度が高く、逆に斜面下部や北もしくは東向き斜面においては強度攪乱を受ける頻度が低く、遷移後期の林分が残存するといわれている（Taylor and Skinner 1998）。

山火事によって構成される攪乱パッチは、その燃焼度合いによってさまざまで、景観的にはパッチ周縁部は生残個体も多く存在し、ほかの攪乱と比べて明瞭な境界を示さずに徐々に非攪乱林分に移行するのが特徴である。多くの山火事は完全に樹木個体を燃焼してしまうことはなく（図2・5）、特に厚い樹皮に覆われているアメリカ合衆国のダグラス・ファーの大径木では、山火事によって燃焼されるのは樹皮の部分で、たとえ形成層に達したとしても一部の燃焼に限られ、樹木は攪乱後も十分に成長・成育できる能力を維持している。そのため、大径木を伐採すると年輪内に多くの燃焼痕跡が残る場合が多く、それによって山火事の頻度を推定する年輪年代学が発展している。一方で、損傷を受けた個体は、病虫害にかかる可能性も高く、斜面崩壊も発生しやすくなるため、二次的な影響も考慮する必要がある。

山林火災は、林分単位では枯死個体や生残個体、倒木、燃焼を免れた下層植生、炭化した有機物などを残し、景観的には火災の規模や、風向、植生、地形、水域の影響を受けて形成された、さまざまな大きさと破壊の度合いが異なる輪郭のはっきりしないモザイク状のパッチを形成する。そして、これらの生物遺産が生態系回復に大きな影響を与えると考えられる。

洪水

洪水攪乱が発生する箇所は、氾濫原や河川という河畔域（riparian zone）に限られ、攪乱を受ける森林も、洪水後に形成された地形面に成立する河畔林や砂礫堆に成立する水辺の植物群落に限られる。また、洪水攪乱の多くは非常に強い季節性をもっている。特に融雪洪水は攪乱というよりは、河川や氾濫原で生活する生物種にとって必要な現象であり、多くの生物種は融雪攪乱に合わせた生物季節をもっている。例えばヤナギ科の樹木は融雪洪水の減水期に種子を散布し、洪水攪乱によって形成された裸地に

図 2.6 洪水攪乱後に砂礫堆に残った流木
洪水攪乱後には河畔林が倒れたり、上流から流されてきた流木が砂礫堆上に集合堆積する

いち早く侵入・定着する戦略をもっている（Nakamura and Inahara 2007）。さらに、魚類にとって氾濫原は、産卵場や仔稚魚の成育場、採餌場、避難場として重要であり、その移動は洪水によって河川と氾濫原水域が連結されることにより可能となる。

河川流水に近い部分や屈曲部外側が頻繁に破壊を受け、河畔域の両端は地形面の比高（河床の一番低い場所からの高さ）も高く、洪水攪乱を受けにくい立地が形成される。流路に近く比高が低い場所は洪水攪乱の強度が高く、強い河床剪断力《せんだん》（河床の礫を運搬する力）を受け、攪乱後の河床にはほとんど生物遺産は残らない。一方で、流路から離れた地形面や二次流路（主流路から派生した小流路）などの攪乱強度は小さく、まれにしか発生しない攪乱によって林分が破壊されても多くの生物遺産が残される。洪水流によって倒された倒木群、二次流路に集積したり砂礫堆・氾濫原にうちあげられて堆積した流木群、流砂によって埋没した樹木群、倒木・流木などがあげられる（図2・6）。

このように、倒されたり流されたり埋没したりした樹木個体の多くは、萌芽更新によってクローンを形成する場合が多く、生態系の回復に寄与する。また、これらの生物遺産がつくる構造は複雑であり、上流から運ばれる流砂や有機物片を集積しながら、多様な植物、動物に必要な生息場環境を提供する。河川内の倒木や流木が魚類や底生生物の生息場所として機能することや（Nagayama et al. 2009）、砂礫堆にうちあげられた流木がその後の植生回復の種多様性に影響することはよく知られている（Nakamura et al. 2012）。

崩壊・土石流

崩壊や土石流は、ほかの攪乱と比べて破壊される森林の面積は小さい。一方で、豪雨や火山活動、地震活動の激しい日本そしてアメリカ合衆国西海岸では、非常に頻繁に発生する現象である。また、火山噴火や台風、山火事による森林破壊後に豪雨が発生し、崩壊や土石流が誘発されることも多く、二次攪乱様式として重要である。

崩壊の発生箇所は三〇度以上の急傾斜斜面であることが多く、また非常に多くの土石流は、崩壊土砂が渓流に供給され、そのまま流動化して発達する場合が多い。つまり崩壊と土石流は連続した現象としてとらえることが可能である。その頻度は地形や地質によって異なるが、日本では数十年から数百年に一度の頻度で発生するといわれている（中村　一九九〇）。また、豪雨によって発生する崩壊は斜面凹部で不安定土砂が移動する表層崩壊が多いが、地震などの地殻変動によって発生する斜面崩壊は斜面凸部に

図 2.7　土石流攪乱後の渓流
土石流の発生域や流下域にはほとんど生物遺産は残されておらず、堆積していた表土や土壌も除去されるため露岩している

多く、深層崩壊になる可能性が高くなる。

崩壊や土石流の攪乱域は、一般的に発生域、流下域、堆積域に区分することが可能で、発生域や流下域にはほとんど生物遺産は残されておらず、堆積していた表土や土壌も除去されるため、周辺から供給される植物種子も定着することは難しい（図2・7）。そのため基岩が露出した状況が長く続くのが一般的で、ほかの攪乱と比べて攪乱強度は高く回復速度は遅い。一方で、堆積域には上流から運搬されてきた生物遺産が多く含まれており、土砂堆積の厚さにもよるが、萌芽して新たな再生個体を形成することもある。また堆積域に生育していた林分は厚い土砂堆積の箇所では倒壊したり埋没したりするが、薄い堆積厚の区域では不定根（土砂堆積などにともない幹から二次的に発生する根）を発生させて生存する個体が多く、生存個体からの種子散布によって攪乱地は速やかに回復すると考えられる（Nakamura et al. 2000）。

攪乱を模倣した森林施業 New Forestry

　これまで述べてきた地域の森林構造や組成を特徴づける自然攪乱と、その後に残されるさまざまな生物遺産、生物遺産を拠点にした生態系の回復過程から、一九九〇年代に新たな林業New Forestry（ＮＦ）が検討されるようになった。このＮＦはいわば保護区を取りまくマトリックス部分において実施される林業であり、林分の成長速度や成長量の関係から木材生産を最も効率的に行なう伝統的な林業とはまったく異なる考え方であった。そのため多くの大学や研究機関、行政においても両方の価値観のぶつかり合いが生じ、論争が学会や新聞などのメディアを通じてなされた。

　一方で、先に述べたニシアメリカフクロウやサケ科魚類保護問題が脚光を浴びるようになり、生息環境の保全を目的に、原生老齢林の保護や河畔林の保護が検討され、河川に沿った保護林帯の設定がＮＦの一つとして示された（Swanson and Franklin 1992）。

　こうしたＮＦが定着し国民から支持を得るためには、それを支える科学的証拠の蓄積とＮＦ実施後のモニタリング調査が不可欠である。オレゴン州にあるアメリカ合衆国森林管理局のエイチ・ジェイ・アンドリュース実験林で一九八〇年より始まった長期生態学研究、ならびにモニタリング結果にもとづいてその方向性を修正する順応的管理の考え方が、ＮＦの発展と定着を支えていたといえる。

林分単位――伝統的林業との対立

　伝統的林業とＮＦとの大きな違いは、伝統的な林業が森林から得られる木材生産量の最大化という一

図 2.8　保持林業後の林相（アメリカ合衆国オレゴン州）
一部の立木を収穫したのち、山林火災後の様相を模倣し、立木や林床にある倒木などを生物遺産として残し、火入れした後の様子

つの目標をめざすのに対して、ＮＦでは木材生産も行なうが攪乱後の回復過程や生態系プロセス、そして水域への影響を考慮して、生物種の保全と生態学的機能の維持をめざすことが特徴である。アメリカ合衆国西海岸におけるダグラス・ファーを主体とした伝統的な林業では、皆伐による木材収穫と火入れ、その後の一斉造林が一般的であった。それに対してＮＦではすべての樹木を伐採するのではなく、山林火災後の様相を模倣し、一部の立木や林床にある倒木などを生物遺産として残し、伐採後の生息場所の複雑性や栄養塩循環を確保することにより、攪乱以前の生態系プロセスや生物多様性が早期に回復されることをめざした（図２・８）。これがアメリカ合衆国保持林業の始まりであった。

これらの方針に対して、伝統的な林業をめざす研究者や行政官からは、多くの疑問が発せられた。その多くは、ＮＦによって残される生物遺産の倒木や枯損木が、カミキリムシの大発生を助長する、もしくは残された生立木や枯損木への落雷の可能性が高まり、森林火災の頻度が増加するといった内容のほか、林業作業の危険性、風倒の危険性、経済効率の低下などというものであった。これらの批判のなかには考慮すべき内容もあるが、それらは生物多様性と生態系機能を維持するために新たな林業を行なうことに対する批判ではなかった。そのため、こうした課題に対して解決策を得るための新たな管理手法である順応的管理が適用され、モニタリング結果を管理に生かすことにした。

林分単位で何をどの程度残すのかについてはいまだ研究段階であり、明確な答えは出ていない。ダグラス・ファーを主体とした林分で検討されている要素としては、①生立木のなかでも、大径で樹洞があったり大枝を伸ばしていたりする個体で、いったん失ってしまうと再び形成されるには数百年の歳月が必要なもの、②さまざまな腐朽度、さらに大径の枯損木、③林床に残されたさまざまな腐朽度の倒木、④未攪乱の森林土壌、⑤蘚苔類や草本植物、低木や稚幼樹を含んだ林床植生などである（Franklin et al. 1997）。こうした要素は単木的に分散させて形成されるものもあるが、小面積森林パッチを林分内に残すことによって達成されるものもある。保持林業を発展させるためには、これらの要素のさまざまな組み合わせによる生物種や生態系機能の変化をモニタリングしなければならない。

景観レベル

景観レベルでの保持林業については、まず希少種の保全のために老齢林分を保護区（伐採禁止区）として空間内に配置したり、サケ科魚類保護や河川生態系プロセス維持の観点から河畔域を保護林帯として残すことなどが検討されている。特に、森林伐採による河川への土砂流出と河畔林消失にともなう水温上昇は一九六〇年代から問題視され、それを抑えるために河畔林を保護することが検討されてきた。この年代は、この二つの課題を解決するための河畔林帯の〝幅〟が重視され議論されてきた。

その後、森林と河川の相互作用や土石流や洪水などの攪乱によって、河川・氾濫原生態系の生物多様性や物質循環などの生態系プロセスが維持されていることが明らかになった。そのなかには、森林から河川へ供給される倒木や河川水と地下水の混合領域である間隙水域（hyporheic zone）が河川生態系の構造と機能に与える影響など、先進的な知見が含まれている（Gregory et al. 1991）。その結果、河畔林帯の幅の問題だけでなく、森林伐採や林道設置にともなう崩壊・土石流などの攪乱の発生、流域ネットワークを通じた影響などを考慮した検討が進められている（Swanson and Franklin 1992）。

さらに景観レベルの山火事や風倒、斜面崩壊などの自然攪乱の分布や頻度、そして伐採区の関係が分析されてきた。その底辺にあるのは「地域の生物多様性や生態系機能は、過去の攪乱体制によって歴史的に維持されてきたものであるから、自然攪乱を模倣して伐採区の空間分布パターンや伐採区内の生物遺産を検討すれば、伐採による生物多様性や生態系機能に与えるマイナスの影響を最小限に抑えることができる」という考え方である。別の言葉でいうと、「自然の変動幅内で伐採を実施すれば、生物種は適応でき、生態系プロセスは維持できる」という考え方である。

このためには、地域で発生した攪乱体制の分布と歴史を調査する必要があり、年輪年代学や空中写真、衛星画像などを使って攪乱の地図化と歴史的変遷がＧＩＳに収納され、その地図から景観内における攪乱の頻度や規模が解析されている。アメリカ合衆国ではこうして得られた情報をもとに、景観内における伐採回帰年、生物遺産の残し方、伐採区のサイズ分布が決定されている（Swanson et al. 1997）。

森林生態系管理評価チームによる検討

森林生態系管理評価チーム（Forest Ecosystem Management Assessment Team：ＦＥＭＡＴ）は、クリントン大統領の公約にしたがって一九九三年に発足したもので、老齢林におけるニシアメリカフクロウ保護のみならず、マダラウミスズメ保護、そして森林伐採にともなうサケ科魚類への影響、木材生産の持続性に対して回答を出すためにつくられたワーキンググループである。ＦＥＭＡＴに課された任務は、「森林管理を実施するにあたり生態系管理学的手法を用い、生物多様性、特に遷移後期林分と老齢林分の維持・回復、長期的な森林生態系の生産性維持、すなわち木材とそれ以外の森林生産物、その他の森林価値を含む再生可能自然資源の持続可能な水準の維持、および地域経済と地域共同体の維持を図ること」であり（畠山・鈴木 一九九六）、一〇〇名を超える科学者や行政官が参画した。

ＦＥＭＡＴ報告の草案は一九九三年に完成した。草案は一〇の代替案を検討している。ニシアメリカフクロウが生息する九七一万ヘクタールの固有地を後述する七つの地域に区分し、それぞれの配置に応じて、フクロウやウミスズメだけでなく、ほかの生物種や木材生産量についても検討された。七つのうち次の四つが保護地域として設定されている。①国立公園や原生自然地域などの保護地域、②木材生産性が低く、景観保全やレクリエーションの観点から行政的に伐採から除外された地域、③老齢林や遷移後期の森林で伐採が原則排除される地域、④河畔域である。伐採予定地域は三つで、⑤火災・病害虫などによる損失を回避するために伐採やサルベージ・ロギングが許可された地域、⑥生態系管理を実践するために順応的管理を行なう地域、⑦上記六つのどれにも含まれない地域で木材生産のための伐採地域である（FEMAT 1993）。

最終的にクリントン大統領は、⑥が唯一含まれているオプション9を選択した。このオプションでは、約四分の一の地域で順応的管理を実施することになっていた。しかし、木材業界は従来の伐採量を八〇％も削減されることに危機感をいだき、環境保護団体は順応的管理における実験地域の設定には懐疑的で、結局木材伐採に利用されてしまうとの懸念を表明した（畠山・鈴木 一九九六）。この後も自然保護団体によって訴訟が起こされたが退けられ、最終的にはこの方向性で森林管理が進められている。

ＦＥＭＡＴはフクロウ保護問題にとどまらず、生態系管理の実践を可能にしたという意味で、森林行政上も科学的視点からも歴史的に重要な出来事であった。生態系管理の概念は、扱う空間スケールも大きく、生物遺産の保持や攪乱の模倣など、前述したNew Forestryの考え方を引き継いでいる。しかし、いまだ発展途上であり、すべての研究者が同じ考え方をもっているわけではなく、自然科学的な生態系プロセスの維持以外に、社会的な合意形成や市民参加を含めて考えると、かなり広い概念を包含しているといえる（柿澤 二〇〇〇）。

順応的管理が広い面積で実施され、モニタリング結果をもとに林分・景観レベルの技術が修正されれば、野生生物の保護と木材生産の両立を科学的に進めていくことが可能になる。また、これだけの大きな転換を実行した背景には、伐採すれば消滅してしまう原生林を残すことにより、将来世代の選択肢を広げるという考え方が強く表れている（Johnson et al. 1999）。ＦＥＭＡＴの考え方や成果は、日本の保持林業を考えるうえでも重要な知見を提供してくれるだろう。

長期生態学研究（Long-term Ecological Research）

全米で長期生態学研究（ＬＴＥＲ）が始まったのは一九八〇年のことである。アメリカ合衆国西海岸で保持林業を主導してきたワシントン大学、オレゴン州立大学、ならびに北西太平洋森林科学研究所のメンバーが活発な研究活動を展開し、生物遺産と生態系プロセスについて数多くの成果を発表してきたのがエイチ・ジェイ・アンドリュース実験林であり、LTERプロジェクトの開始から現在までコアサイトとして知られている。

アメリカ合衆国のLTERは、アラスカ州や南極を含む二五のサイトから構成されており、森林生態系はもちろんのこと、河川や湖沼、沿岸、砂漠、海洋、サンゴ礁、高山帯、ツンドラ、都市など、じつにさまざまな生態系を網羅できるように配置されている。二〇〇〇名を超える研究者や大学院生がこれらのプロジェクトに参加し、個別サイトにおける研究のみならず、LTERネットワークとしてサイト間比較研究を実施するなど、多くのインパクトの高い成果が発表されている。また、LTERは国際的にもInternational LTER（ILTER）を構成しており、ヨーロッパ、南米、アフリカ諸国が多数参加し、アジアでは中国や韓国とともに日本も参加している。ここではアメリカ合衆国保持林業を支えたエイチ・ジェイ・アンドリュース実験林におけるLTERを解説したい。

エイチ・ジェイ・アンドリュース実験林におけるLTERだけをとっても、非常に多様な研究が実施されており、とても全体を紹介することはできないが、保持林業の発展に最も大きな影響を与えた研究は倒木（large wood）に関する研究であろう。倒木に関する研究は森林生態系にとどまらず、森林と河川の相互作用系に関する研究も数多く実施され、その概要はハーモンらによってまとめられている（Harmon et al. 1986）。一九九〇年にこのプロジェクトに参加した筆者にとって最も大きな衝撃は、直径五〇センチメートルを超える倒木の腐朽過程に関する研究で、対象期間は一〇〇年を考えていた（図2・9）。日本の研究の多くが、せいぜい数年で成果を求められるのに対して、研究費が続くかどうかもわからない倒木腐朽実験を一〇〇年計画で実施しようとするその奇想天外な発想と実行力に驚いたのであ

図 2.9　倒木の腐朽実験（エイチ・ジェイ・アンドリュース実験林）
針葉樹大径木の腐朽過程を 100 年間追い続ける実験

る。

それまでの陸域生態系における倒木研究の内容は、倒木更新としての役割が中心で、生産から分解までの収支、ならびに炭素収支・物質循環に与える影響、生物生息場としての役割などは無視されてきたといっても過言ではなかった。倒木は数十メートルを超える大きさや分解の遅さから、同じ有機物でも落葉などに比べて扱いづらく、研究者から敬遠されてきたといえる。倒木供給プロセスとして、単木レベルの風倒量から森林攪乱にともなう集合的な供給量まで詳細に調べられており、保持林業でどの程度倒木要素を残すべきかを検討する際の基礎データになっている。また、一〇〇年スケールの長期観測が必要な分解過程については特に詳細に調べられており、気温や湿度などの気象要因、カミキリムシやシロアリなどの生物要因など、腐朽速度に与える影響が樹種ごとに調査されている。また、植物、特に樹木種の更新サイトの研究以

図 2.10　渓流内に倒れこんだ倒木
河川内の物質貯留や魚類などの生息環境に大きな影響を与えることが知られている

外にも、無脊椎動物、両生類、爬虫類、鳥類、哺乳類による生息場所としての利用も研究されている。特に、倒木をすみかや採餌場、ねぐら、避難場として利用している一七九種の脊椎動物がいることを確認し、この数は実験林のあるブルーマウンテンで繁殖する脊椎動物の五七％にあたると述べている（Harmon et al. 1986）。

　森林生態系から河川生態系に倒れこんだ樹木個体（倒木）や上流から流されてきた流木の役割（図2・10）についての研究も、現在では世界的に生態学や地形学の分野で関連研究が行なわれているが、その始まりもエイチ・ジェイ・アンドリュース実験林であった。驚くことに、河川にある倒木もしくは流木個体一つひとつに標識がつけられ、いつどこまで運搬されたかが追跡されていた。河川内に水没した樹木は林内に倒れた樹木と比べてどの程度腐朽速度が落ちるのか、広葉樹と針葉樹と比べて違いがあるのか、陸域森林の動態と河畔域への供給をどうやってモデル化するのか、など発展研究は多岐にわたる。ちょうど一九八〇年くらいに景観生態学がアメリカ合衆国でも台頭し、景観にモザイク状に分布する生態系間の相互作用が研究されるようになっていた。そのさきがけとして、森林と河川の相互作用系がエイチ・ジェイ・アンドリュース実験林において実施され（Gregory et al. 1991）、倒木や流木は河川生態系を維持するうえで不可欠な生物遺産であることが周知された。その結果、河畔林の水温への影響のみならず、河川への落葉や倒木供給機能をふまえた河畔域の緩衝林帯幅が検討され、前述したFEMATなどでも適用されるようになった。

さらに流域における森林伐採が、水文環境や土砂流出、栄養塩流出に与える影響（Swanson et al. 1982）、林道が斜面崩壊や土石流の発生に与える影響についても、小さな試験流域（一〇〜一〇〇ヘクタール程度）を数多く設定し、五〇年程度継続測定している。森林伐採が水や土砂流出に与える影響は、日本同様、一般市民の関心も高い。特にサケ科魚類を保全する観点から、伐採による水土流出、栄養塩流出、水温への影響をいかに最小化することができるかが、保持林業の一つの大きなテーマであり、長期モニタリング結果から検証されている。

林業生産と生態系保全の両立に向けて

アメリカ合衆国における保持林業を含むNew Forestryの勃興を振り返ると、そこには幾重にも積み重ねられた過去のさまざまな取り組みがあったことがわかる。ニシアメリカフクロウ保護に端を発した原生老齢林の保護、セントヘレンズ火山における森林攪乱とその後の回復過程に関する研究、LTERに代表される長期生態観測から得られた生物遺産の構造と生態学的機能、ならびに景観レベルの攪乱と物質循環研究、ＦＥＭＡＴによる連邦政府をまきこんだ森林政策の大きな転換とその実践など、新たな森林管理哲学とそれを裏づける科学的知見の蓄積、地域社会や市民をまきこんだ価値の共有があってこそ成し遂げられた実績であると思われる。

そして、これらの取り組みから得られた知見こそが保持林業の科学的基盤を形成したといえる。木材生産の効率化を主目的とした伝統的林業の限界を指摘し、生態系をまるごと管理するという新たな思想のもと、保護区のつながりや周辺効果、マトリックスを考慮した景観レベルの森林計画、生物遺産を残すための林分単位の施業方法など、新たな視点が次々に提示されてきた。そこには、自然科学的見解のみならず地域をまきこんだ社会・経済的な分析があった。さらに、訴訟によって社会の方向性を決定するアメリカ合衆国独特の歴史があり、国家環境政策法（National Environmental Policy Act：ＮＥＰＡ）やＥＳＡを武器に訴えた自然保護運動も転換を後押ししたといえる。

森林生態系管理一つをとっても、新しい自然、社会、経済的知見や価値が合流して大きな流れを形成しなければ既存体制を打破することはできない。そのことを鑑みると、日本における保持林業の社会実装を成し遂げるためには、まだまだ数多くの困難があると感じる。森林を扱う場合、その時間スケールは五〇年以上を必要とする。将来世代の選択肢を残す意味からも、保持林業が新たな森林施業の形態として社会に受け入れられることを期待したい。

【引用文献】

Bolsinger, C. L., Waddell, K. L.（1993）Area of old-growth forests in California, Oregon and Washington. U.S. Forest Service Resource Bulletin

PNW-RB-197.
程　東昇・五十嵐恒夫（一九九〇）エゾマツ、アカエゾマツ、トドマツ及びカラマツ種子・稚苗の暗色雪腐病菌に対する感受性　北海道大学農学部演習林研究報告　四七：一二五―一三六
del Moral, R., Wood, D. M.（1988）Dynamics of herbaceous vegetation recovery on Mount St. Helens, Washington, USA, after a volcanic eruption. Vegetatio 74: 11-27.
FEMAT（Forest Ecosystem Management Assessment Team）(1993) Forest ecosystem management: an ecological, economic, and social assessment. Report of the FEMAT. U.S. Government Printing Office.
Foster, D. R., Knight, D. H., Franklin, J. F.（1998）Landscape patterns and legacies resulting from large, infrequent forest disturbances. Ecosystems 1: 497-510.
Franklin, J. F., MacMahon J. A., Swanson F. J., Sedell J. R.（1985）Ecosystem responses to the eruption of Mount St. Helens. National Geographic Research 1: 198-216.
Franklin, J. F.（1993）Preserving biodiversity: species, ecosystems, or landscapes? Ecological Applications 3: 202-205.
Franklin, J. F., Berg, D. R., Thornburgh, D. A., Tappeiner, J. C.（1997）Alternative silvicultural approaches to timber harvesting: variable retention harvest systems. In Kohm, K. A., Franklin, J. F.（eds.）Creating a forestry for the 21st century. Island Press. 111-139.
Gregory, S. V., Swanson, F. J., McKee, W. A., Cummins, K. W.（1991）An ecosystem perspective of riparian zones. BioScience 41: 540-551.
Harmon, M. E., Franklin, J. F., Swanson, F. J., Sollins, P., Gregory, S. V., Lattin, J. D., Anderson, N. H., Cline, S. P., Aumen, N. G., Sedell, J. R., Lienkaemper, G. W., Cromack, Jr. K., Cummins K. W.（1986）Ecology of coarse woody debris in temperate ecosystems. Advances in Ecological Research 15: 133-302.
Harris, L. D.（1984）The fragmented forest: Island biogeography theory and the preservation of biotic diversity . University of Chicago Press.
春木雅寛（一九八八）生物相の破壊と回復　門村　浩・岡田　弘・新谷　融編　有珠山・その変動と災害　北海道大学図書刊行会　一六四―一九三
畠山武道・鈴木　光（一九九六）フクロウ保護をめぐる法と政治――合衆国国有林管理をめぐる合意形成と裁判の機能　北大法学論集　四六：五七六―五一三
Johnson, K. N., Holthausen, R., Shannon, M. A., Sedell J.（1999）Forest Ecosystem Management Assessment Team: case study. In Johnson, K. N., Swanson, F., Herring, M., Greene S.（eds.）Bioregional assessment: science at the crossroads of management and policy. Island Press. 85-116.
柿澤宏昭（二〇〇〇）エコシステムマネジメント　築地書館

MacArthur, R. H., Wilson, E. O.（1967）The theory of island biogeography. Princeton University Press.
餅田治之（一九九二）アメリカ北西部太平洋岸における環境問題と林業生産　林業経済研究　一二一・二一八
Morimoto, J., Morimoto, M. Nakamura, F.（2011）Initial vegetation recovery following a blowdown of a conifer plantation in monsoonal East Asia. impacts of legacy retention, salvaging, site preparation, and weeding. Forest Ecology and Management 261: 1353-1361.
Nagayama, S., Kawaguchi, Y., Nakano, D., Nakamura, F.（2009）Summer microhabitat partitioning by different size classes of masu salmon（*Oncorhynchus masou*）in habitats formed by installed large wood in a large lowland river. Canadian Journal of Fisheries and Aquatic Sciences 66: 42-51.
中村太士（一九九〇）地表変動と森林の成立についての一考察　生物科学　四二（二）：五七―六七
Nakamura, F., Swanson, F. J., Wondzell, S. M.（2000）Disturbance regimes of stream and riparian systems - a disturbance-cascade perspective. Hydrological Processes 14: 2849-2860.
Nakamura, F., Inahara, S.（2007）Fluvial geomorphic disturbances and life history traits of riparian tree species. In Johnson, E. A. Miyanishi, K.（eds.）Plant disturbance ecology: the process and the response. Academic Press. 283-310.
Nakamura, F., Fuke, N., Kubo, M.（2012）Contributions of large wood to the initial establishment and diversity of riparian vegetation in a bar-braided temperate river. Plant Ecology 213: 735-747.
夏目俊二（一九八五）エゾマツ更新の立地条件と初期生長に関する研究　北海道大学演習林研究報告　四二：四七―一〇七
Swanson, F. J., Frederickson, R. L., McCorison, F. M.（1982）Material transfer in a western Oregon forested watershed. In Edmonds, R. L.（ed.）Analysis of Coniferous Forest Ecosystems in the Western United States. Hutchinson Ross Publishing. 233-266.
Swanson, F. J., Franklin, J. F.（1992）New forestry principles from ecosystem analysis of Pacific Northwest Forests. Ecological Applications 2: 262-274.
Swanson, F. J., Jones, J. A., Grant, G. E.（1997）The physical environment as a basis for managing ecosystems. In Kohm K. A., Franklin, J. F.（eds.）Creating a forestry for the 21st century: the science of ecosystem management. Island Press. 229-238.
消防庁消防研究所（一九八八）林野火災の飛火延焼に関する研究　消防研究所研究資料第二一号　一四九
Takahashi, M., Sakai, Y., Ootomo, R., Shiozaki, M.（2000）Establishment of tree seedlings and water-soluble nutrients in coarse woody debris in an old-growth Picea-abies forest in Hokkaido, northern Japan. Canadian Journal of Forest Research 30: 1148-1155.
Taylor, A. H., Skinner, C. N.（1998）Fire history and landscape dynamics in a late-successional reserve in the Klamath Mountains, California, USA. Forest Ecology and Management 111: 285-301.

Tsuyuzaki, S.（1989）Contribution of buried seeds to revegetation after eruptions of the volcano Usu, northern Japan. Botanical Magazine, Tokyo 102: 511-520.

Tsuyuzaki, S.（1994）Fate of plants from buried seeds on Volcano Usu, Japan, after the 1977-1978 eruptions. American Journal of Botany 81: 395-399.

White, P. S., Pickett, S. T. A.（1985）The ecology of natural disturbance and patch dynamics. Academic Press.

◉コラム6

順応的管理

中村太士

順応的管理とは、アメリカ合衆国を中心にして広まった生態系と自然資源の管理の両立をめざした考え方で、英語の「Adaptive Management」の和訳である。

順応的管理では、自然を扱う政策・技術の実現性や未来予測の不確実性を認め、モニタリングによる評価と検証を繰り返し、政策を順次見直し、計画や技術に改良を加えながら管理する。これまでの伝統的管理が、政策や技術に不確実性はなく、評価や検証のプロセスがほとんどなかったのと対照的である。

日本では二〇〇二年に制定された自然再生推進法において、基本理念の一つに位置づけられている。

本論でも紹介したように、アメリカ合衆国では自然保護問題にかかわる紛争の解決手段として、裁判による法廷闘争を重視してきた。ところが、時間と費用をかけて勝訴しても、生態系管理の方法と技術が確立していない場合、生物種や生態系プロセスの保全はできず、得られたものは少ないという現実があった。

硬直した開発か保護かの二極対立から、両者の価値を包含できる調和的な方策を探るためには、生態系管理をフィールド実験と位置づけ、実験結果を管理方法にフィードバックする考え方が提言された。

順応的管理が「目的設定（仮説）－実験－検証（モニタリング）」を前提とすることから考えると、実現するためには地域住民の理解と利害関係者の合意が不可欠である。

アメリカ合衆国では、本論で述べた西海岸の原生老齢林管理のほか、グレン・キャニオンダムの人工放流による河川生態系の復元、コロンビア川のサケ科魚類管理でこの考え方が採用されている。

◉第3章

カナダ、ブリティッシュ・コロンビア州の事例

保持林業が渓流生態系に及ぼす影響

五味高志

本章では、カナダ西海岸のブリティッシュ・コロンビア（BC）州の森林管理と生態系保全の動向、保持林業の実施概要とともに、ブリティッシュ・コロンビア州立大学のマルコム・ナップ研究林（Malcom Knapp Research Forest：MKRF）で行なわれた保持林業の大規模操作実験の成果から、渓流生態系に及ぼす影響に関する研究結果の一部を報告する。

BC州では、一九九〇年代から森林施業法（Forest Practices Code：FPC）をもとに森林管理が行なわれ、河畔緩衝帯（河畔の保全区域）による渓流生態系の保全が推進された。しかし、上流域の渓流や小規模な湿地などでは、緩衝帯のなかに伐採が制限される管理区画を設定することで渓流生態系保全が進められた。このような管理区画は、施業が渓流生態系へ及ぼす影響を抑制する効果もあるとされ、保持林業の考え方との親和性も高く、保持伐が渓流生態系へ及ぼす影響の評価が実施されるようになった。

カナダBC州の森林管理

BC州の森林管理の動向

カナダの国土の半分は森林（四億一七六〇万ヘクタール）であり、温帯雨林から北極圏にいたるまでさまざまな森林景観が見られる。このうち六七％は針葉樹林である。森林のうち、「経済林」と考えられている面積は半分程度であり、一億一九〇〇万ヘクタールについて施業林として維持・管理されている。カナダの土地資源は、州や準州により管理され、森林の所有形態は州有林の比率が高く、特にBC州（州面積九五〇〇万ヘクタール）の森林面積六四〇〇万ヘクタールのうち、州有林は九五％を占める。これらの州有林に対して、管理施業がライセンス化され、民間企業はライセンスを購入することで伐採を行なう。そのため、州政府の森林政策により徹底した管理が実践され、州政府の方針や社会情勢の影響を受け森林管理方針も変化してきた。

BC州では一九七〇年代までは、大面積皆伐と天然更新による木材生産を行ない、林業が主要な産業として成長してきた。このような大面積皆伐に対して、土砂流出や斜面崩壊の発生、漁業資源への被害も深刻化した。また、一九七〇年代からの環境保全の動きや先住民への土地返還要求運動などが活発化し、新たな森林管理の方向性が示されるようになった（植木 一九九八）。しかし、一九八〇年代までは、林業の経済的利益の持続が優先課題であり、森林管理政策の大きな転換は図られなかった。一九九〇年代に入ると、世界的にも生態系保全の重要性が認識され、森林政策として生態系保全を考慮するようになった。そこで、地域の資源管理や森林経営の改善をめざした新たな森林管理のあり方として、一九九四年に森林再生計画（Forest Renewal Plan）が策定された。その後、一九九五年に森林施業法（ＦＰＣ）が制定された（FPC of BC 1999）。これまでは、一〇〇〜二〇〇ヘクタールの伐採区が連続的に存在することで、実質的には一〇〇〇ヘクタールもの大面積伐採区が存在する場合もあったが、この法制度により伐採区画を四〇〜六〇ヘクタールに抑制し、かつ、分散的に設定することになった。特に、以前皆伐した区画の隣接区画を伐採する場合は、平均樹高は三メートル以上である必要もあり、伐採区画の分散化を推進する基準が設定された。

ＦＰＣでは、漁業資源へのインパクトを抑制するための渓畔林や湿地、湖沼など、生態系保全に重要となる箇所の森林管理指針として、渓畔林管理基準（Ministry of Forests 1995）も示された（図３・１）。渓畔管理域（Riparian Management Area：ＲＭＡ）が設定され、伐採が禁止される流路沿いの保護区（Reserved Zone）と伐採区と保護区の緩衝領域として施業制限を行なう管理区（Management Zone）に区分されるようになった（Young 2000、高橋ら 二〇〇三）。同様の緩衝帯はアメリカ合衆国ワシントン州やオレゴン州でも設定されているものの、ＢＣ州では、魚類の生息域である川幅二〇メートル以上の河川では、保護区を五〇メートル、管理区を二〇メートルに設定する

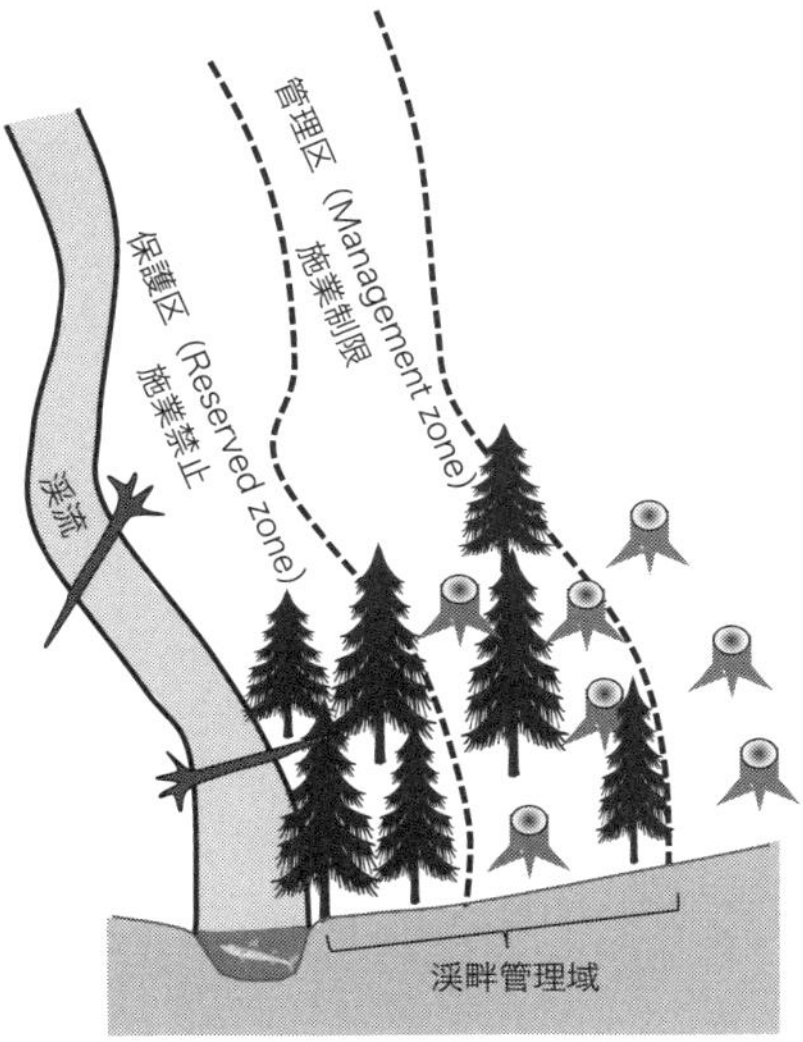

図 3.1　渓畔沿いの緩衝帯の模式図
BC 州の森林施業法
（Ministry of Forests 1995 を一部改変）

など、渓畔管理域の幅が最も広く設定されることとなった。また、魚類の生息している川幅一・五メートル以下の渓流では、保護区の設定はないものの、管理区のみの渓畔管理域として三〇メートル、魚類が生息していない場合でも管理区を二〇メートルとするなど、渓流環境の保全に配慮が見られる。

このように、ＦＰＣは世界一厳格に生態系保全を行なう森林管理法として評価されたものの、計画策定における煩雑な事務手続き、生態系保全への負担の多さなどから、産業界からの反対とともに、林業の不効率化による林業不振ももたらした（May 1998）。そこで、二〇〇二年には森林施業法（ＦＰＣ）がForest and Range Practices Act（ＦＲＰ）に置き換わり、Forest Planning and Practices Regulationとして運用されるようになった。新たなＦＲＰでは、市場への木材供給量を縮小しないことが明記され、施業規制が緩和された。一方で、この規制緩和による生態系保全への取り組みレベルが下がらないように、森林認証制度や外部からの監視などが徹底されるようになった。

保持林業システムへの取り組み

保持林業は、前章で述べられているように、アメリカ合衆国のワシントン州、オレゴン州、カリフォルニア州で始まり、その重要性が確立され始めた一九九〇年中盤には、ＢＣ州の森林管理でも紹介されるようになった。当初、保持林業の解釈は林分単位と立木単位の両方があり、森林管理方法として混乱を招くことが指摘されたことから、「保持伐施業システム」として説明されるようになった。保持林業は、前章でも述べられているように、生態系保全と健全性維持を目的とし、攪乱に対する応答と回復過程の把握が必要であることとし、持続可能な森林管理における、自然攪乱による動的生態系の考慮の重要性を指針としている（Flanklin et al. 1997、森 二〇〇七）。一方で、ＢＣ州の森林施業法では、一九九九年の

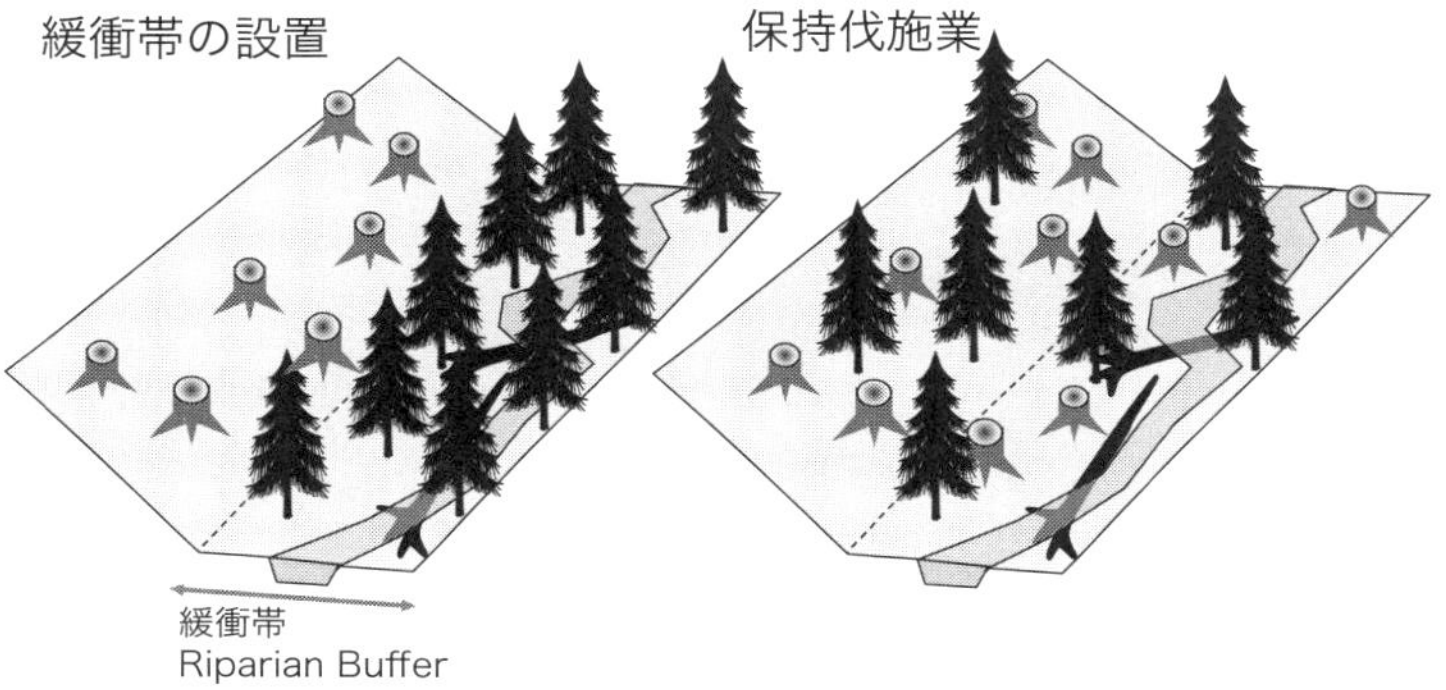

図 3.2　渓畔沿いの緩衝帯と保持伐施業の模式図

Operational Planning Regulationsが、林分構造の多様性の維持を目的として、伐採区画内の立木の半分を個別立木もしくは群状として残すことを示している（Mitchell and Beese 2002）（図3・2）。特に、アメリカ合衆国のウェアハウザー社は、一九九九年にカナダ最大手の林業会社であるマクミランブローデル社を買収すると、ＢＣ州の林業で保持林業を積極的に導入するようになった（大田二〇〇二）。

ただし、保持林業の実施面積は、ＢＣ州全体の施業面積の一部である（図3・3）。二〇一〇年の統計では、ＢＣ州全体の森林施業面積は、一三万ヘクタールであり、そのうち八一％は緩衝帯がある皆伐、一五％は緩衝帯のない皆伐であり、保持伐は三％程度（択抜などを含めると五％）である（図3・3）。この傾向は近年あまり変動が見られない。ただし、州内を地域別に見ると、沿岸地域の森林施業では、皆伐が二九％、緩衝帯を含む皆伐が四一％、保持伐は二九％となる。内陸部では、緩衝帯を含む皆伐が八〇～九〇％となり、保持林業は一％にも満たない。沿岸地域において保持林業が多い理由としては、温暖湿潤であり急峻な沿岸地域の森林では、漁業資源を含めて生態系の保全対象が多様であり、保持伐の積極的な導入が進んでいる結

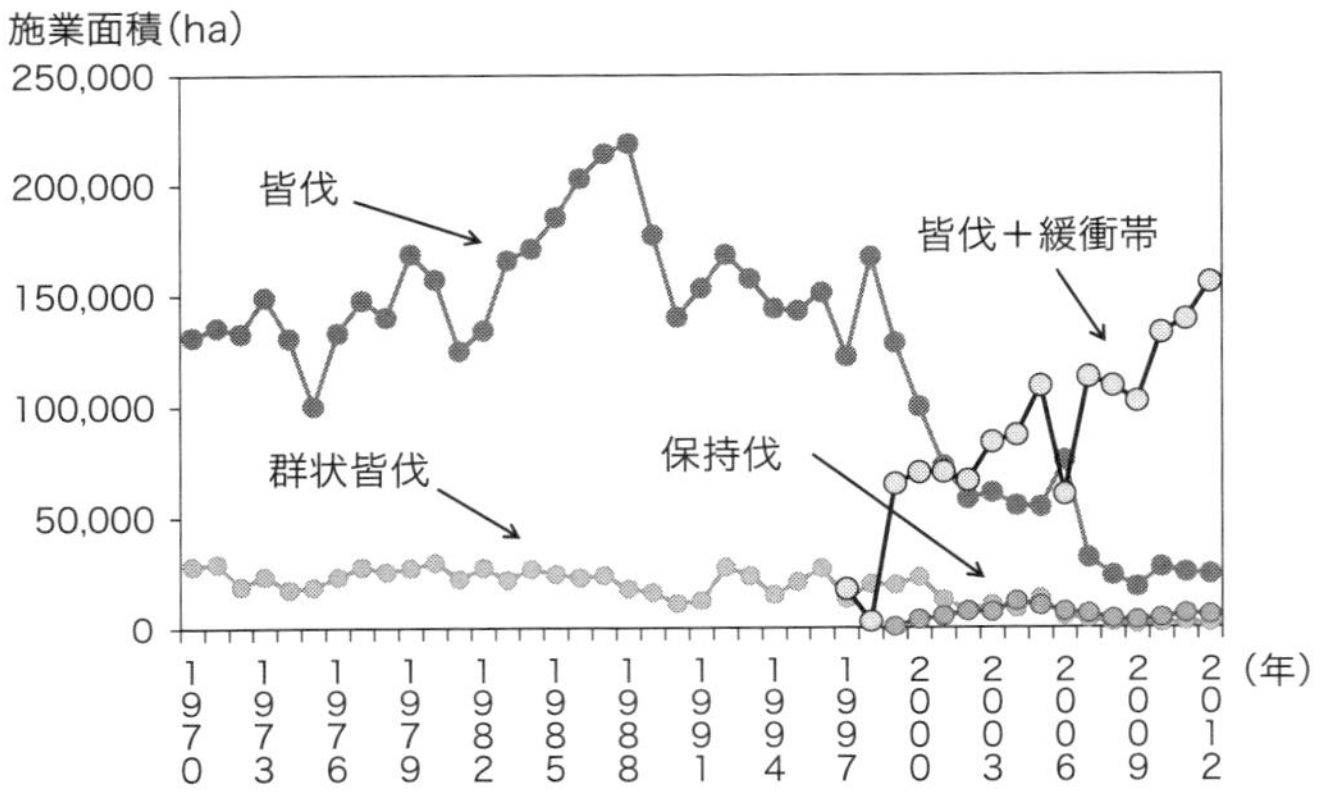

図 3.3　BC 州の森林管理の推移
1995 年に森林施業法が制定され、緩衝帯などの保全的林業が進められた

果と考えられる。

　このような保持林業の重要性は、小渓流を含む伐採区で重要性が指摘された（Rex et al. 2011）。ＢＣ州の森林と渓流の管理では、魚類の生息の有無にかかわらず、川幅一・五メートル以下の渓流に対して、二〇〜三〇メートルの管理区を設置することが決められている。管理区では、制限はあるものの、伐採作業が認められている。前述の森林施業法からForest Planning and Practices Regulationへ制度が変わった際には施業規制などで変化があったものの、小渓流やその渓畔域の保全に関する取り扱いについての大きな変化は見られなかった。

　一方で、このような小渓流に対しても、渓畔の光環境や水温、倒木や落葉などの供給、土砂移動などの攪乱の抑制が指摘され、渓流環境への影響などを抑制した施業体系の確立が求められる。そこで、木材生産と生態系への影響抑制にむけた最適管理手法を確立するため、保持林業の考え方が積極的に導入されるにいたったと考えられる。このことから、上流域の小渓流域を中心として、保持林業による渓流生態系の影響評価に関する研究が進められるようになったといえる（Richardson et al. 2010）。

上流域の重要性

上流域の渓畔林――渓流の相互作用

上流域では、斜面・渓畔域・渓流の三つの地形要素が隣接し（図3・4）、陸域生態系と水域生態系が密接に関連している。また、土砂移動も活発であることから渓流や渓畔の攪乱や複雑な渓流地形が見られる。渓流内には森林から供給される倒木や落葉が生息環境や餌資源となり、渓流生態系の基礎生産として重要な役割を担っている。一般的には、流域面積一〇〇ヘクタール以下の流域について、上流域（Headwater System）と呼ばれている（Gomi et al. 2002）。四〇〜六〇ヘクタールの伐採区画は、この上流域の流域内に含まれる（図3・4）。

上流の渓流では、森林と渓流生態系が密接に関連し、渓畔林が渓流内の物質循環やエネルギー供給に大きな影響を与える（Cummins 1974; Vannote et al. 1980; Richardson et al. 2005）。上流の渓流では、川幅が一〜二メートルと狭く、周辺が林冠に覆われていることから、渓流内の基礎生産を支える藻類の生育に十分な日射が得られない。そのため、渓畔林から供給される落葉が重要な基礎生産物となる（Gregory et al. 1991; Richardson et al. 2010）（図3・5）。例えば、フィッシャーとライケンズは、落葉・落枝といった渓畔林から供給される有機物（他生性有機物と呼ばれる）が渓流内の有機物の九九％以上を占めていることを報告している（Fisher and Likens 1973）。渓流へ流入した落葉・落枝（リター）の一部は流路内に滞留し、底生生物やバクテリアにより分解が進む。淵などのよどみには、リターが集積するリターパッチが形成され、

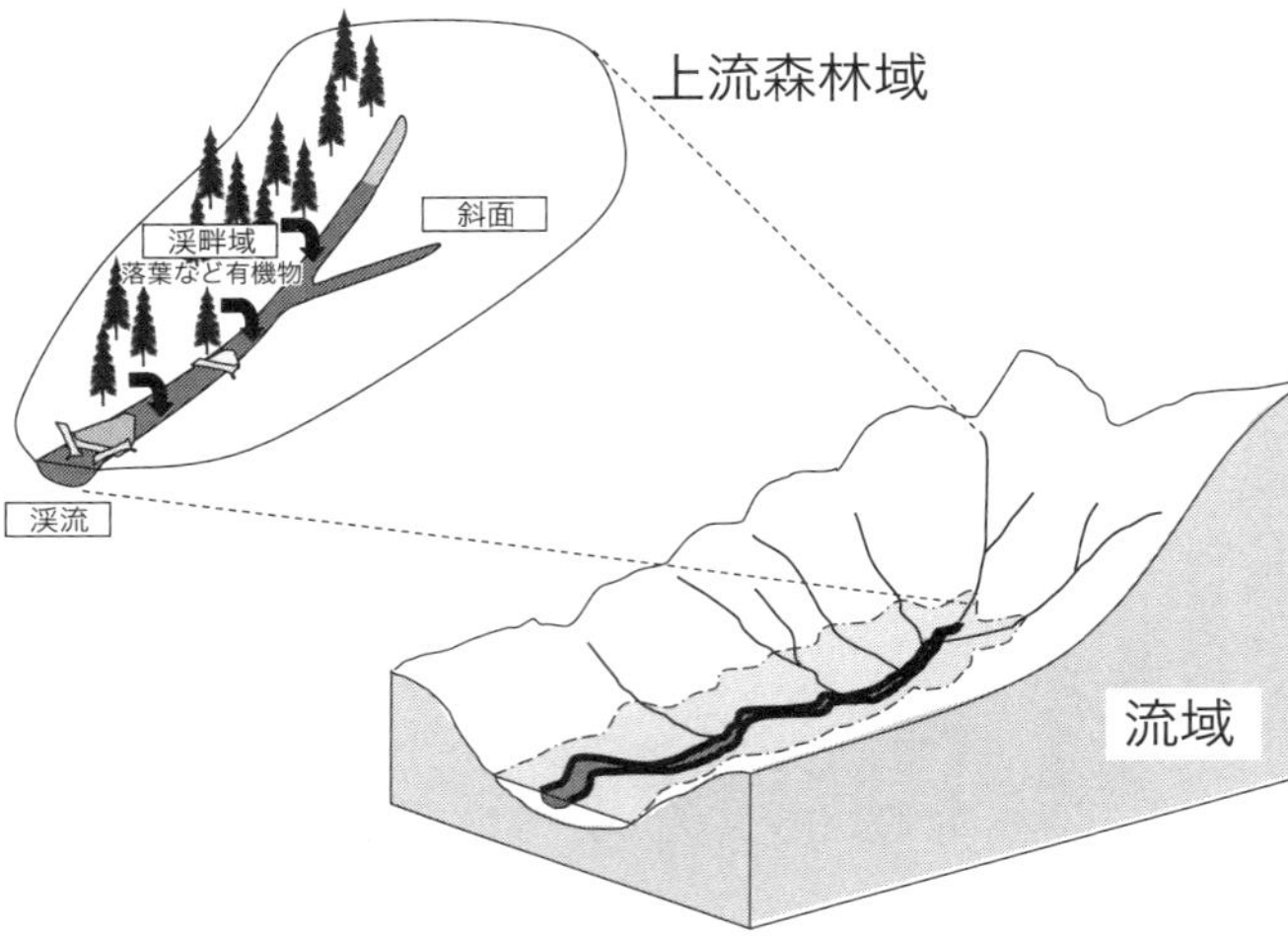

図 3.4　流域における上流森林域の位置づけ（Gomi et al. 2002 を一部改変）

底生生物の重要な生息場を形成する。山地渓流へ供給される倒木も、礫で構成される階段状地形（ステップ地形）や淵などの生息場をつくり、リターや土砂を渓流内に堆積させるなどの重要な役割を担っている（中村 一九九五、Gomi et al. 2001）。

川底に生息する底生生物は餌の種類から「摂食機能群」として、大きく五種類に分類される。落葉などの粗粒状有機物（粒径一ミリメートル以上：CPOM）を摂食する水生生物は、破砕食者（シュレッダー）と呼ばれ、破砕食者によって裁断された細かい有機物は細粒状有機物（粒径一ミリメートル未満：FPOM）となる。FPOMは、主に収集食者（コレクター）に利用される。収集食者には二種類の摂食機能群が存在し、渓流中を流れるFPOMを濾して摂食する濾過食者（フィルターフィーダー）、川底に堆積したFPOMを摂食する採集食者（ギャザラー）がある。また、付着藻類や礫表面に微生物が集まって形成されるバイオフィルム（生物膜）を摂食する剥取食者（スクレイパー）もいるが、山地

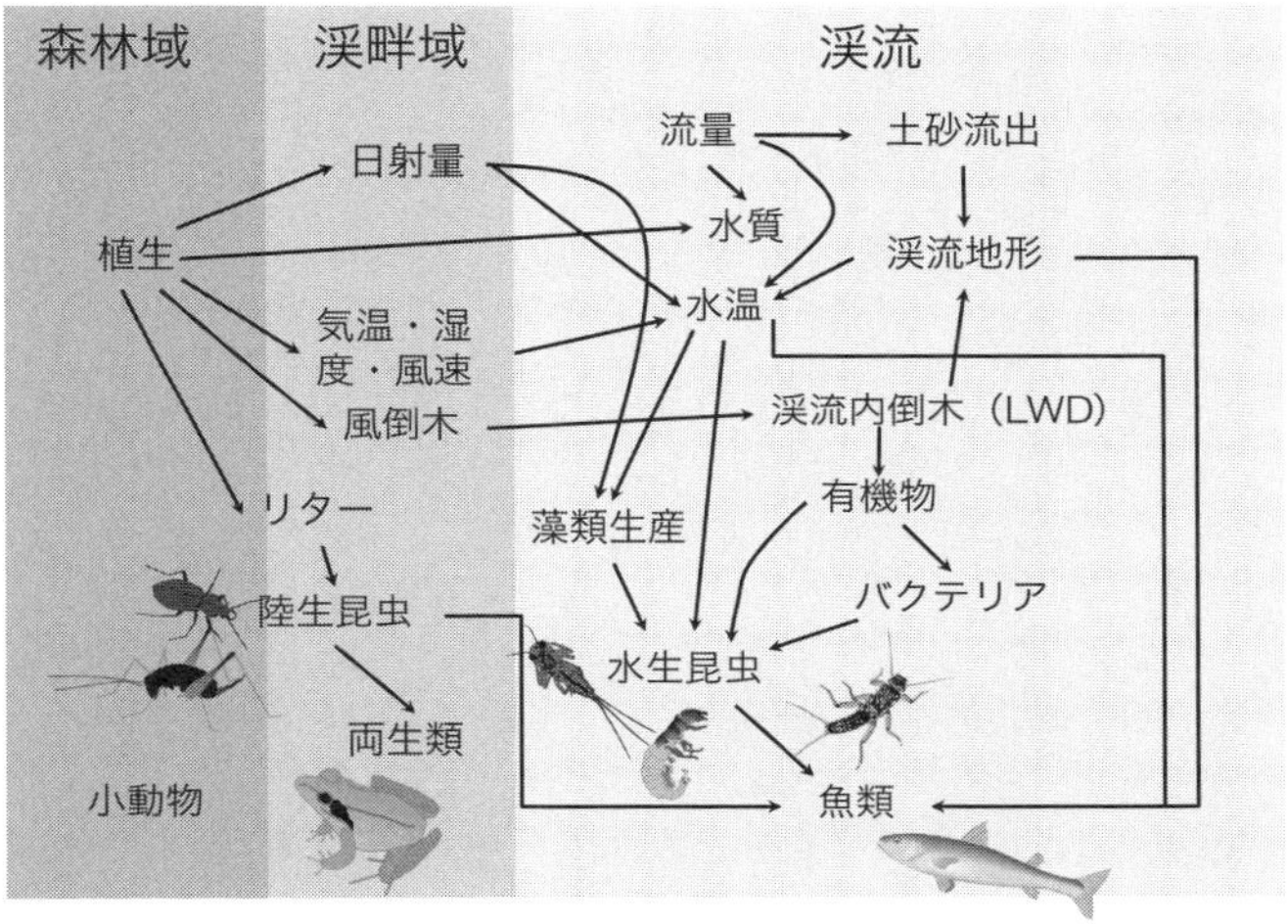

図 3.5 森林、渓畔域、渓流生態系の相互作用の模式図（Richardson et al. 2010 を一部改変）

渓流では多くない。さらに、ほかの動物を捕食する捕食者（プレデター）も含めて渓流生態系の食物網は成り立っている。

ＢＣ州西海岸の山地上流域の渓流では、上位の捕食者としてカットスロート・トラウトやオショロコマなどのサケ科魚類も生息していることが多い。これらのサケ科魚類は、渓流内の水生昆虫などの動物類を餌とするだけでなく、渓畔林から渓流へ落下する陸生動物も餌としている（**図３・５**）。森林から落下する陸生動物は、一般的に夏に多く、冬に少なくなる傾向があり、森林への餌資源の依存度は季節によって変化する（Nakano and Murakami 2001; Baxter et al. 2005）。渓畔域で多く見られるカマドウマ科が、その寄生者であるハリガネムシ（類線形虫類）によって行動操作され、渓流に落下することでイワナやヤマメの重要な餌資源となっているとの報告もある（Sato et al. 2011）。

食物連鎖では窒素の安定同位体比が濃縮され、炭素の安定同位体比は一次生産となる植物の固有値を示す。このような窒素と炭素の同位体比の特性を用いた解析からも、渓流生態系における森林生態系の重要性が示されている（阿部・布川 二〇〇五）。

水系網における上流域の重要性

このような上流森林域渓流の個々の流域面積は一〇〇ヘクタール以下であり、渓流幅は一～二メートル以下と小さいものの、これらの小流域の集合面積は、より大きな流域での総占有面積の七〇～九〇％となる（Gomi et al. 2002）（図3・4）。そのため、上流域渓流から流出する水・土砂・栄養塩は、下流域の河川生態系にとってとても重要である。例えば、栄養塩の流出では、下流域の硝酸態窒素の四三～八七％が最上流からの寄与であるという報告もある。また、魚類の生息が確認されない上流域渓流であっても、それらの渓流から流下する水生生物や陸生生物は、魚類生息域への重要な餌資源の供給源となっている（Wipfli and Baxter 2010）。特に、南東アラスカの研究（Bryant et al. 2007）では、オショロコマは流路勾配が七度以上の小渓流でも生息していること、ギンザケの稚魚は、孵化《ふか》後一年程度は小渓流で過ごすことなどがわかっており、上流域や周辺渓畔域からの餌資源の供給に加えて、上流域の生息環境保全も重要である。

山地の小渓流や上流の湧き水に特有の生物種や隔離分布種が生息していることも報告されていることから、上流域は流域全体の生物多様性にとってとても重要であると指摘されている。流域全体で採取される水生昆虫の五〇～九〇％の種が、上流域のみに生息しているとの報告もある（Meyer et al. 2007）。近年では、淡水環境においても外来種の繁殖による生態系の変化が指摘されており、上流域は生息環境としての地理的条件も厳しいことから、在来種保全上の生息環境としても注目されている（Rahel and Olden 2008）。また、地球温暖化による水温の上昇などが懸念されるなか、水温環境として安定している上流域の重要性も指摘されている。

流域全体から見ると、合流点は上流と下流の結合点として重要である。合流点では、支流からの土砂流入量により扇状地状の地形が形成され、地形的にも複雑である。また、二支流の流量の違いから大きな淵が形成されている場合も多い。土砂流入量の変化による河畔林の構造や河床粒径分布の多様化、支流域からの栄養塩流入による本流の硝酸やリン濃度の一時的な増加、水生昆虫のバイオマスの増加などが報告されている(Kiffney et al. 2006; Alexander et al. 2007)。

水系網の視点は、流域全体における施業計画の検討を行なううえでの、攪乱の分布や頻度、これらの攪乱を考慮した保持伐や群状伐採(数本をまとめて伐採し、更新しやすい光環境などを創出する伐採法)など施業手法の選定にも重要である(Swanson et al. 1997)。特に、森林管理の区画単位である林班ごとに管理手法も異なることから、渓流への影響と下流への波及効果を考えるうえでは、自然状態での攪乱頻度、施業による崩壊や土石流の攪乱頻度の変化、その後の回復過程などを、流域全体での攪乱パターンや頻度と合わせて考慮する必要がある。

実験的保持伐施業と渓流環境への影響評価

マルコム・ナップ研究林の概要

マルコム・ナップ研究林(ＭＫＲＦ)はブリティッシュ・コロンビア州西海岸に位置するブリティッシュ・コロンビア州立大学の実験林である。バンクーバーから東に約四〇キロメートルに位置する。Ｍ

ＫＲＦは、一九四九年に林業および関連分野の教育研究を目的として設立された。名前の由来であるマルコム・ナップ博士は一九二二年にブリティッシュ・コロンビア州立大学に着任し、一九四〇年代初頭、ＢＣ州の林業の将来的な課題を解決する現場として、実験林の設立に助力した人物である。そのため、本実験林では、森林施業の課題を先取りし、実験的な林業や森林管理の実施および渓流や渓畔林を含む森林や渓流生態系への影響評価による観測を行なっている（Richardson et al. 2010）。

年平均降雨水量は二一九四ミリメートル、平均気温は九・六℃である。日最高気温は、三七・五℃、最低気温はマイナス一三・〇℃になる。また、一年のうち六〜八月は月降雨量が五〇〜八四ミリメートルと少雨期で、九〜五月は月降雨量一一四〜三六五ミリメートルと多雨期である。主な森林植生は、二次林のアメリカツガ、ベイスギ、ベイマツが優占している。ＭＫＲＦ内には多くの渓流があり、その川幅は一〜二メートル程度である（Guenther et al. 2014）。

ＭＫＲＦの大規模操作実験は、フェーズ1とフェーズ2に分けられる。フェーズ1では、渓畔林緩衝帯の効果を評価するために、緩衝帯がない場合（〇メートル）、緩衝帯が一〇メートルと三〇メートルの場合を考慮した三つの管理手法について、調査を行なった（Kiffney et al. 2003; Richardson et al. 2010）。フェーズ2では、一ヘクタール当たりの胸高断面積合計のうち、五〇％にあたる樹木について保持伐施業を行ない、渓畔林緩衝帯との比較や同一施業での流域間の違いなどの評価を行なった。

それぞれの流域面積に対して、フェーズ1では伐採区を流域面積の二〇％、フェーズ2では伐採区を流域面積の四〇％としている。それぞれの施業方法は、三流域で同様の施業を行ない、同一施業方法でも流域ごとの違いが出るか、流量、水温、水質、濁度、水生生物などの項目の観測を行なっている。ここでは、保持伐施業を実施した、グリフィス・クリークの事例を中心に、水温と底生生物について紹介する。

ＭＫＲＦ内の小流域のいくつかを対象として、二〇〇四年九～一一月に保持伐施業が実施された（図３・６）。施業前は、過密化した二次林であった。胸高断面積五〇％、流域に占める伐採区四〇％の施業により影響評価を行なっている。伐採区域は、対照流域の下流部に位置している。また、伐採された木材はすべて架線集材によって搬出され、渓流や土壌への影響は最小限に抑制された。部分伐採に先駆けて、下層植生の除伐が行なわれた。

施業前（2003 年）

施業後 1 年（2004 年）

施業後 9 年（2013 年）

図 3.6　マルコム・ナップ研究林内のグリフィス・クリークの施業前後の様子

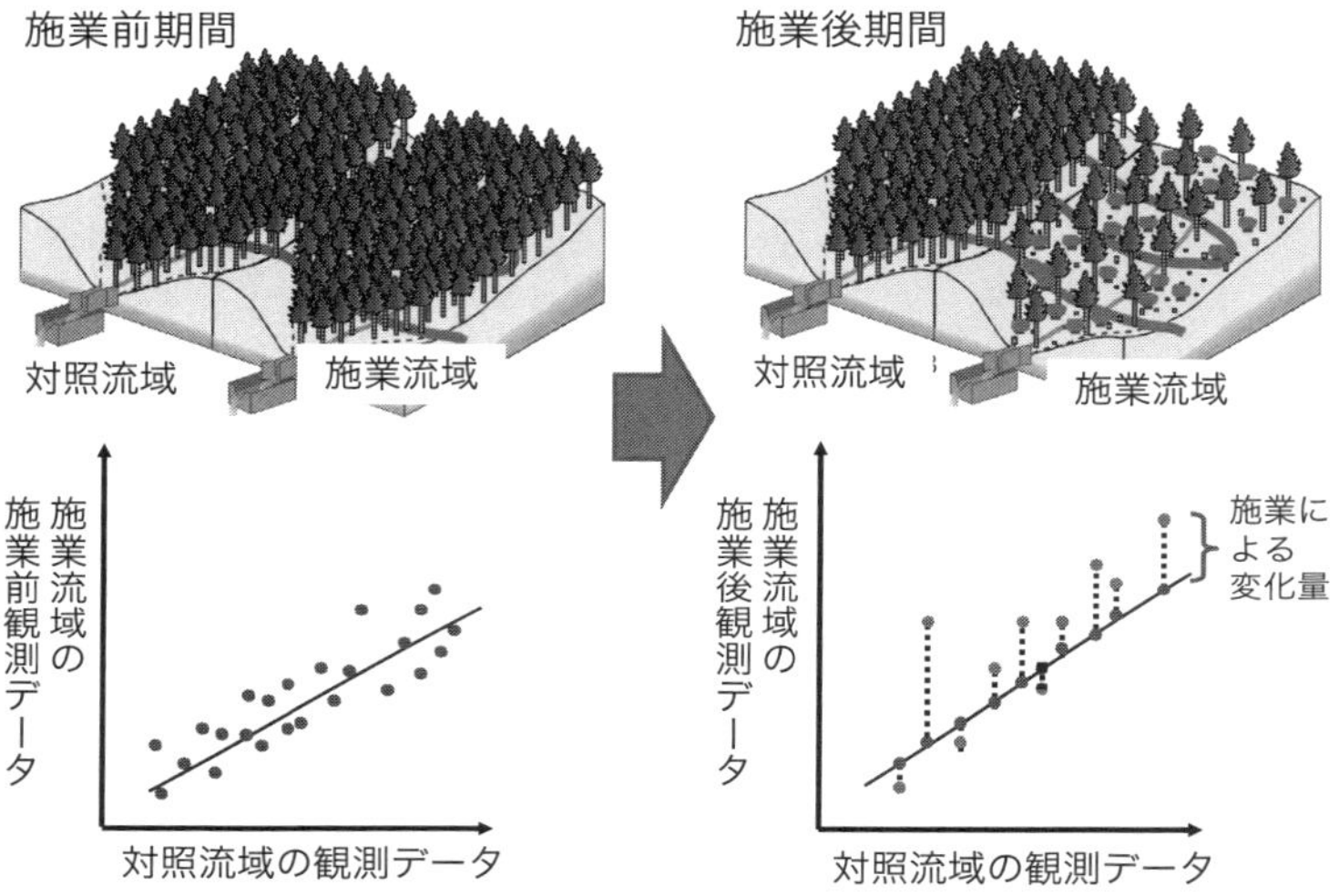

図 3.7　対照流域法による流域観測の模式図

渓畔域や渓流内環境への影響

保持伐林業の影響を評価する際には、「森林伐採された直後の渓流（伐採区）」と「森林伐採を受けていない渓流（対照区）」の調査区が設定される。そして、施業実施前から観測した後、伐採区は施業後、対照区はそのままの状態で観測を継続し、対照区に対する伐採区の変化を施業の影響として評価する。このような観測を対照流域法という。またこれは、伐採前後の期間を対照区と伐採区で観測する手法として、「ＢＡＣＩ（Before-After-Control-Impact）実験法」と呼ばれている（図3・7）。

流域の観測では、ある年は冷夏、ある年は渇水などで、年による降水量や環境指標が異なることが予想されるが、ＢＡＣＩ実験法では、このような影響を抑制し、施業による影響を抽出することができるという利点がある。また、ＭＫＲＦの大規模実験では、渓流ごとで伐採の影響の出方が異なる可能性もあり、同一の伐採処理を施した複数の渓流で観測する「繰り返しのあるＢＡＣＩ実験法」を行なっている。

渓流水温は、水生生物の群集組成、生物相の生育や発生、水質形成などのプロセスに起因することから、「マスター変数」とも呼ばれてきた（Moore et al. 2005）（図３・５）。特に、上流域に生息する魚類には生息に最適な水温があり、水温変化に対して生存や成長が左右される（Leach et al. 2012）。一般的に、渓流沿いの森林施業は、日射量の増加にともなう水温の上昇などが報告されている。水温変化の観測は流水中に設置した小型の自動計測装置（データロガー）により観測される。ロガーにより五〜一〇分間隔で取得されたデータから日最大や日平均などを計算して解析する（Gomi et al. 2006）。

対照流域法による解析からグリフィス・クリークでは、保持伐施業実施後に一・六〜四℃の水温上昇が確認された（図３・８）。同様の傾向は、ほかの保持伐施業後による水温変動に関する観測でも報告されている（Rex et al. 2012）。皆伐を行なった場合、最大で七℃上昇することも報告されており、保持伐ではおおむね水温上昇は抑制されることが示された。

マクドナルドらは、ＢＣ州北部の幅一〜三メートルの渓流を含む伐採区で、渓畔域に二〇メートルの幅での低度維持（胸高直径一五〜二〇センチメートル以上の立木の伐採）と高度維持（三〇センチメートル以上の大径木のみ伐採）の保持伐施業を実施した（MacDonald et al. 2003）。そのうえで渓流水温の変化を観測したところ、高度に維持した場合は一℃程度の上昇、低度の維持でも二〜四℃の上昇であった。しかし、伐採後三年目に発生した保持林の風倒害により、日射量と水温の上昇が起こったことも報告されている。

同一の保持伐施業を行なった場合であっても、最大で四℃上昇したところもあれば、二℃程度の上昇のみの渓流もあった。同様に、皆伐を行なった場合も一〜七℃程度の上昇のばらつきがあった。皆伐後、

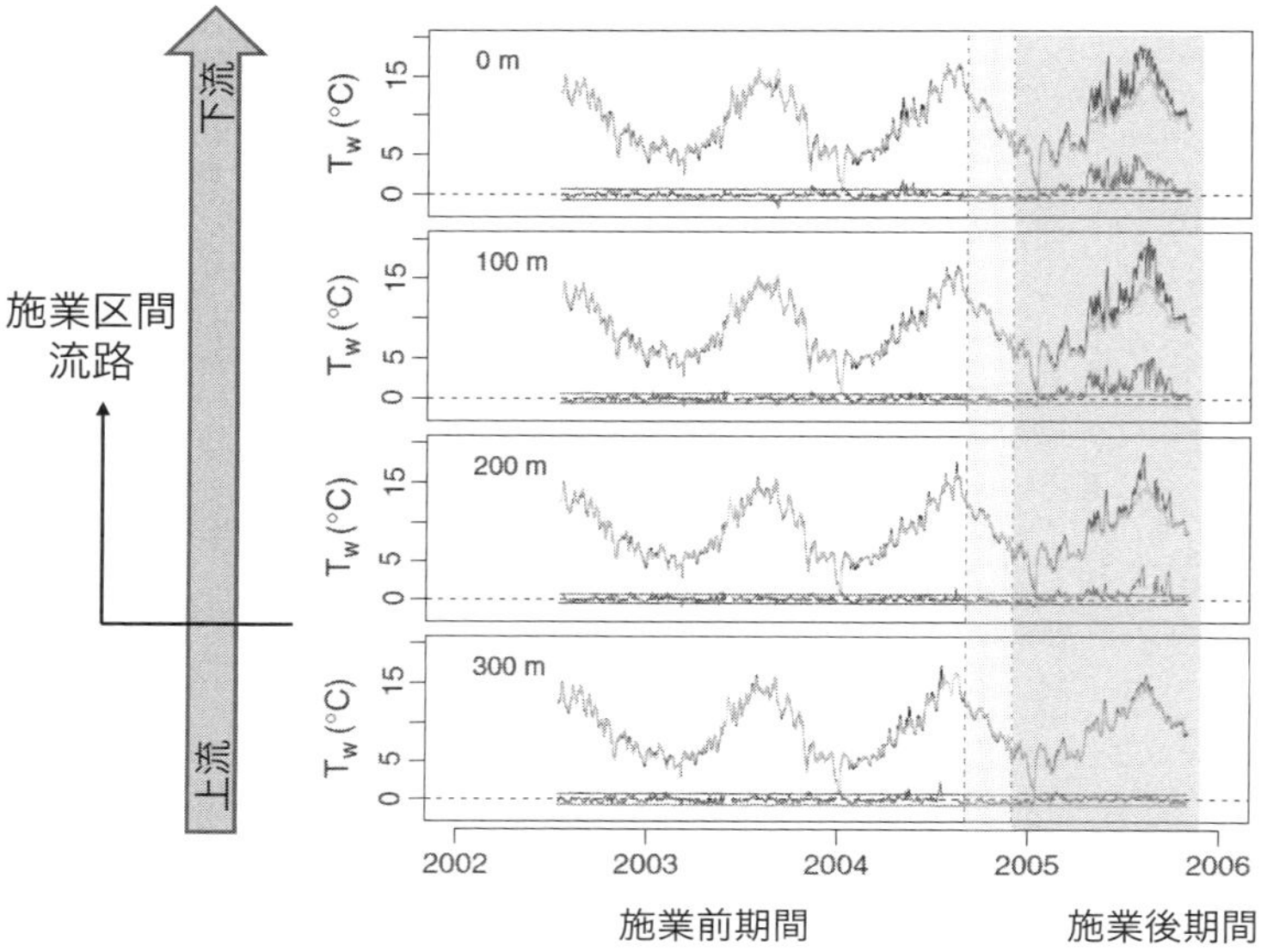

図 3.8 保持伐施業後の水温変化
伐採区の渓流水温を上流から下流へ観測した結果、伐採区を流下するにともない水温が上昇していた（Guenther et al. 2014 を一部改変）

水温上昇の大きかった渓流は、川幅が広く水面が広い傾向があり、水温上昇の小さかった渓流は、川幅が狭い傾向があった（Gomi et al. 2006）。

また、地下水の流入による水温低下の影響もあると考えられることから、渓流の地形条件などを考慮して水温上昇量を評価することが重要である。特に、保持伐施業を実施した渓流では、伐採区を流下する過程で水温は徐々に上昇する（図3・8）ものの、この流域の斜面から地下水供給がある箇所では、渓流水と地下水の交換が顕著であり、渓流水温の上昇量が抑制される流路区間もあった（Guenther et al. 2014）。

このことは、伐採による影響のみならず、小流域ごとの降雨－流出過程の違いにより、同一流域内においても施業後の渓流環境の変化が異なると考えられ、施業の影響評価では、流域内での観測地の選定も重要であることが示唆される。

保持伐施業の結果、伐採の有無によって渓流水温が上昇する傾向は見られるが、その傾向は、これまでの皆伐と同様に、渓流ごともしくは、同一流路内でも「ばらつき」があり、水温上昇はさまざまである。つまり、統計的な解析とともに、観測結果の解釈に必要となる地形条件や水文過程の情報も重要となってくる。また、保持林業により、渓畔域林床の日射が増加することで、サーモンベリーの顕著な生育が見られた（Minami et al. 2015）。このような林床植生の増加は、上層木の実生の生育の阻害要因になるとともに、渓岸に生育した個体は、渓流への日射量変化をもたらす可能性がある。このように、保持伐後の林内環境の変化だけではなく、その後の上層と下層植生の動態を考慮した、環境変化の観測が重要となると思われる。

渓流生態系への影響評価

次に、渓畔域や渓流内環境への影響をふまえた、渓流生態系への影響評価を行なった。施業前後で、底生生物の個体数密度を比較すると、伐採前の二五二六±一七四六個体／平方メートル（±は標準偏差）から、伐採後は三八六三±二〇八一個体／平方メートルと著しく増加した。分類群数について見ると、春と秋ともに伐採前から伐採後に有意に増加していた（**図3・9**）。

特に、グリフィス・クリークでは、藻類食者の個体数密度の増加が顕著であった。具体的には、コカゲロウ科、ヤマトビケラ科、ニンギョウトビケラ科、ヒラタカゲロウ科などの藻類食者が増えていた（**図3・10**）。このような藻類食者の増加は、これまでの研究によっても示されている（Silsbee and Larson 1983）。栃木県佐野市の東京農工大学FM唐沢山におけるスギ・ヒノキ林の本数当たり五〇％列状間伐

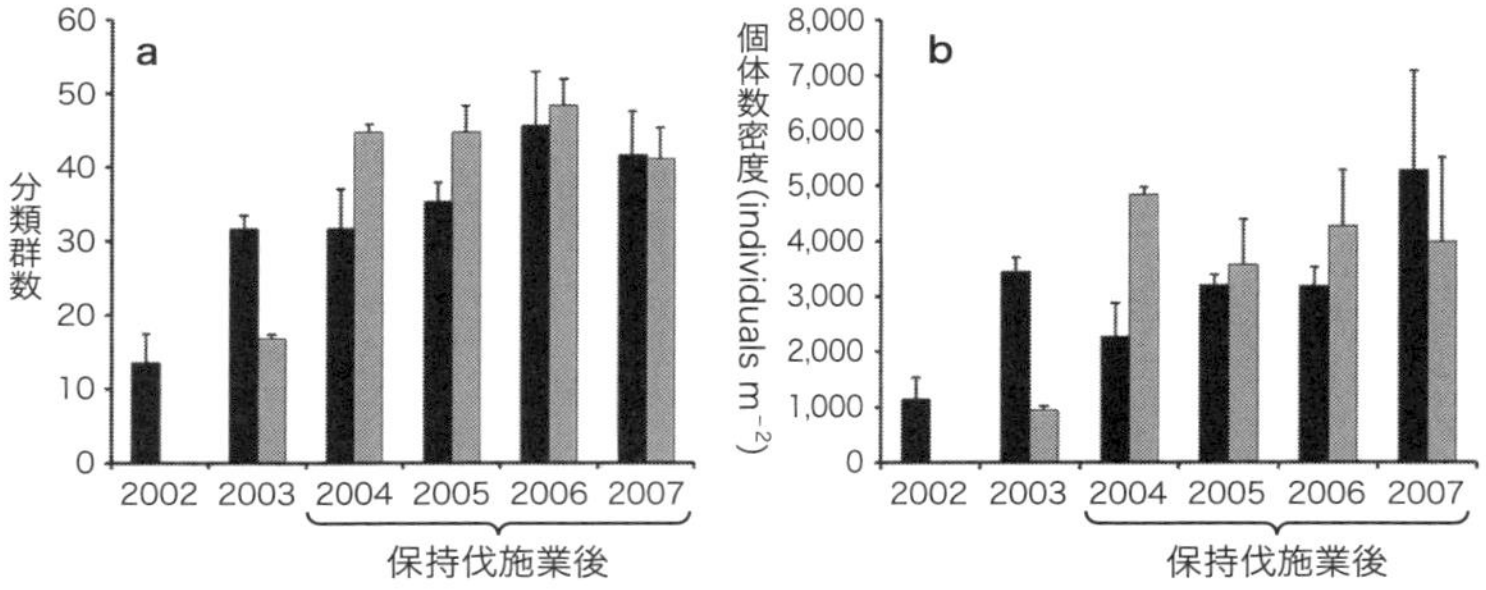

図 3.9　保持伐施業後の底生生物の分類群数（a）と個体数密度の変化（b）
黒が春、グレーが秋を示す

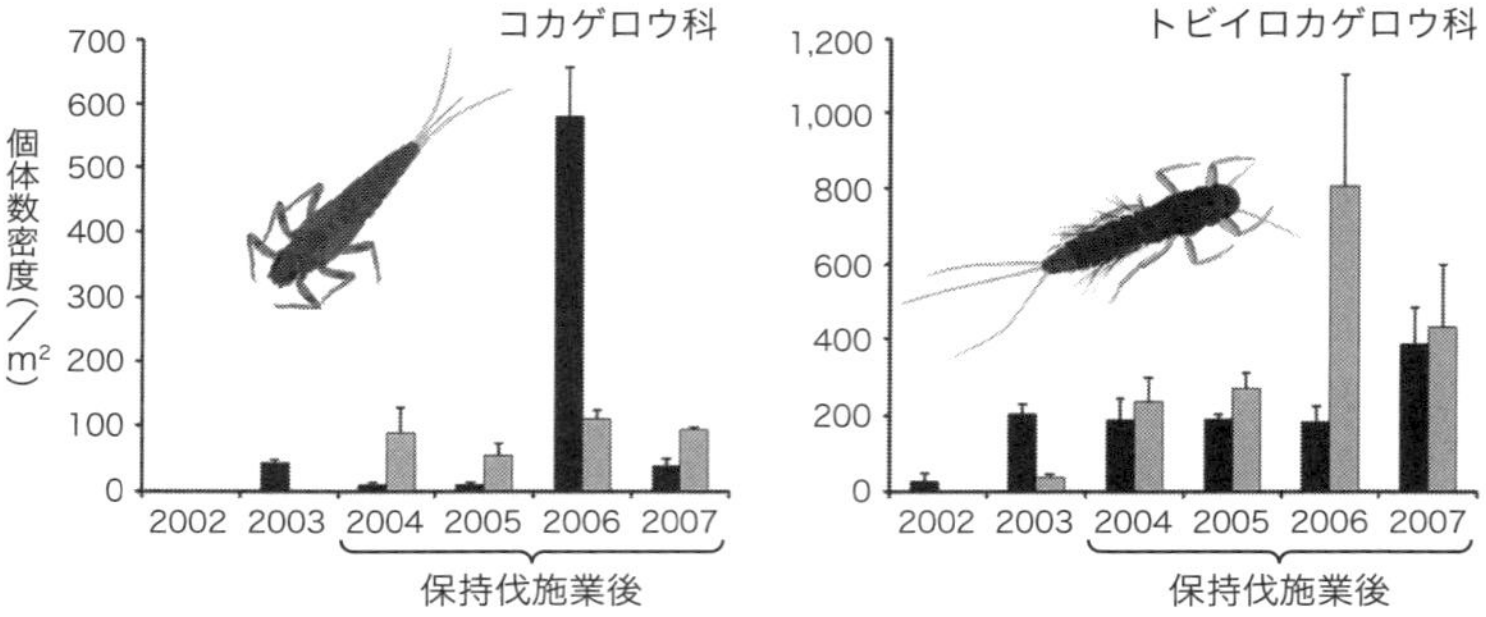

図 3.10　代表的な水生生物の保持伐施業後の個体数密度変化
黒が春、グレーが秋を示す

でも、コカゲロウ属の個体数が間伐後に増加していた（渡邉 二〇一四）。同様に、森照貴らによる岐阜県神通川水系彦谷における研究でも、河畔林の部分間伐が行なわれた流路区間と河畔林が現存している流路区間を比較したところ、河畔林の伐採による光環境の変化がコカゲロウ属の個体数密度の増加を示していた（森ら 二〇〇五）。すなわち、皆伐による底生生物の全個体数の増加やバイオマス量の増加も報告（Hernandez et al. 2005）されるのと同様に、五〇％の保持伐であっても、伐採による日射量増加により藻類生産が増加し、藻類食者が増加したと考えられる。

また、グリフィス・クリークの調査では、トビイロカゲロウ科、ヌカカ科などの増加も確認された（図3・10）。トビイロカゲロウ科は収集食者であり、渓流内のリターなどを摂食することが知られている（Merrit et al. 2008）。伐採後にトビイロカゲロウ科の個体数密度が増加することはこれまでにも報告されており（Kreutzweiser et al. 2005）、間伐後に供給された細粒状有機物による影響であることが示唆されている。ヌカカ科は堆積環境を好む掘潜型の捕食者である（Merritt et al. 2008）。トビイロカゲロウ科の餌資源であり、ヌカカ科にとって適した生息場所となりうる細粒状有機物や土砂が、伐採によって渓流内に供給されたことが推測される。

渓流内の落葉の分解速度について、メッシュ状の袋に落葉をつめて渓流に設置し、一定期間後に回収し、その重量変化を評価するリターバック法による観測を保持伐渓流と対照渓流で行ない、比較したところ、保持伐渓流で有意に遅くなっていた（Lecerf and Richardson 2010）。しかし、破砕食者数には保持伐渓流と対照渓流の違いが見られないことから、分解速度が遅くなった要因は、保持伐による流入土砂が落葉・落枝（リター）表面に付着することであるとされた。

全体的な傾向としては、ヒロムネカワゲラ科やミドリカワゲラ科などの、堆積物が少ない河床を生息場所（Merritt et al. 2008）としている分類群なども顕著に見られた。施業後、土砂流出の影響が大きい場合、モンカゲロウ科などの掘潜型が増加する傾向が見られるなどの報告があるが、グリフィス・クリークでは、架線集材により攪乱を抑制した保持伐施業を実施することで、一時的な土砂流出はあるものの（Lecerf and Richardson 2010）、水生生物群集組成に影響を及ぼすような土砂流出は抑制されたと考えられた（渡邉二〇一四）。

ＢＣ州から日本の森林管理に向けて

保持林業の施業による水温と水生生物の変化を見ると、不確実性はあるものの、これまでの研究で得られている皆伐や間伐の影響を上限値とし、いずれもその範囲内にある。この結果は、既往研究の整理から、保持伐による水温や水生生物への影響について、ある程度の予測も可能であることを示唆している。保持伐施業は、伐採できる樹木を選定するのではなく、「森林生態系に何を残せるのか」という観点から選木されるところが、従来の間伐などの「林業的に有用ではない樹木の伐採」や「効率的な選木や搬出をめざした伐採（列状間伐）」とは異なり、一概に伐採率では議論できない。しかし、森章と北川涼が示すように、択伐であっても、保持伐と同様に天然林と同程度の生物多様性も維持される（Mori and Kitagawa 2014）。渓流環境への影響評価では、ＭＫＲＦの観測結果から伐採後には、分類群や個体数が増加するなど、渓流の生産性が一時的に増加するなどの成果も見られた。しかし、渓畔林管理の影響評価では、水温や日射だけではなく土砂流入なども重要である（Kiffney et al. 2003）。さらに、施業直後のみならず、長期的な視点でも施業からの回復過程評価も重要となる（例えば、Kobayashi et al. 2010）。

ＭＫＲＦの事例は、森林施業の生態系への影響評価を行なう際の観測体制などを考えるうえでも参考になる。特に、流域ごとに水流出特性や地形が異なる場所では、繰り返し数1の対照流域法では、変化や影響の根拠が十分に得られない場合もある。そのため、同様の施業を行なう複数の流域について、生物プロセスと水文地形プロセスを融合した観測が必要になる。今後、サイト間の比較などの研究から、施業がもたらす水文プロセスや渓流生態系への影響の体系化を進めることも可能となると考えられる。

前述したように、保持林業実施後にコカゲロウ科が増えるなどの変化は、日本でも同様の傾向にあった（渡邉 二〇一四）。ただし、ＢＣ州での森林管理や影響評価の事例を、日本にそのまま適用することは難しい（森 二〇〇七）。森林所有形態や植生の違いはもとより、日本のようなアジアモンスーン型と北米の大陸型気候では、降雨パターンが大きく異なる。例えば、アジアモンスーン型では、生物活性の高い春から夏にかけて断続的な降雨があるが、北米の同時期は乾燥期である。降雨パターンの違いは、渓流生態系の生物群集評価で重要となる洪水や土砂移動の攪乱や、それに対応する生物の変動も異なる可能性がある。このような違いを考慮し、生態系本来の構造、機能、動態の把握が、施業の影響評価では重要となる。

また、日本では近年、木材利用の推進により、林道・作業道・搬出路などの設置も進んでいる。このような路網の拡大は、設置後数年は土壌侵食や渓流への土砂流入が発生する可能性がある（Gomi et al. 2005）。渓流への土砂の流入は、底生生物に与える影響が大きいことも示唆されている（Kreutzweiser et al. 2005）。すなわち、森林施業方法の違いによる底生生物への影響の差を見ると、渓流へ流出する土砂量を軽減するための対策やガイドラインが必要である。日本では、緩衝帯の設置による渓流環境への影響に関する研究事例（例えば、伊藤ら 二〇〇六、森 二〇〇七）はあるものの、ＢＣ州のように渓畔管理域（緩衝帯）を設置するなどは、現実的には難しい。また、日本の場合、林班が小面積であり、個人が土地を所有するなどの違いがある。しかし、土砂流出などの軽減には、河畔域の保全よりも実質的には林床植生の管理が効果的であり、保持林業の実施による下層植生やリターによる林床被覆率維持も重要だと考えられる。林床植生の回復などは、過密化したスギ・ヒノキ人工林や、シカの食害を受け林床が裸地化している林分などの管理でも重要になる（五味 二〇一六）。これらの林分管理に向けた施業においても、保持林業の考え方は重要になるように思われる。

謝辞

本章に示したグリフィス・クリークの水生生物に関するデータは、渡邉祐介氏が東京農工大学農学府修士課程在学中にブリティッシュ・コロンビア州立大学（ＵＢＣ）に滞在し、分析した成果である。研究の実施にあたり、ＵＢＣ森林科学部教授である、ジョン・リチャードソン博士には甚大なるご協力をいただいた。記して感謝を申し上げる。

【引用文献】

阿部俊夫・布川雅典（二〇〇五）春期の渓流における安定同位体を用いた食物網解析　日本森林学会誌　八七（一）：一三―一九

Alexander, R. B., Boyer, E. W., Smith, R. A., Schwarz, G. E., Moore, R. B.（2007）The roles of headwater streams in downstream water quality. Journal of the American Water Resources Association 43: 41-59.

Baxter, C. V., Faush, K. D., Saunders, W. C.（2005）Tangled webs: reciprocal flows of invertebrate prey link streams and riparian zones. Freshwater Biology 50: 201-220.

Bryant, M. D., Gomi, T., Piccolo, J. J.（2007）Structures linking physical and biological processes in headwater streams of the Maybeso Watershed, southeast Alaska. Forest Science 53: 371-383.

Cummins, K. W.（1974）Structure and Function of Stream Ecosystems. BioScience 24: 631-641.

Fisher, S. G., Likens, G. E.（1973）Energy flow in Bear Brook, New Hampshire: An integrative approach to stream ecosystem metabolism. Ecological Monographs 43: 421-439.

Forest Practices Code of British Columbia Act（1999）Operational Planning Regulations. S.B.C., c. 41.

Franklin, J. F., Berg, D. R., Thornburge, D. A., Tappeiner, J. C.（1997）Alternative silviclutural approaches to timber harvesting: variable retention harvest systems. In Kohn, K. A., Franklin, J. F.（eds.）Creating a forestry for the 21th century: the science of ecosystem management. Island Press. 111-139.

五味高志（二〇一六）森林土壌と水土保全機能　森林科学　七七：一〇—一三

Gomi, T., Sidle, R. C., Bryant, M. D., Woodsmith, R. D.（2001）The characteristics of woody debris and sediment distribution in headwater streams, southeastern Alaska. Canadian Journal of Forest Research 31: 1386-1399.

Gomi, T., Sidle, R. C., Richardson, J. S.（2002）Understanding processes and downstream linkages of headwater systems. BioScience 52: 905-916.

Gomi, T., Moore, R. D., Hassan, M.（2005）Suspended sediment dynamics in small forest streams of the Pacific Northwest. Journal of the American Water Resources Association 41: 877-898.

Gomi, T., Moore, R. D., Dhakal, A. S.（2006）Headwater stream temperature response to clear-cut harvesting with different riparian treatments, coastal British Columbia, Canada. Water Resources Research 42: DOI: 10.1029/2005WR004162.

Gregory, S. V., Swanson, F. J., McKee, W. A., Cummins, K. W.（1991）An ecosystem perspective of riparian zones. BioScience 41: 540-551.

Guenther, S. M., Gomi, T., Moore, R. D.（2014）Stream and bed temperature variability in a coastal headwater catchment: influences of surface-subsurface interactions and partial-retention forest harvesting. Hydrological Processes 28: 1238-1249.

Hernandez, O., Merritt, R. W., Wipfli, M. S.（2005）Benthic invertebrate community structure is influenced by forest succession after clear-cut logging in southeastern Alaska. Hydrobiologia 533: 45-59.

伊藤かおり・吉岡拓如・井上公基・石垣逸朗（二〇〇六）渓畔域での皆伐が渓流環境に与える影響——皆伐の影響を緩和する渓畔林帯の幅の検証　森林利用学会誌　二〇：二四七—二五二

Kiffney, P. M., Richardson, J. S., Bull, J. P.（2003）Responses of periphyton and insects to experimental manipulation of riparian buffer width along forest streams. Journal of Applied Ecology 40: 1060-1076.

Kiffney, P. M., Greene, J. E., Hall, J. E., Davies, J. R.（2006）Tributary streams create spatial discontinuities in habitat, biological productivities, and diversity in mainstem rivers. Canadian Journal of Fisheries and Aquatic Science 63: 2518-2530.

Kobayashi, S., Gomi, T., Sidle, R. C., Takemon, Y.（2010）Disturbance structuring macroinvertebrate communities in steep headwater streams: relative importance of forest clearcutting and debris flow occurrence. Canadian Journal of Fisheries Aquatic Sciences 67: 427-444.

Kreutzweiser, D. P., Capell, S. S., Good, K. P.（2005）Macroinvertebrate community responses to selection logging in riparian and upland areas of headwater catchments in a northern hardwood forest. Journal of the North American Benthological Society 24: 208-222.

Leach, J. A., Moore, R. D., Hinch, S. G., Gomi, T.（2012）Estimation of forest harvesting-induced stream temperature changes and bioenergetic consequences for cutthroat trout in a coastal stream in British Columbia, Canada. Aquatic Sciences 74: 427-441.

Lecerf, A., Richardson, J. S.（2010）Litter decomposition can detect effects of high and moderate levels of forest disturbance on stream condition. Forest Ecology and Management 259: 2433-2443.

MacDonald, J. S., MacIsaac, E. A., Herunter, H. E.（2003）The effect of variable-retention riparian buffer zones on water temperatures in small headwater streams in sub-boreal forest ecosystems of British Columbia. Canadian Journal of Forest Research 33: 1371-1382.

May E.（1998）At the cutting edge: the crisis in Canada's forests. Sierra Club Books.（『森林大国カナダからの警鐘――脅かされる地球の未来と生物多様性』香坂　玲・深澤雅子訳　日本林業調査会）

Merritt, R. W., Cummins, K. W., Berg, M. B.（2008）An Introduction to the Aquatic Insects of North America（Forth Edition）. Kendall/Hunt Publishing Company.

Meyer, J. L., Strayer, D. L., Wallace, B. L., Eggert, S. L., Helfman, G. S., Leonarld, N. E.（2007）The contribution of headwater streams to biodiversity in river networks. Journal of the American Water Resources Association 43: 86-103.

Minami, Y., Oba, M., Kojima, S., Richardson, J. S.（2015）Distribution pattern of coniferous seedlings after a partial harvest along a creek in a Pacific Northwest forest, Canada. Journal of Forest Research 20: 328-336.

Ministry of Forests（1995）Riparian management area guide-book. British Columbia Ministry of Forests.

Mitchell, S. J., Beese, W.J.（2002）The retention system: reconciling variable retention with the principles of silvicultural systems. Forestry Chronicle 78: 397-403.

Moore, R., Spittlehouse, D. L., Story, A.（2005）Riparian microclimate and stream temperature response to forest harvesting: a review. Journal of the American Water Resources Association 41: 813-834.

森　章（二〇〇七）生態系を重視した森林管理――カナダ・ブリティッシュコロンビア州における自然撹乱研究の果たす役割　保全

生態学研究　一二：四五—五九
Mori, A. S., Kitagawa, R.（2014）Retention forestry as a major paradigm for safeguarding forest biodiversity in productive landscapes: a global meta-analysis. Biological Conservation 175: 65-73.
森　照貴・三宅　洋・柴田叡弌（二〇〇五）河畔林の伐採が河川性底生動物の群集構造に及ぼす影響　日本生態学会誌　五五：三七七—三八六
中村太士（一九九五）河畔域における森林と河川の相互作用　日本生態学会誌　四五：二九五—三〇〇
Nakano, S., Murakami, M.（2001）Reciprocal subsidies: Dynamics interdependence between terrestrial and aquatic food webs. Proceedings of the National Academy of Sciences 98: 166-170.
大田伊久雄（二〇〇三）木材輸出国カナダにおける持続可能な森林管理への取り組み——産業政策か環境政策か？　京都大学生物資源経済研究　八：七九—一〇三
Rahel, F. J., Olden, J. D.（2008）Assessing the effects of climate change on aquatic invasive species. Conservation Biology 22: 521-533.
Rex, J., Maloney, D., MacIsaac, E., Herunter, H., Beaudry, P., Beaudry, L.（2011）Small stream riparian retention: the Prince George Small Streams Project. BC Ministry of Forests and Range. Forest Science Program. Victoria, BC. Extension Note 10: 1-7.
Rex, J. F., Maloney, D. A., Krauskopf, P. N., Beaudry, P. G., Beaudry, L. J.（2012）Variable-retention riparian harvesting effects on riparian air and water temperature of sub-boreal headwater streams in British Columbia. Forest Ecology and Management 269: 259-270.
Richardson, J. S., Bilby, R. E., Bondar, C. A.（2005）Organic matter dynamics in small streams of the Pacific Northwest. Journal of the American Water Resources Association 41: 921-934.
Richardson, J. S., Feller, M. C., Kiffney, P. M., Moore, R. D., Mitchell, S., Hinch, S. G.（2010）Riparian management of small streams: An experimental trial at the Malcolm Knapp Research Forest. Streamline Watershed Management Bulletin 13（2）: 1-16.
Sato, T., Watanabe, K., Kanaiwa, M., Niizuma, Y., Harada, Y., Lafferty, K. D.（2011）Nematomorph parasites drive energy flow through a riparian ecosystem. Ecology 92: 201-207.
Silsbee, D. G., Larson, G. L.（1983）A comparison of streams in logged and unlogged areas of Great Smoky Mountains National Park. Hydrobiologia 102: 99-111.
Swanson, F. J., Jones, J. A., Grant, G. E.（1997）The physical environment as a basis for managing ecosystems. In Kohn, K. A., Franklin, J. F.（eds.）Creating a forestry for the 21th century: the science of ecosystem management. Island Press. 229-238.
高橋和也・林　靖子・中村太士・辻　珠希・土屋　進・今泉浩史（二〇〇三）生態学的機能維持のための水辺緩衝林帯の幅に関する

考察　応用生態工学会誌　五：一三九―一六七
植木達人（一九九八）カナダＢＣ州における近年の森林経営の動向と課題　林業経済研究　四四（二）：八五―九二
Vannote, R. L., Minshall, W. G., Cummins, K. W., Sedell, J. R., Cushing, C. E.（1980）The river continuum concept. Canadian Journal of Fisheries and Aquatic Science 37: 130-137.
渡邉祐介（二〇一四）間伐施業や洪水に伴う攪乱後の渓流底生動物群集の遷移　東京農工大学農学部修士論文　二〇〇頁
Wipfli, M. S., Baxter, C. V.（2010）Linking ecosystems, food webs, and fish production: subsidies in salmonid watersheds. Fisheries 35: 373-387.
Young, K. A.（2000）Riparian zone management in the Pacific Northwest: Who's cutting what? Environmental Management 26: 131-144.

◉第４章

保持林業の世界的な普及とその効果

既往研究の統合から見えてきたもの

森　章

本章では、林業という経済活動のなかで、生態系プロセスや生物多様性の保全、そして、ひいては広範な意味での持続可能性を求めることにおける「保持林業」の役割と可能性について論じたい。特に、保持林業を中心とした多目的森林施業に対する世界的な関心の広がりと基礎研究の積み重ねによりわかってきたこと、不確実なことについて概説する。ここでは、「生物多様性」と「生態系サービス」というキーワードを中心に、保持林業についての基礎研究と今後の応用科学、実学としての示唆も提示したい。

持続可能な森林生態系の管理に向けて

資源利用における持続可能性においては、「今存在する世代が資源を浪費するのではなく、一部の偏った人々だけが資源を不均等に利用するのでもなく、未来のすべての世代にも等しく資源を残しつつ、

図 4.1　保持林業の施業地
カナダ西海岸における保持林業の施業地（Kenneth Lertzman 氏提供）
自然攪乱地を模倣した形で伐採を行ない、樹木パッチやコリドー（生物の移動する回廊）などを意図的に保持する（Franklin et al. 1997、森 2007, 2011）

利用していくこと」を理想とする（国際連合による定義を筆者が意訳）。国連の枠組みによる「持続可能な開発目標」においても、生態系保護や適切な森林管理、生物多様性の保全が掲げられている（www.un.org/sustainabledevelopment/）。

このような目標の達成に向けた試行と努力として、森林セクターで顕著なのが、「保持林業（図４・１）」や関連する「低負荷森林施業」の世界的な普及である（Gustafsson et al. 2012; Lindenmayer et al. 2012）。これらは、木材生産に限らず、さまざまな森林生態系機能を長期的に維持することを念頭においており、「多目的森林施業」とも評される。

林業とは、木材生産を主たる目的とした経済活動である。林業というと、まず頭に浮かぶのは、整然と植林された風景である。温帯

図 4.2　森林から人間社会への恩恵を考える
森林には、水源涵養や土砂災害の低減などの数多の機能が備わっている。例えば、木材の生産と供給だけに焦点をあてることで、森林を単純化し、土砂災害に脆弱にしてしまうような状況は望ましくない。現代的な持続可能性という文脈では、多目的の森林管理（木材生産だけでなく、林地および周辺流域の生態系プロセスの保全、地域の生物多様性の保全にも配慮し、包括的に森林を管理すること）が重要である（森 2011, 2014）

林および北方林では、多くの場合、単一あるいは限られた数種の針葉樹により構成される。そこでは、「最大持続可能収量」の予測モデルにしたがって、伐採と再造成までの手順が繰り返される。

最大持続可能収量とは、再生産可能な範囲で得られる最大限の収量（収穫量）のことである。林業では、地域や立地ごとの立木成長と収穫量の予測にもとづいて、再生産可能な時間スケールで伐採と再造成が繰り返される。最大持続可能収量のモデルによると、収穫量を最大化しながら、持続可能な形で目的とする木質資源（木材）を永続的に得続けることが、理論的には可能となる。

多くの国・地域の林業セクターにおいて、このような経済性と合理性を主体とした考え方は広い支持を得てきた。木質バイオマスの生産は人間社会にとって必須の経済活動といえる。そこでは、資源の再生性を考慮していること自体に、資源管理としての林業の価値がある。

しかしながら、この「生産量と消費量のバランス」だけに焦点をあてた集約型の林業では、狭義の意味での持続可能性——木材生産といった、森林が提供するさまざまな公益的な機能（近年では、生態系サービスと呼ばれる〈MA 2005〉）の一つだけ――を満たしているだけで、包括的かつ多角的な意味での持続可能性の体現には、ずいぶんと乖離がある（図４・２）。

自然から人間社会への多くの恵み、サービスが認知され、自然環境を健全に維持し、生物多様性を保全する必要性が叫ばれる今、温帯や北方帯で広がりつつあるのが、「保持林業」と呼ばれる森林施業である（図４・１）。

保持林業は、森林や流域に内在するさまざまな生態系プロセスに配慮し、それらのプロセスに対する施業による負の影響を低減する試みである。特に、保持林業では、生物多様性の保全に対する配慮に重きをおいている。保持林業は、生物相にとって利用価値の高い樹木や倒木を、現場で判断して伐採・搬出せずに、あえて「保持しておく」といった伐採施業である（Franklin et al. 1997; Lindenmayer and Franklin 2002）（図４・３）。

一部の樹木だけを伐る方法としては、従来から択伐がある。すべての樹木を伐採する皆伐により林地を裸地化することは、土地や周辺流域に対する負荷が大きいので、択伐も環境配慮型といえる。しかしながら、択伐と保持伐の大きな違いは、前者が「人の欲するものを採る」のに対し、後者は「生き物のために必要なものを残す」ことにある（Mori and Kitagawa 2014）。

筆者らの研究成果によると、このような生物主眼の森林施業は、たとえ低環境負荷の施業とはいえ、前者のような視点にもとづく択伐施業よりも、種数の保全という観点からはより効果的であることがわかっている（Mori and Kitagawa 2014）（図４・４）。

図 4.3　スウェーデン中部の保持林業の施業地
風倒のような自然のプロセスを模した形で伐採を行なう
上：中央には、自然の攪乱地に見られるような高さのある切り株（ハイスタンプ）が意図的につくられ残されている様子がうかがえる（筆者撮影）
下：人工的なハイスタンプ（左）と自然のハイスタンプ（右）が並んでいる。ハイスタンプは、枯死木を利用する甲虫や菌類などにとって利用価値がある（Gustafsson et al. 2010）。このように、自然攪乱後の天然林に残される要素（「攪乱レガシー」と呼ばれる）と、それらを利用する生物相を想定して、保持が試みられる（森 2007）（Lena Gustafsson 氏撮影）

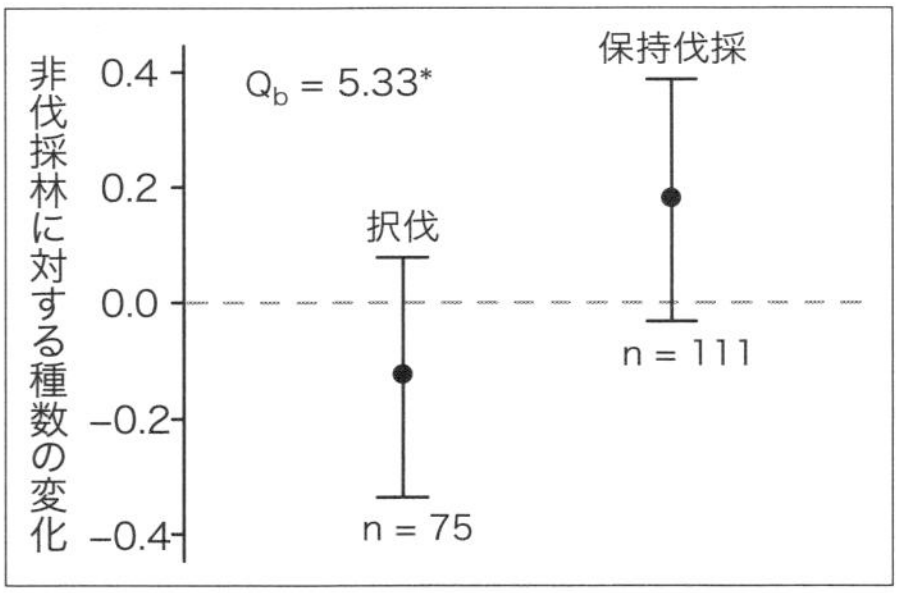

図 4.4
保持林業や低負荷の択伐施業地における生物種数の保全効果を検証したメタ解析の結果（Mori and Kitagawa 2014）
いずれの施業タイプでも、概して隣接する天然林に相当する種数が保全できている。なお、両者を対比した場合、保持林業のほうが低負荷の択伐施業よりも、統計的に有意に、より効果的に種数を保全することも明らかになった

保持林業には、生物多様性の保全という観点からは、一定の効果が見出されていると要約できる（Fedrowitz et al. 2014; Mori and Kitagawa 2014）。

森林における生物多様性と生態系サービス
——統合研究から見えてきたこと

保持林業が、人為影響下にある森林景観における生物多様性と生態系サービスの維持や向上にどのようにかかわるのかを論じたい。ここでは、国際的な動向をふまえつつ、キーワードとしての「生物多様性」と「生態系サービス」、その両者の関係性について概説する。

森林生態系は、林冠を構成する高木の樹種から、林床を構成する低木の樹種や草本種、シダや蘚苔類などといった非常に多様な植物群集から成る。森林には、この多様な植物群集に対応した動物群集や微生物群集も存在する。森林は陸域の生物相の約六五〜七〇％を支えているとの見積もりがあり、陸域に生息する多くの分類群が森林において最も高い多様性を示すといわれている（WCFSD 1999; Swanson and Chapin 2009）。このことから、陸域の生物多様性の保全において、森林生態系の適切な保全と管理はとても重要である。そして陸域にかかわらず、地球上の生態系における生物多様性の危機が報じられて久しい。この状況を打破するためのさまざまな試みがなされているが、危機は増す傾向であるとの見解が強い（Butchart et al. 2010; Tittensor et al. 2014）。このような生物多様性の危機的状況を克服するための努力の一つとして、持続可能な形で管理された森林面積が増加していること、そしてそれが最も顕著な功績を残していることがあげられる（Butchart et al. 2010）。

生物多様性の保全をめぐる国際的な動向として、近年頻繁に言及されることとして、「生物多様性条約」の枠組みで採択された「生物多様性条約戦略計画二〇一一－二〇二〇」における「愛知目標（www.cbd.int/sp/targets/）」があげられる。愛知目標は、二〇二〇年までに達成すべき上位目標として五つの戦略目標A〜Eがあり、その下位には具体的な二〇項目の個別目標が定められている。

これらのうち戦略目標Bの個別目標7には、林業にかかわる項目がある。そこでは、「二〇二〇年までに、農業、養殖業、林業が行なわれる地域が、生物多様性の保全を確保するよう持続的に管理される（環境省HP：www.biodic.go.jp/biodiversity/about/aichi_targets/index_03.html）」という目標が掲げられている。二〇一〇年から二〇二〇年までの中間期にあたる二〇一四年には、愛知目標の達成可能性を検証した報告書が、アメリカ合衆国のサイエンス誌に掲載された（Tittensor et al. 2014）。そこでは、生物多様性保全のためのさまざまな政策的試みがなされているものの、現状では多くの目標の達成が困難であるとの見通しが報じられた。なお、全体としては悲観的な報告のなか、個別目標7の内訳としての林業については、明るい展望が報じられている。これは、先述した持続可能な森林管理の普及に依るところが大きく、具体的には、「森林認証」の発展に起因する（Tittensor et al. 2014）。

環境省・フォレストパートナーシップ・プラットフォームによると、「森林認証制度とは、独立した第三者機関が環境・経済・社会の三つの側面から一定の基準をもとに適切な森林経営が行なわれている森林または経営組織などを認証し、その森林から生産された木材・木材製品にラベルをつけて流通させることで、持続可能性に配慮した木材についての消費者の選択的な購買を通じて、持続可能な森林経営を支援する民間主体の取り組みのこと」と要約される (www.env.go.jp/nature/shinrin/fpp)。森林認証の制度内容は全世界で統一されているわけではないが、概して、FSC(森林管理協議会)とPEFC(PEFC評議会)が国際的に最も普及している (Auld et al. 2008)。

ここで着目すべきこととして、持続可能な森林経営を行なっている森林かどうかの認証を得るための基準として、生物多様性の保全に関する項目があることである。この基準を満たすために、林産企業や森林所有者にとっては、近自然型あるいは多様性保全型といわれるような森林管理が重要な関心事項となり、その結果として、保持林業が広く普及するようになったといわれている (Auld et al. 2008; Gustafsson et al. 2012)。森林所有者や企業としては、保持林業を導入することで森林認証を得ることができ、木材そのものに付加価値をもたせることができる。この方法は、木材需要を満たすといった従来の社会ニーズに加えて、生態系や生物多様性にも配慮するといった新たな社会ニーズにも応じうる産業モデルといえる。

スウェーデンなどでは、関連する法律や政策が改訂され、経済活動としての木材生産だけでなく、森林が有する生物多様性保全機能のような公益的な機能性を重視するようになってきている (森 二〇〇九)(図4・5)。このような動向は、他地域でも見られ、旧来の利用か保全かの二者択一的な選択ではなく、その両者のバランスを鑑みて、両者を最大化することをめざしている。

ここで強調したいことは、このように政策あるいは法的な整備が進んでいても、それは決して強い規

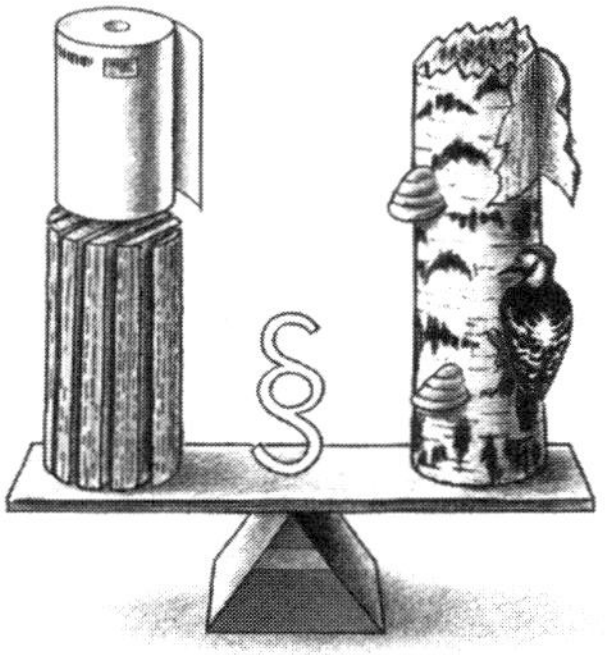

図 4.5
スウェーデンでは、1993 年に森林法が改訂された
この森林法では、経済性と生物多様性の双方に対して同等の価値をおいている（スウェーデン森林局による図、許可を得て転載）。この法はソフトローであり、施業のあり方への強い規制ではない。経済性と生物多様性の保全の両立において、土地所有者自身による高いレベルでの自主性に期待している（森 2009）

制のようなものではないことである。あくまで森林所有者や企業が、社会や市場のニーズに応答するうえで森林認証が重要であることを認識し、森林認証制度を介した自主的な環境保全への動きが、保持林業の普及の主たる駆動要因となってきたのである（Gustafsson et al. 2012; Lindenmayer et al. 2012）。木材生産の効率化と集約化ではなく、生態系配慮型の森林施業と管理のあり方は、経済活動としての林業の価値を結果として高める可能性がある。これを端的に言い換えると、「林業と生態系の持続的な共存の可能性」があるといえるかもしれない（森 二〇一四）。

森林認証と保持林業の関係性について、異なる視点から考えてみる。森林認証制度では、森林の環境便益の維持や向上なども求められる。つまり、森林が有する木材生産以外の数多の公益的機能（近年では、生態系サービスと呼ばれる）――例えば、気候緩和や水源涵養、土砂災害の軽減など――を保全することも、森林認証制度の評価対象である。このような森林生態系の多機能性を維持し高めるうえでも、保持林業の果たす役割は非常に大きいと考えられる（Gustafsson et al. 2012; Lindenmayer et al. 2012）。

生物多様性――異なる指標

「生物多様性」という語について、掘り下げて考えてみる。先述のように、人為活動による生物多様性への負荷は増大し続けている（Butchart et al. 2010; Newbold et al. 2016）。自然界に対する過度な人為影響により、第六の大量絶滅期を迎えているとの考え方もある（Barnosky et al. 2011）。環境問題としては、気候変動（いわゆる人為的な地球温暖化）のほうが社会的により認知されているが、それでも以前に比べると、生物多様性の危機は広く知られるようになってきた。マスメディア、企業のCSR活動や行政のホームページなど、さまざまな媒体や機会において、「生物多様性」という言葉を見受けるようになってきた。それでは、「生物多様性」とはいったい何だろうか？

秋になるとさまざまな色に染まる落葉樹に、常緑樹の生命力に満ちた緑もまじり、日本のあちこちで森林における樹木の多様さが体感できる。このような、眼前に広がる景観の多様さのような、自然に対する漠然とした抽象的あるいは審美的な価値をもって、生物多様性ととらえられることもある。人為的に土地改変され、単調化した景色よりも、生命力にあふれる彩に満ちた景色をもって、生物多様性の高い自然景観だと解釈することには一理ある。その「多様な」景観のなかに、どのような生物多様性の要素が実際に内包されているのかという定量的な評価がなくとも、漠然と多種多様な生物の営みがあると期待できる。実際に、審美的な価値観にもとづくと、保持伐採地は皆伐地よりも社会的に受け入れられやすいとの報告がある（Ribe 2005）。

しかしながら、生物多様性の保全や回復などの文脈に照らし合わせると、何をもって「生物多様性の高さ」といえるのかは、より明確な基準やモノサシが必要となる。そこで、より個々の生物に着目してみる。自然科学の視点から端的に述べると、生物多様性とはさまざまな種の生物がいることと解説される場合が多い。この多種が存在することという表現は、生物多様性の評価軸としては限界があるものの（Fleishman et al. 2006）、最も直感的に理解されやすいといえるだろう。なお、さまざまな生物多様性の計り方や意義については、森（二〇一八）に詳しい。

《多種を保全する》

ここで種数という評価軸より、今一度筆者らのメタ解析の研究成果にふれたい（Mori and Kitagawa 2014）。なお、メタ解析とは、さまざまな既存研究の知見を統合する研究手法である。結果では、天然林に相当する種数を保全しうる潜在性という点で、保持林業により樹木パッチなどを保全することには、地域や対象生物群、施業タイプの違いなどを超えて、ある一定の普遍的な効果があることがわかった（**図4・6**）。しかしながら、この結果を鵜呑みにして、保持林業は生物多様性の保全にとって万能だといったような解釈をしてはいけない。例えば、**図4・6**では、異なる分類群のうち、鳥類については、天然林よりもむしろ保持林業地での種数が多いとの結果を示している。これは、保持林業地のほうが天然林よりも保全効果により秀でているということを示しているわけではない。開放的な場所を好む特定の鳥類のグループの種数や個体数が、保持林業による伐採により増加することが知られている（Lencinas et al. 2009）。つまり、すべての鳥類が保持林業による伐採地を好んで利用するわけではない。実際に、植物着生生物は、保持林業では天然林相当の種数を保全できないことも示唆された（Mori and Kitagawa 2014）（**図4・6**）。樹木の幹などに付着する生物なのだから、残される樹木が減れば多様性が減少するのは自明の理ともいえる。このような分類群の種を保全するためには、相当量の保持が必要であることもわかって

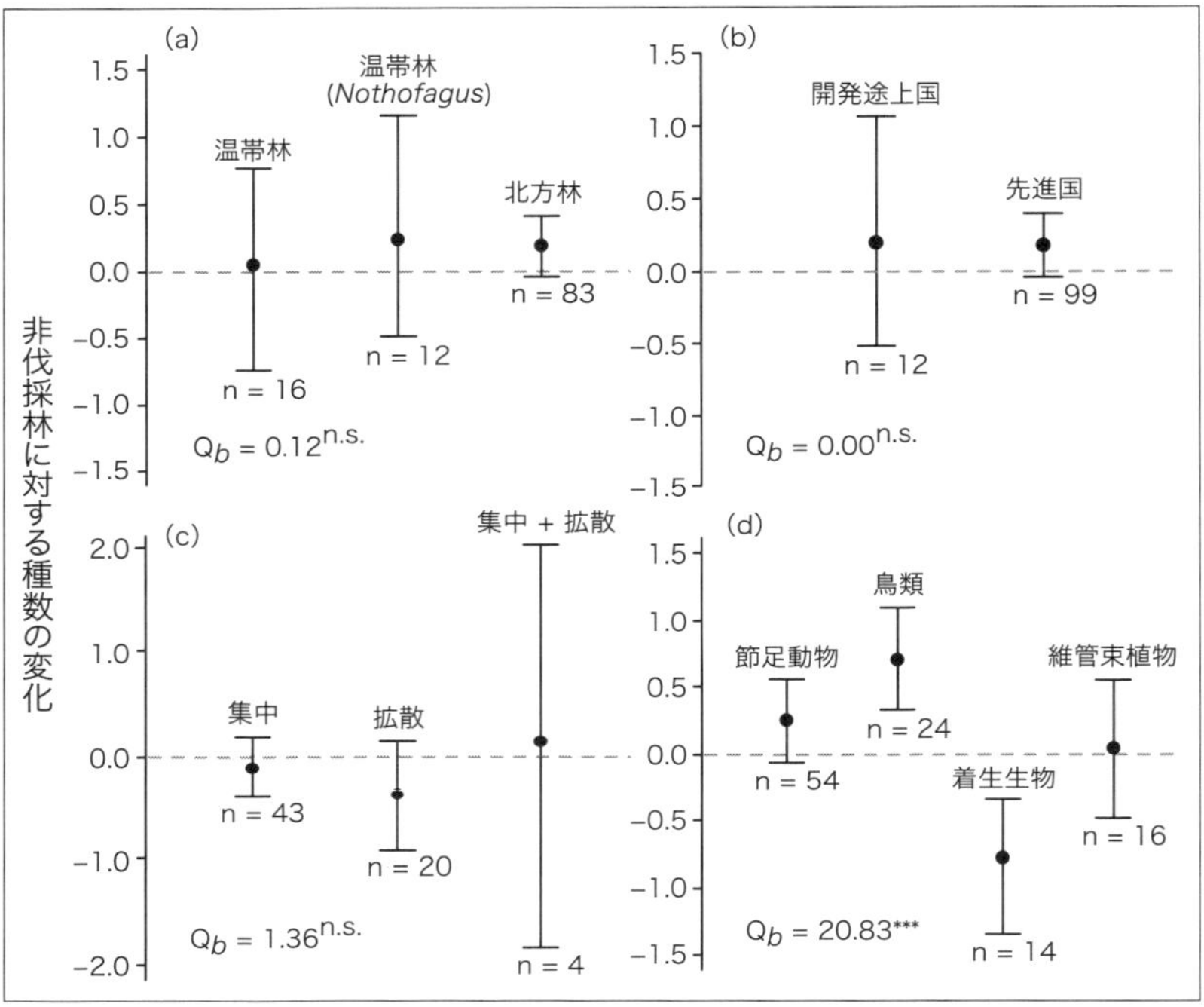

図 4.6　保持林業による生物多様性保全の効果

保持林業地が天然林と同等の生物多様性保全の機能を有するのかどうかを、個別の既存研究の結果を統合したメタ解析により検証した（Mori and Kitagawa 2014）。その結果、森林タイプ（a)、開発途上国／先進国の区分（b)、保持要素タイプ（c)、対象分類群（d）によらず、おおむね保持林業の保持パッチは、近接する天然林相当の種数を有しうることがわかった。植物着生生物だけは、種数が天然林に比べて保持林業地において統計的に有意に低下したいる（Mori and Kitagawa 2014）。具体的には、林地の二割ほどの伐採でも、樹木固着性の生物には負の影響が生じうる。しかしながら、全木の二割しか伐採できないのでは、木材生産という観点での経済活動が成立し難いことは容易に想像できる。このような樹木伐採に敏感な種の保全のためには、保持林業では限界があり、保護区の設置のような異なる保全手段の併用が必須となる（Gustafsson et al. 2010; Gustafsson et al. 2012）。

筆者らの研究と並行して実施されたもう一つのメタ解析研究にも言及したい（Fedrowitz et al. 2014）。この研究では、種数に加えて、個体数も評価軸に加えた。さらに、隣接する非伐採地との対比だけでなく、皆伐地との対比も行なった。その結果、保持伐採による樹木の保持パッチは、森林を好む種の数や個体数を保全するうえで皆伐地よりも効果的であり、明るく開けた場所を好む種の数や個体数を保全するうえで非伐採地よりもすぐれていることがわかった。森林性や開放地性といった区分をまとめて評価すると、保持林業地は皆伐地よりも概して多くの種数を保全しうることも見出された。なお、筆者らの研究と同様に、保持林業はあらゆる種の保全にとって効果的というわけではないことが強調されている。例えば、森林性といっても周辺よりもより内部を好む種や、あるいは、非常に開けた場所を好む種にとっては、保持伐採による樹木の保持パッチは利用価値が低い。したがって解釈には注意が必要だが、従来の集約型の林業に比べて、生物多様性の保全という観点からは、保持林業は効果的であることが、この研究でも定量的に示されている（Fedrowitz et al. 2014）。

保持林業に対する生物多様性の応答に関する解釈と今後の社会実装において、十分に注意しなければならないことがある。ここで農業セクターにおける議論に着目しつつ議論を展開したい。

長きにわたり、「土地の共用」と「土地の節約」の論争がある（Fischer et al. 2008; 2014）。前者は、保全と農業生産を同所的に両立することをめざす。後者は、保全の場所と農業生産の場所を分割し、保護区を設定することで生産に使える場所が減ることを補償するために、土地利用の強度化と集約化を行なうことで単位面積当たりの生産性を向上させ、保全と生産を両立させようとする。共用と節約のいずれが、より現実的で経済活動と生物多様性保全の両立に有効なのかは、議論が続いており、二者択一的な選択はできない。実際には、状況により変わり、両者の併用が望まれることが多い。この農業セクターにおける概念に照らし合わせると、保持林業は土地の共用に相当する（Lindenmayer et al. 2012）。森林景観の面からも、保全のためには保持林業だけでは不十分で、保護区などとの併用が求められる（Gustafsson et al. 2010; Gustafsson et al. 2012; Mori and Kitagawa 2014）。

次に、環境配慮型あるいは生態系保全型といわれるような農業を行なうことで、経済性を著しく損なわずに保全効果がある場合と、保全効果が限定的であるような場合との差異を生み出す要因について、焦点をしぼって紹介したい。

ここで紹介するのは、周囲景観の影響である（Tscharntke et al. 2005; 2012; Batary et al. 2011; Gilroy et al. 2014）。例えば、土地利用が著しく進展している景観での土地共用型の農業に、生物多様性保全の効果はほとんど期待できない。本来の自然の生息地が失われてしまったような景観でも、農薬などの使用を控えて低負荷の農業生産を行なうことには、広い意味での環境配慮や消費者の健康配慮などの意義がある。しかしながら、土地の利用と改変の進展により、生物の移入源となる場所が景観中にないのだから、いくら土地共用型の農業を行なっても、その場所がそもそも生物には利用されない。これは、大陸から遠く離れた大海原中の小さな離島は、大陸に生息する生物種にとっては生息地としての利用価値がほとんどない状況にたとえられる。一方で、土地利用の進展が進んでいない地域では、生物多様性はそれほど強い負の影響を受けていないと期待される。そのような景観中で、いくら低負荷とはいえ農業を行なっている場所を、多くの種はあえて利用しない。以上により、土地利用や景観改変が中程度に進展した景観ほど、土地共用型の農業による生物多様性保全の効果が最も期待できると考えられている（Tscharntke et al. 2005, 2012）。

以上のように、その土地の状況により、土地共用型のアプローチが保全にとって効果的であるときと、むしろ土地節約型が望ましいときが生じうる。実際には、土地利用や景観構造の影響だけでなく、経済シナリオや作物の生産性などにも強い影響を受ける（Hodgson et al. 2010; Phelps et al. 2013）のだが、ここでは環境経済学的なプロセスは考慮せずに、生態学的プロセスにしぼって説明を行なった。このような限定的な仮定のもとでも、土地共用型のアプローチが、決して万能ではないことは明らかである。農業景観では、このような評価がさまざまな形で行なわれてきた（Batary et al. 2011; Gilroy et al. 2014）。

保持林業も、保全という観点から決して万能ではないことはすでに紹介した。しかしながら、どのような森林景観で、最も保全効果が期待できるのかについては、これまで定量的な評価が行なわれてこなかった。この点に着目して実施した筆者らの研究を紹介したい（Mori et al. 2017b）。世界中の保持林業の研究サイトの情報を統合して解析した結果、森林の分断化が進んでいないような景観では、保持林業による多くの生物種の保全効果は限定的であり、ある程度分断化が進んでいる景観ほど、保持伐採地が生物種により利用されやすいことがわかった（図4・7）。これは、上述の農業景観での報告と合致する。こ

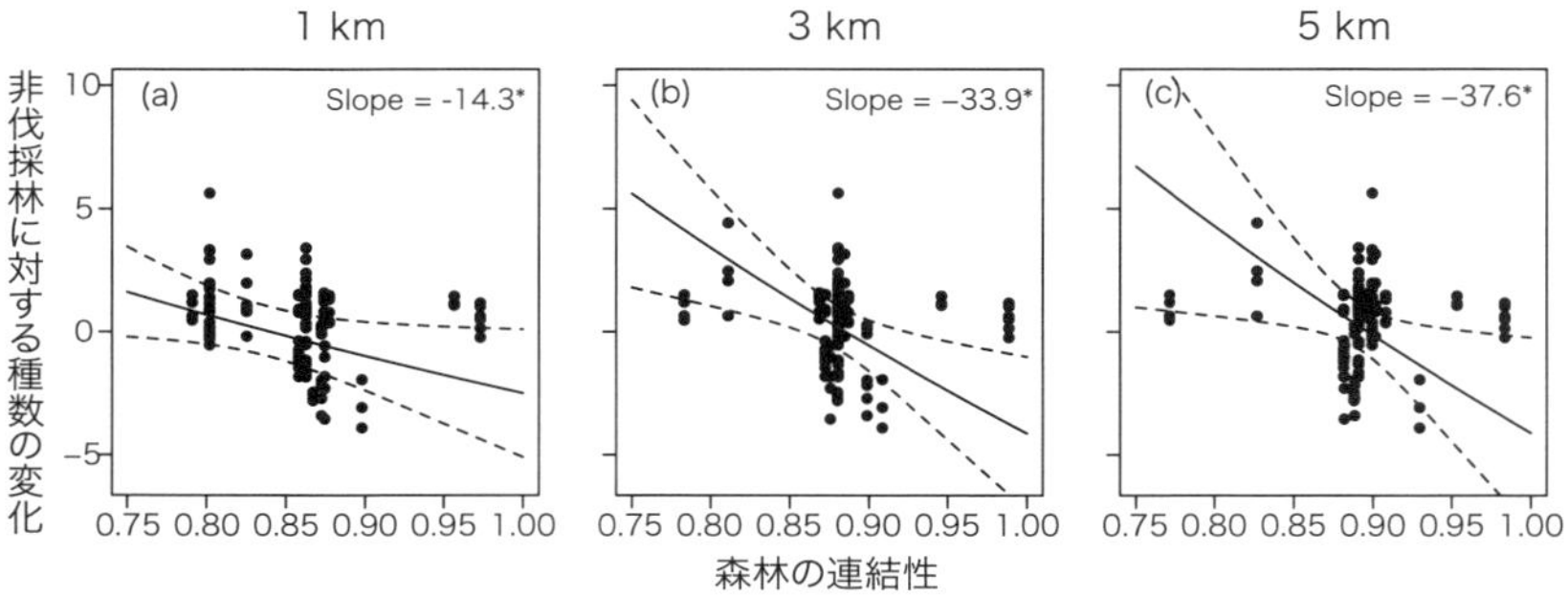

図 4.7　保持伐採地での生物種の保全効果に周囲景観内の森林の連結性が与える影響（Mori et al. 2017b）
伐採地の周囲 1〜5km で空間スケールを変えて解析した。森林の連結性が増すほど（分断化していないほど）、保持林業による種数保全の効果は低下した。また、大きなスケールほど、周囲景観の影響は顕著となった

の結果により、やはり中程度に森林改変や分断化を受けている景観でこそ、保持林業の効果が大きいことが示唆された。

なお、この筆者らの研究では、林分レベルでの効果としてどれだけ樹木を保持するのかといった情報と、周囲景観がどれだけ人為改変されているのかといった異なる空間スケールの情報を同時に扱った（Mori et al. 2017b）。その結果、伐採地と伐採地周辺景観の双方の情報を用いることが、生物種の反応を評価するうえで、有意義であることもわかった。

このことは、伐採計画において、施業地にどれだけ樹木パッチなどを保持するのかといった項目だけでなく、施業地の周囲景観の状況を同時に加味することの必要性を示している。実際には、森林性のスペシャリスト種（森林内部だけを好み、生息する種）、開放地性のスペシャリスト種、生息地選好性の低いジェネラリスト種（生息地の選好性が低い種）といった生息地タイプごとに、保持林業への応答が異なることも見出されている。

保持林業においては、保全対象とする種のタイプ、周

囲景観の様子なども加味しつつ、何をどれだけ隣地に保持するのかを考えていく必要があるだろう。例えば、欧州では林分スケールでの生物多様性保全に着目した森林施業への転換が進んでいるが、林分スケールに着目しすぎると、地域景観などの異なるスケールでの生物多様性の保全にとってはむしろ逆効果になる可能性も指摘されている（Schall et al. 2018）。

《機能の多様性を保全する》

ここでは、種数は生物多様性の重要な指標である一方で、絶対的な指標ではないことを述べたい。例えば、ある森林で観察された鳥類の群集を、個々の種の特性（機能形質）から評価する。鳥類を食べ物のタイプで大まかに分けると、果実を主に食べる種、蜜食の種、昆虫を主に食べる種、雑食の種などとすることができる。果実食の種は植物の種子散布を助け、蜜食の種は植物の送粉に貢献し、昆虫食の種は生物防除（ペストコントロール）の役割を果たしている（Karp et al. 2011）。

ここで、**図4・8**に着目したい。例えば、二つの地域で、鳥類の種数を観察した結果、ともに八種が記録されたとする。しかしながら、鳥類の機能形質に着目すると、同じ八種でも内訳が異なる。片方の地域にはさまざまな機能をもった種がいるが、もう片方の地域の八種は果実食ばかりという場合がある。このような場合、種数という観点からは生物多様性は同等だが、それぞれの種の機能形質から評価する「機能的多様性（Díaz and Cabido 2001）」という尺度からは、生物多様性は大きく異なる。**図4・8**の場合、機能的多様性が低い地域からは、送粉や生物防除に関する生態系の働きが大きく損なわれている可能性がある。

このように生物多様性を測るモノサシを変えると、生物多様性の現状評価は大きく異なってくる

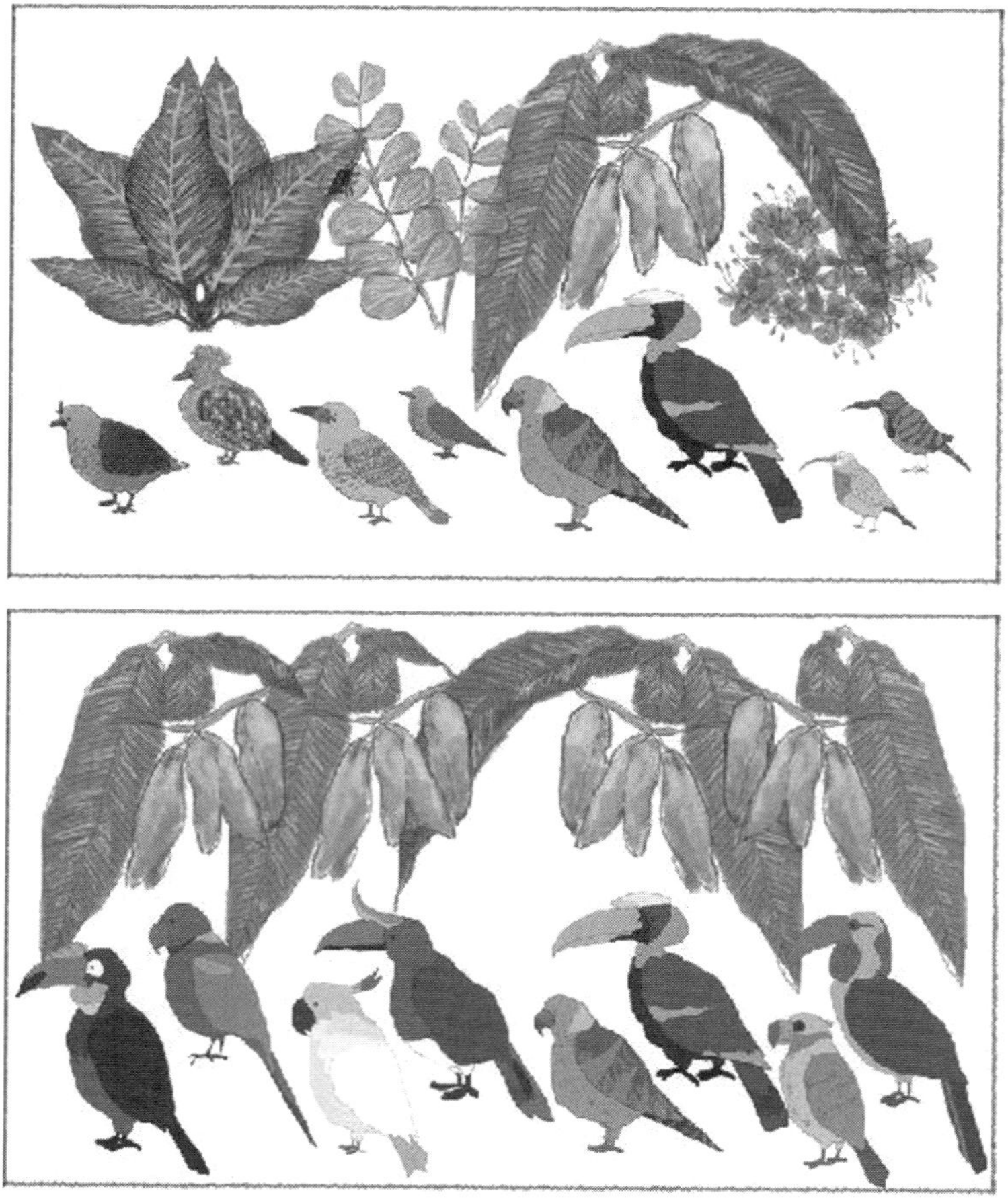

図4.8　鳥類の機能的多様性（絵：前田瑞貴、森 2018 より）
上図の地域では、異なる機能をもった鳥が共存している。
下図の地域では、果物を食べる鳥のみに変化した。
背景の植物に関して、葉（雑食）、虫つきの葉（昆虫食）、果物のなる木（果実食）、花（蜜食）を象徴している。下図の地域では、果実食の鳥ばかりに変化したために、背景の植物が一様に変化した

（Smart et al. 2006; Devictor et al. 2010; Mori et al. 2015b）。生物多様性には、種数のような種を基準とした評価方法だけでなく、多様な評価方法がある（Fleishman et al. 2006）。そして、それぞれの生物多様性の意味にも多様性がある。

人為改変された場所では、本来の生息地を失うことで、存続できる生物は、ストレス耐性が高かったり散布分散の能力が高かったりといった、特定の特性（あるいは、機能形質）をもった種に限定されてしまうことが知られている。例えば、ブラジルの大西洋岸の森林景観では、森林の分断化が進むことで、植生の種構造が単純化し、種子サイズが小さく分散応力に秀でたパイオニア種（攪乱跡地にすぐに侵入定着する種）ばかりになってしまったことが報告されている。人為改変された景観では、生息地選好性の強いスペシャリスト種が消失し、生息地選好性の低いジェネラリスト種が卓越しがちである（McKinney and Lockwood 1999）。このような生物多様性の構成の変化は、北米や欧州の森林でも報告されている（Vellend et al. 2007）。

ここでは、森林施業が機能的多様性に与える影響について、いくつかの研究事例を紹介する。フィンランドで実施されている大規模実験によると、隣地に何も残らない皆伐に比して、自然攪乱を模倣する保持林業は、甲虫類の機能的多様性の保全にとって一定の効果があることが報告されている（Heikkala et al. 2016）。しかしながら、保持伐採による生物相の機能的多様性についての評価事例は、現状では非常に限定的である。

単一樹種による造林、そして集約型の林業といった施業地から、より自然度の高い森林までの環境勾配に着目して、森林性の生物相の機能的多様性を評価した研究が散見される（Gossner et al. 2013; Bässler et al. 2014; Mori et al. 2015a, b)。これらの研究の結果は、完全に一致するものではなく、統一見解を得るにはまだまだ研究例が少ないが、一定の方向性を示している。林業の集約化や強度化が行なわれるほど、森林性の生物相の機能的多様性が低下する。機能的多様性が低下するということは、機能的に似通った種ばかりが残存していることを示している。例えば、本州のカラマツ造林地では、自然度の高い林分に比べて、土壌中に生息するササラダニ亜目の群集で、体サイズが小さい種に偏るようになり、機能的多様性が損なわれていることがわかっている（Mori et al. 2015a）。体サイズの大きな生物種は生態系のなかでの役割も大きい。例えば、土壌中の動物は、植物由来の有機物を粉砕し分解し、無機化するといったことを介して、エネルギーや栄養塩の循環に強くかかわっている。このような生態系プロセスに強くかかわるサイズの大きな種が、造林目的の植栽にともない植生が単純化するほどに失われている傾向があり、多様性の損失だけでなく、生態系の根源的な機能性も低下している可能性が示唆されている。

生物視点で樹木パッチなどを保持することで一定の種数が保全できるとしても、種数というモノサシからでは、生物多様性を構成するその内訳までは完全には評価しえないことは図４・８で例示した。森林改変が進むほどにスペシャリスト種が消失しやすいとの報告が多くあること（McKinney and Lockwood 1999; Vellend et al. 2007）、保持林業ではさまざまなスペシャリスト種を完全には保全できないといった報告があること（Fedrowitz et al. 2014; Mori et al. 2017b）を鑑みると、保持林業を導入しても、森林性の生物相の機能的多様性に対して、伐採による相応の負の影響が生じていると想像される。機能的多様性や多様性が支える生態系プロセスに、保持林業がどのような影響を及ぼしうるのかについては、さらなる研究による精査が必要である。

種が生物多様性の絶対的指標ではない一方で、種以外の評価軸による生物多様性の評価は、現実的には限定的にしか進んでいない。そもそも、種というもの自体の定義すらいまだに曖昧であり、地球上にどれだけの種がいるのかについては不確実な見積もりしかない（Caley et al. 2014）。このような状況下である以上、生物学的種の分類にもとづく「種の豊富さ」が、完璧ではないにしても、最も情報量に富み、評価しやすい多様性指標であることは否めない。繰り返しになるが、種数などの種を基準とした指標はあくまで「生物多様性の多様性」の一側面を表現しているにすぎないことに留意したい（Fleishman et al. 2006）。そのうえで、保持林業と生物多様性、そして生態系サービスとの関連性について注意深く考えていきたい。

生態系サービス――生物多様性とのつながり

人間社会が自然界より享受する恵みとしての生態系サービスは、非常に多岐にわたる。木材、燃料、医薬品、繊維、淡水などの供給サービス、一次生産、土壌形成などの基盤サービス、炭素の隔離や蓄積、気候緩和、水質浄化、水源涵養、洪水や土石流などの自然災害による社会的・経済的な被害の低減といった調整サービス、文化的利用や森林レクリエーション、審美的価値といった文化的サービスなど、例をあげ始めればきりがない（MA 2005; Swanson and Chapin 2009）。

かつて陸域の多くを占めていた森林は、都市や農地などに土地転換され、世界的な森林面積の減少傾向が続いている。二〇世紀末までに、森林面積はかつての半分（Contreras-Hermosilla 2000）、あるいは四割ほど（Swanson and Chapin 2009）になったと考えられている。アジアの一部やヨーロッパなどでは、近年森林面積が増加していると報告されているが、南米やアフリカなどでは森林面積が減少していることから、世界全体としての森林面積は減少し続けている〈Hansen et al. 2013; Keenan et al. 2015〉。このことは、森林生態系が支え提供する生態系サービスが脅かされつつあり、将来的にはさらに低下しうる可能性を示している。一方で、森林面積自体は減り続けているものの、土壌や水源の保護にかかわる森林面積は増加しているとの報告もある〈Miura et al. 2015〉。それゆえに、森林面積の変化が、さまざまな生態系サービスに対してどのような正あるいは負の効果をもつのかについては、不確実性が大きい。

現在は、「生態系サービス」という語で表現されることが多くなったが、森林分野では「多面的な公益的機能」という語が昔から知られている（注：「生態系サービス」も異なる用語・表現で置き換えられつつあり〈Díaz et al. 2015; Díaz et al. 2015; Pascual et al. 2017〉、研究者のさまざまな反応や意見がある〈Braat 2018; Peterson et al. 2018〉）。平成二五年度の森林・林業白書によると、森林の有する多面的機能が八つに大別でき（生物多様性保全、地球環境保全、土砂災害防止／土壌保全、水源涵養、快適環境形成、保健・レクリエーション、文化、物質生産）、個々にはさらに細分化された機能が紹介されている（図4・9）。それらのうち、「生物多様性保全機能」について着目したい。

森林・林業白書の文脈によると、生物多様性保全は、水質浄化やレクリエーション、土壌侵食の防止などといった機能と並列で扱われている。しかしながら、ここで視点を変えてみたい。生物多様性は、これら森林の多面的機能のうちの一つというよりは、むしろこれら多面的機能の源かもしれないという考え方である。この観点から、多目的森林施業について考える。

生態学の分野では、実験や理論をもとにした基礎研究により、本来自然が有する根源的なプロセス

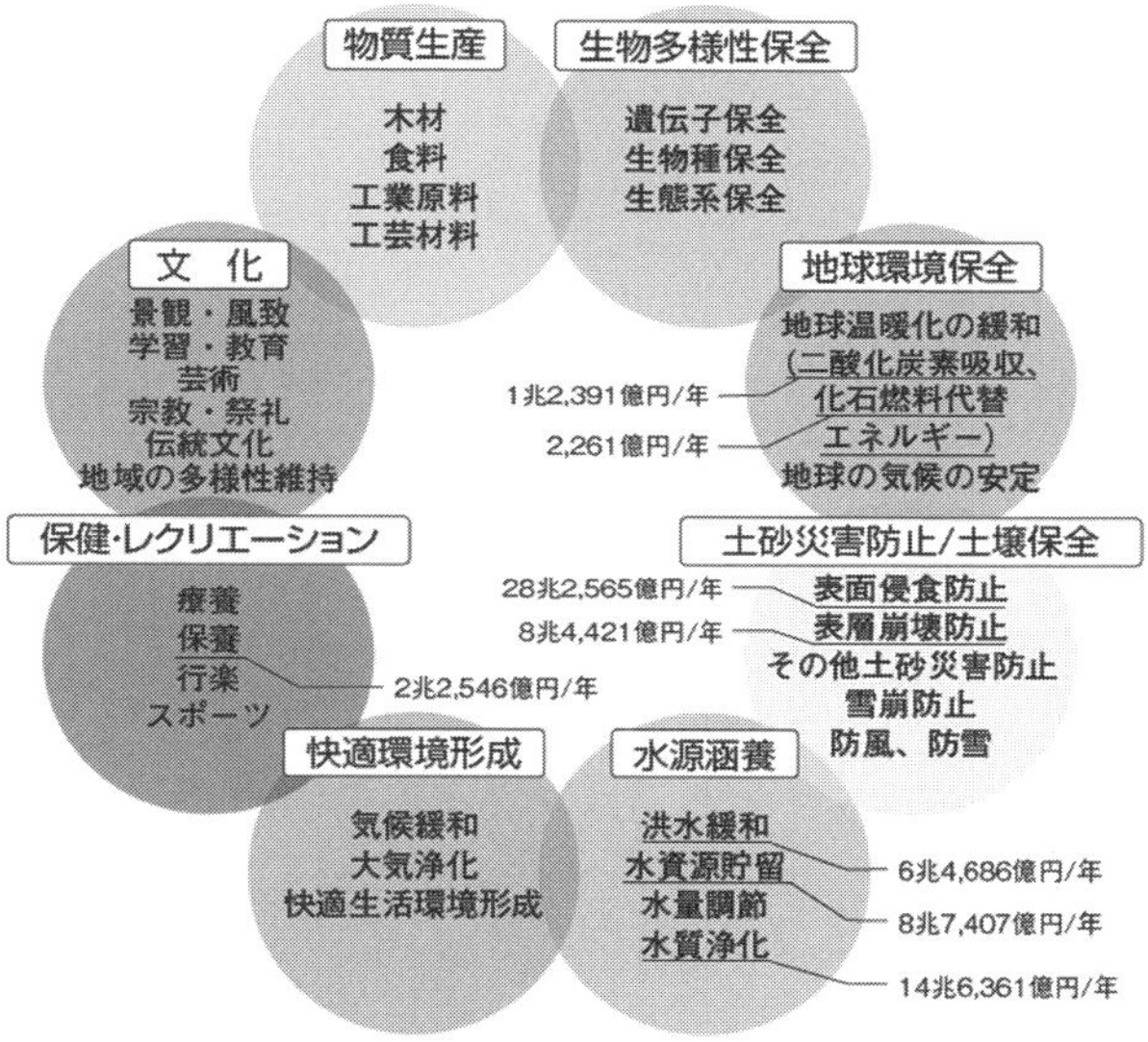

図 4.9　森林の有する多面的機能（平成 25 年度森林・林業白書）
貨幣評価額とともに森林の公益的機能が紹介されている

（生態系機能）が、生物多様性により支えられていることが徐々に明らかになりつつある（Tilman et al. 2014）。例えば、食料や繊維、木材の生産、ひいては大気中の炭素隔離（結果として温暖化の緩和）にもつながる植物の一次生産量は、植物の種数が多い場所ほど高くなることが、高い一貫性をもって見出されている（Tilman et al. 1996; Tilman et al. 2014）。

近年では、森林生態系を対象とした同様の報告も急速に増えている（Mori et al. 2017a）。種数が多いほど生態系の機能性が高まるといった現象は、一次生産に限ったことではない。例えば、スウェーデンにおける研究報告によると、樹木の種数が多い林分ほど、木質バイオマス量、土壌の炭素貯留、ベリー採取や狩猟の価値などが高まることが示されている（Gamfeldt et al. 2013）。このように、生物多様性が高いほど森林の多面的機能が高まることが、定量的に示されつつある（Mori et al. 2016; van der Plas et al. 2016）。生物多様性が高いことにより、生態系の多機能性が高まり、その結果として、人間社会が享受する生態系サービスが高まる。この一連のプロセスには、まだ完全に紐解かれたわけではないが、一定の理論的な説明がなされている。ここではその詳細は割愛するが、「生物多様性と生態系機能」の関係性は抽象的なものではなく、森林の有する多様性が多機能性を高めている可能性が客観的に見出されつつある（Mori et al. 2017a）。

近年の研究の積み重ねにより、人間社会が（森林に限らず）自然より得る公益（生態系サービス）を保全するうえで、生物多様性が果たす役割はより明確化されてきた（Isbell et al. 2017）（図４・10）。言い換えると、生物多様性の損失を防ぎ、回復させることには、自然保護としての倫理的な価値だけでなく、社会にとっての実利的な意義があるととらえることもできるかもしれない（Naeem et al. 2012）。この観点にもとづくと、森林における生物多様性の保全は単なる自然保護という目的のためではなく、むしろ、森林が発揮する多面的機能の維持のための手段と考える必要性も示唆している。そもそも森林には、多様な生物が、偶然と必然を介して共存できるメカニズムが存在する。そして、異なる生き物がさまざまな役割を果たすからこそ多面的な機能が生まれる。ゆえに、森林が森林たる多様な機能を発揮するには、自然たる森林生態系として生物多様性に富む必要性があるのではないだろうか？

ここで、保持林業と考え方を共有する環境保全型の農業での事例を紹介したい。図４・８でふれたように、鳥類などの生物群集は、生物防除といった生態系機能を有する。生物多様性によって支えられる

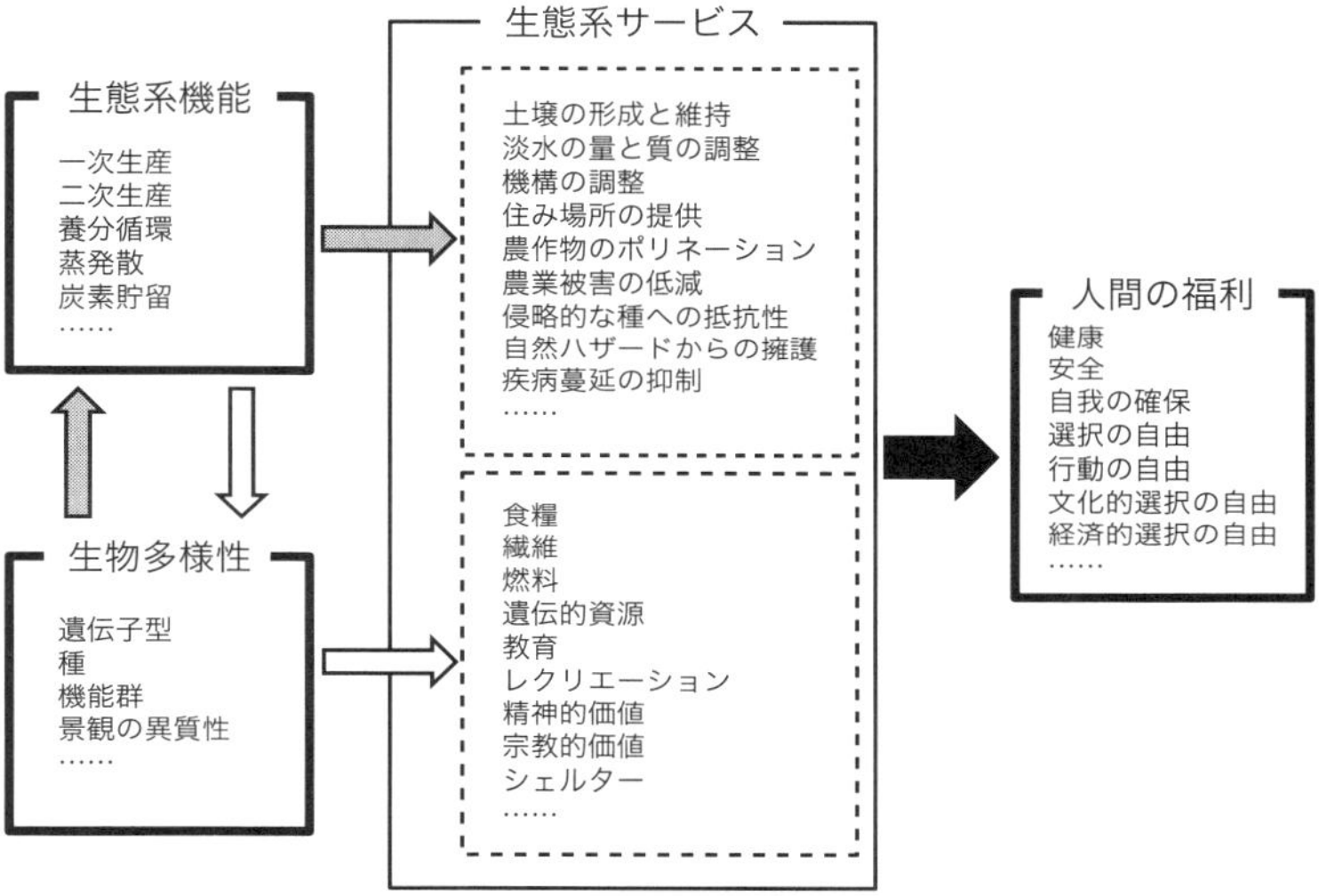

図 4.10　生物多様性と生態系機能／生態系サービスとの関係性（森 2012）
生物多様性が、直接的・間接的に生態系サービスを支え、その結果として、人間社会を支える

この生態系機能に対する経済的価値の試算例（Karp et al. 2013）を概説する。

コスタリカのコーヒー農園で行なわれた研究では、作物であるコーヒーの果実に深刻な損害を与えうるコーヒーノミキクイムシが、鳥類やコウモリ類によって捕食され、制御される一連の流れを評価した。この研究は、農地開拓をしすぎずにある程度の森林が地域景観に残されている場合に、特に鳥類群集がよく保全され、その結果、キクイムシを防除するサービスが最大一五〇％向上することを見出した。見積もりによると、森林を残し鳥類を保全することで、一年間に約七五〜三一〇米ドル／ヘクタールの経済損失を未然に防ぎうるとのことである。

保持林業のような低負荷林業が、生物多様性（特に種数）を高めうる可能性については、前述の通りである。しかしながら、林業セクターで、生物多様性保全の方策が、結果として生態系サービスの保全へと昇華できるといった事例報告については、経験的なものに限られ、上記のコーヒー農園での報告例のような定量的実証に欠ける。しかしながら、可能性は十分にある。保持林業により生物多様性や生態系プロセスを保全することで森林認証などにつながり、その結果として、生産される木材や木材製品に付加価値がつくのであれば、経済的なインセンティブが駆動要因となり、生物多様性保全が進むといった、正のフィードバックが期待できるかもしれない。

保全が目的ではなく、保全という方策が、森林所有者や関連する利害関係者の物質的、経済的、生態学的利益につながるメカニズムを解き明かすことは、今後の課題として残されている。保持林業により生物多様性を保全することは、経済活動としての林業に経済的な便益をもたらすことで、保全と利用の双方を両立させうるのかどうかは、今後の研究により精査していく必要があるだろう。

保持林業における留意点

保持林業が生物多様性の保全に対して、一定の有効性を示すこと、ひいては森林が支える多様な生態系サービスをも保全しうること、これらを介した実利的なインセンティブをも生みえる可能性についても、これまで解説してきた。明らかになってきたこと、まだまだ不確実なことについて適宜ふれてきたが、ここで一度整理をしたい。

まず、世界中の保持林業地の試験データを統合すると、保持林業は種数や個体数の保全に対して、概して有効であることがわかってきた（Fedrowitz et al. 2014; Mori and Kitagawa 2014）。繰り返しになるが、すべての森林性の種が保全できるわけではない。保全できる種のタイプや機能形質には偏りがあるかもしれず、保持伐施業地を利用できる種の多くは、ジェネラリスト種かもしれない。また、多くの種にとっては、恒常的な住み場所ではなく、飛び石的に利用されるだけかもしれない（Perhans et al. 2007）。つまり、森林の生物多様性を保全することと木を切ることを両立しうる「特効薬」ではないことに十分留意したい。

ここで先述のメタ解析研究（Mori and Kitagawa 2014）に立ち戻り、重要な発見についてもう少し解説しておきたい。それは、択伐施業との対比である。保持林業と低負荷の択伐施業を対比させたとき、前者のほうが種数保全という観点ではより効果的であることはすでに述べた（図４・４）。この結果をもって、低負荷の択伐施業が多様性保全にとって有用ではないと解釈してはいけない。先行研究では、択伐施業はその他の森林改変タイプに比べると相対的に影響は弱いが、それでも天然林相当の種数を保全できないことが示されていた（Gibson et al. 2011）。筆者らの研究では、択伐施業のなかでも低負荷の伐採は、天然林相当の種数を維持しうることが示されている。このような研究間の結果の乖離《かいり》は、同じ択伐施業でもどれだけ環境配慮型の施業をしているかによると思われる。自然に配慮すればするほど生物相の保全に有効であることは自明の理だが、木材生産という経済活動のなかでもそれができることを示しえたことには、一定の意義があると思われる。

保持林業にはあくまで相応の不確実性がある。例えば、保持対象の樹木などを空間的に集中させるべきか（図４・３上）、あるいは個々の保持木が離散するように配置すべきかについては、上記のメタ解析では傾向を見出せなかった。このことは、どちらの保持タイプでもよいということではない。同じだけの樹木や切り株を保持するのであれば、生物多様性や生態系プロセスの保全にとってより効果的な保持のあり方が望ましい。この課題についても、さらなる研究による知見の集積を待ちたい。

次に考慮したいことは、施業地の周囲景観からの影響である。森林景観の人為改変の度合いによって、保持林業による多様性保全の効果が変わることは先述した。しかしながら、森林認証制度の基準や政策的な要求は、人間が定めた行政区分や国境により異なる。生物の移動や景観構造に対する応答の種間差や地域差は、決して人の定めた地理的境界に対応しているわけではない。それゆえに、人側の都合としての行政制度や国による認証制度の違いといった人間社会が主眼のアプローチで保持林業のあり方を求めるのではなく、あくまでも保全対象とする生物主体の視点で、森林管理のあり方を考えていかなければならない。

最後に、筆者らの統合研究は世界中の既存データを対象として行なった。しかしながら、当時は日本などの極東アジア地域のデータが欠損していた（図4・11）。それゆえに、本章で紹介した保持伐採の生態学的な意味合いが、日本の森林管理においても同様な効果を示しうるのかについては、現時点では明確な答えがない。

将来の展望

以上、「新しい多目的森林施業（Franklin et al. 1997; Gustafsson et al. 2012）」について紹介をしてきた。経済性だけなく、環境や生物に配慮することの社会的ニーズ、その結果として生じる利益や便益などを鑑みると、多くの国や地域で、環境配慮型の伐採や森林認証の著しい普及・発展が見られることは、ある意味で自然な流れといえるのかもしれない。

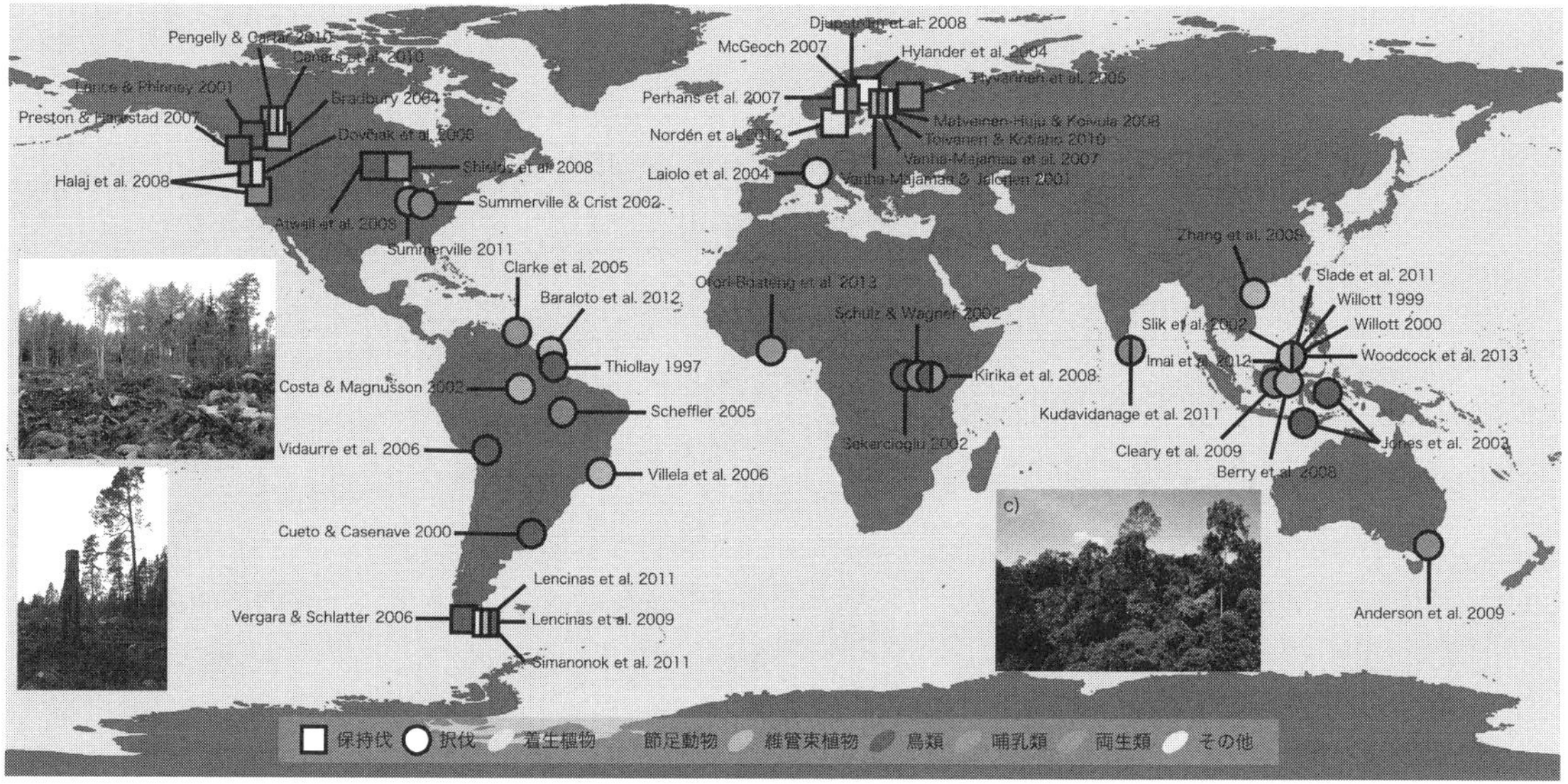

図 4.11　保持林業における生物多様性評価の研究実施地域（Mori and Kitagawa 2014）
保持林業地は、天然林に相当する多様性保全の潜在性がある。なお、世界中で実施されているが、日本を含む極東アジア地域での報告例がない

世界的に森林施業のあり方が見直されつつある今、日本の林業の現状はどうだろうか？　森林率で見ると先進国でも有数の森林大国といえるわが国だが、国土に広がる管理不十分の造林地のあり方はいまだ不透明であり、木材需要の多くを外材に依存する現状に大きな変化はない。つまり、現在の日本の林業では、生物多様性にも配慮した施業を導入するといった個々の林地レベルでの議論以前に、打破しなければならない社会・経済的な課題が山積みである。一部の企業や行政で、革新的な試みがなされているとはいえ、林業と環境をめぐる社会的なフレームワークの整備は、整っているとは言い難い。

しかしながら、日本の技術、日本人の思考力には相当の潜在性があるとも考えられる。その一端は、製造業におけるエネルギー消費効率や日本車の燃料消費率など、エネルギーの利用効率が世界最高水準にあることからも見てとれる。このような環境配慮の下地がある日本だからこそ、森林をめぐる状況が多目的の森林管理（木材生産だけでなく、林地および周辺流域の生態系の保全、地域の生物多様性の保全にも配慮し、包括的に森林を管理すること）に移行できる日が来ることを期待しつつ、「持続可能な林業」のあり方について、生態学の視点から提言したい。

現在、未整備人工林における間伐の推進、長伐期化や天然更新の導入、未利用間伐材の搬出方法の確立、原木の安定供給、それらのための路網整備といった計画的な森林整備がめざされており、そのための人材育成事業も実施されつつある。これらの個々の試みと並列して着目したい点として、多様な生態系機能を有する「生態系としての森林」の再生である。そこで必要な要素が、これまでにも提言されてきたように、生物多様性の保全である（Lindenmayer and Franklin 2002; Yamaura et al. 2012; Mori et al. 2017a）。

手入れの行き届いていない人工林が国土全体に広がる現状の日本では、保持林業のような個々の林地に対して自然科学的な観点から生物多様性に配慮するアプローチの導入以前に、国土全体で土地利用のあり方を見直す必要がある。木材生産については、現実的に経営可能な林地を見きわめることが急務である。そして、材の搬出が困難であるなどの理由により生産林として維持することが難しい人工林、急峻な地形上や河畔沿いの造林地については、自然林へと誘導していく必要がある。復元された森林は、やがて高い生物多様性をもち始めると期待される（Yamaura et al. 2012）。

ここで留意したいことがある。木材生産林、水源涵養林、保安林など、場所ごとに人間社会が求める役割（機能）は異なるかもしれない。しかしながら、単一の針葉樹種による人工林を造成するような、目的とする機能に集約しすぎることは、新たな問題を生じさせうる。そこで、「多目的森林施業」が重要となる。例えば、生産林であろうと、適切な間伐により多様な下層植生を誘導することで、雨滴による土壌侵食の防止が期待できる（水源涵養機能の向上）。さらには、植物根系や落葉資源などの多様化にともなう土壌生物相の多様化が生じると、有機物分解（そして無機化）が進むことで、植物が利用可能な養分量が増加し、結果として林分の一次生産が向上するかもしれない（物質生産、土砂災害防止／土壌保全の各機能の向上）。これら個々のプロセスの詳細には不確実性があるが、森林・林業白書でもたびたび強調されているように、森林の有する多面的機能は決して軽視できない。

現実的には、人的・経済的な資源は限られている。そこで、国土全体を対象とした、生物多様性と公益的機能（生態系サービス）の地理的分布の現状をまずは把握することが、国土の再整備の一助となる。例えば、各省庁が実施してきた国土環境、土地利用、気候、生物多様性などの広域評価のデータを統合することで、生物多様性の分布と多面的機能性の分布の重ね合わせが可能だろう。この地図化された情報に、環境経済学的な評価をあわせ、森林の再生や管理のコストを鑑みることで、経営可能な生産林や広葉樹林化すべき林地などの選定、路網整備プランの策定を行なう。このような情報をもとに国土整備を進めた後に、保持伐採のような生態系プロセスを考慮に入れた施業方法を、各地域・立地に適した形で導入する。広域レベルから局所レベルまでの評価プロセスを経て、多目的林業を実現し、環境か経済かという二者択一ではない森林管理を具現化することを提案したい。

《生物多様性に富む森林管理に向けて》

多くの天然資源も、自然たるシステムとして、さまざまな生物と環境との絶妙な相互作用のうえで成り立っている生態系より得られる。しかしながら、資源獲得と利用において、その効率化を求めるあまりに、人間は自然に負荷をかけ続け、生態系のなかで生じる数多のプロセスを改変してきた。森林生態系においては、伐採および造林による森林の単純化（一部の対象樹種だけが森林に生育する）は、自然が本来有する複雑さ、多様さを失わせる。生物多様性条約・愛知目標を受けて閣議決定された「生物多様性国家戦略二〇一二－二〇二〇」にもとづき、日本の森林行政においても、多様性保全といった森林の機能性に対する関心がますます高まっている（平成二八年度森林及び林業の動向：www.rinya.maff.go.jp/j/kikaku/hakusyo/28hakusyo/attach/pdf/zenbun-19.pdf）。繰り返し強調するが、この文脈においては、生物多様性の保全は重要な目標であると同時に、保全そのものが多面的機能の源である可能性も重視したい。

「生物多様性」が人間社会の福利に資することがわかりつつある今、ただ資源を得るためだけでなく、包括的かつ多角的に森林を生態系として見なし、適切に管理していくことが望まれる。この観点から、森林生態系が有する本来のプロセス、生態系の機能性、そして多様性を維持しつつ、重要な機能としての木材生産も維持していく。そのためには、より生態系プロセスに寄りそった保持林業のような資源の利用と管理の姿勢がますます必要となっていくだろう。

謝辞

保持林業に関する筆者の研究は、公益財団法人旭硝子財団環境研究（近藤次郎グラント）、および、横浜国立大学グローバルCOEプログラムによる支援により遂行することができた。ここに謝意を表する。また、これまでに、「環境会議」「環境技術」「農業と経済」「生物の科学　遺伝」の各雑誌からの寄稿依頼により、「多目的森林施業」について筆者なりの意見をとりまとめる機会を得てきた。本稿では、一貫した論旨を紹介するために、内容が当該寄稿文と一部重複している。これらの寄稿の機会を得たことにも、謝意を表したい。

【引用文献】

Auld, G., Gulbrandsen, L. H., McDermott, C. L.（2008）Certification schemes and the impacts on forests and forestry. Annual Review of Environment and Resources 33: 187-211.

Bässler, C., Ernst, R., Cadotte, M., Heibl, C., Müller, J., Barlow, J.（2014）Near-to-nature logging influences fungal community assembly processes in a temperate forest. Journal of Applied Ecology 51: 939-948.

Barnosky, A. D., Matzke, N., Tomiya, S., Wogan, G. O., Swartz, B., Quental, T. B., Marshall, C., McGuire, J. L., Lindsey, E. L., Maguire, K. C., Mersey, B., Ferrer, E. A.（2011）Has the Earth's sixth mass extinction already arrived? Nature 471: 51-57.

Batary, P., Baldi, A., Kleijn, D., Tscharntke, T.（2011）Landscape-moderated biodiversity effects of agri-environmental management: a meta-analysis. Proceedings of the Royal Society B: Biological Sciences 278: 1894-1902.

Braat, L. C.（2018）Five reasons why the Science publication "Assessing nature's contributions to people"（Diaz et al. 2018）would not have been accepted in Ecosystem Services. Ecosystem Services 30: A1-A2.

Butchart, S. H., Walpole, M., Collen, B., van Strien, A., Scharlemann, J. P., Almond, R. E., Baillie, J. E., Bomhard, B., Brown, C., Bruno, J., et al. (2010) Global biodiversity: indicators of recent declines. Science 328: 1164-1168.

Caley, M. J., Fisher, R., Mengersen, K. (2014) Global species richness estimates have not converged. Trends in Ecology & Evolution 29: 187-188.

Contreras-Hermosilla, A. (2000) The underlying causes of forest decline. Center for International Forestry Research.

Devictor, V., Mouillot, D., Meynard, C., Jiguet, F., Thuiller, W., Mouquet, N. (2010) Spatial mismatch and congruence between taxonomic, phylogenetic and functional diversity: the need for integrative conservation strategies in a changing world. Ecology Letters 13: 1030-1040.

Díaz, S., Cabido, M. (2001) Vive la différence: plant functional diversity matters to ecosystem processes. Trends in Ecology and Evolution 16: 646-655.

Díaz, S., Demissew, S., Carabias, J., Joly, C., Lonsdale, M., Ash, N., Larigauderie, A., Adhikari, J. R., Arico, S., Báldi, A., et al. (2015) The IPBES Conceptual Framework - connecting nature and people. Current Opinion in Environmental Sustainability 14: 1-16.

Diaz, S., Demissew, S., Joly, C., Lonsdale, W. M., Larigauderie, A. (2015) A Rosetta Stone for nature's benefits to people. PLoS Biology 13: e1002040.

Fedrowitz, K., Koricheva, J., Baker, S. C., Lindenmayer, D. B., Palik, B., Rosenvald, R., Beese, W., Franklin, J. F., Kouki, J., Macdonald, E., Messier, C., Sverdrup-Thygeson, A., Gustafsson, L. (2014) Can retention forestry help conserve biodiversity? A meta-analysis. Journal of Applied Ecology 51: 1669-1679.

Fischer, J., Abson, D. J., Butsic, V., Chappell, M. J., Ekroos, J., Hanspach, J., Kuemmerle, T., Smith, H. G., von Wehrden, H. (2014) Land sparing versus land sharing: moving forward. Conservation Letters 7: 149-157.

Fischer, J., Brosi, B., Daily, G. C., Ehrlich, P. R., Goldman, R., Goldstein, J., Lindenmayer, D. B., Manning, A. D., Mooney, H. A., Pejchar, L., Ranganathan, J., Tallis, H. (2008) Should agricultural policies encourage land sparing or wildlife-friendly farming? Frontiers in Ecology and the Environment 6: 380-385.

Fleishman, E., Noss, R., Noon, B. (2006) Utility and limitations of species richness metrics for conservation planning. Ecological Indicators 6: 543-553.

Franklin, J. F., Berg, D. R., Thornburgh, D. A., Tappeiner, J. C. (1997) Alternative silvicultural approaches to timber harvesting: variable retention harvest systems. In Kohm, K. A., Franklin, J. F. (eds.) Creating a forestry for the 21st century. Island Press. 111-139.

Gamfeldt, L., Snall, T., Bagchi, R., Jonsson, M., Gustafsson, L., Kjellander, P., Ruiz-Jaen, M. C., Froberg, M., Stendahl, J., Philipson, C. D.,

Mikusinski, G., Andersson, E., Westerlund, B., Andren, H., Moberg, F., Moen, J., Bengtsson, J.（2013）Higher levels of multiple ecosystem services are found in forests with more tree species. Nature Communications 4: 1340.

Gibson, L., Lee, T. M., Koh, L. P., Brook, B. W., Gardner, T. A., Barlow, J., Peres, C. A., Bradshaw, C. J., Laurance, W. F., Lovejoy, T. E., Sodhi, N. S.（2011）Primary forests are irreplaceable for sustaining tropical biodiversity. Nature 478: 378-381.

Gilroy, J. J., Edwards, F. A., Uribe, C. A. M., Haugaasen, T., Edwards, D. P.（2014）Surrounding habitats mediate the trade-off between land-sharing and land-sparing agriculture in the tropics. Journal of Applied Ecology 51: 1337-1346.

Gossner, M. M., Lachat, T., Brunet, J., Isacsson, G., Bouget, C., Brustel, H., Brandl, R., Weisser, W. W., Muller, J.（2013）Current near-to-nature forest management effects on functional trait composition of saproxylic beetles in beech forests. Conservation Biology 27: 605-614.

Gustafsson, L., Baker, S. C., Bauhus, J., Beese, W. J., Brodie, A., Kouki, J., Lindenmayer, D. B., Lõhmus, A., Pastur, G. M., Messier, C., Neyland, M., Palik, B., Sverdrup-Thygeson, A., Volney, W. J. A., Wayne, A., Franklin, J. F.（2012）Retention forestry to maintain multifunctional forests: a world perspective. BioScience 62: 633-645.

Gustafsson, L., Kouki, J., Sverdrup-Thygeson, A.（2010）Tree retention as a conservation measure in clear-cut forests of northern Europe: a review of ecological consequences. Scandinavian Journal of Forest Research 25: 295-308.

Hansen, M. C., Potapov, P. V., Moore, R., Hancher, M., Turubanova, S. A., Tyukavina, A., Thau, D., Stehman, S. V., Goetz, S. J., Loveland, T. R., et al.（2013）High-resolution global maps of 21st-century forest cover change. Science 342:850-853.

Heikkala, O., Seibold, S., Koivula, M., Martikainen, P., Müller, J., Thorn, S., Kouki, J.（2016）Retention forestry and prescribed burning result in functionally different saproxylic beetle assemblages than clear-cutting. Forest Ecology and Management 359: 51-58.

Hodgson, J. A., Kunin, W. E., Thomas, C. D., Benton, T. G., Gabriel, D.（2010）Comparing organic farming and land sparing: optimizing yield and butterfly populations at a landscape scale. Ecology Letters 13: 1358-1367.

Isbell, F., Gonzalez, A., Loreau, M., Cowles, J., Diaz, S., Hector, A., Mace, G. M., Wardle, D. A., O'Connor, M. I., Duffy, E., et al.（2017）Linking the influence and dependence of people on biodiversity across scales. Nature 546: 65-72.

Karp, D. S., Mendenhall, C. D., Sandi, R. F., Chaumont, N., Ehrlich, P. R., Hadly, E. A., Daily, G. C.（2013）Forest bolsters bird abundance, pest control and coffee yield. Ecology Letters 16: 1339-1347.

Karp, D. S., Ziv, G., Zook, J., Ehrlich, P. R., Daily, G. C.（2011）Resilience and stability in bird guilds across tropical countryside. Proceedings of the National Academy of Sciences of the United States of America 108: 21134-21139.

Keenan, R. J., Reams, G. A., Achard, F., de Freitas, J. V., Grainger, A., Lindquist, E.（2015）Dynamics of global forest area: Results from the FAO

Global Forest Resources Assessment 2015. Forest Ecology and Management 352: 9-20.

Lencinas, M. V., Pastur, G. M., Gallo, E., Cellini, J. M.（2009）Alternative silvicultural practices with variable retention improve bird conservation in managed South Patagonian forests. Forest Ecology and Management 258: 472-480.

Lindenmayer, D., Franklin, J.（2002）Conserving forest biodiversity. Island Press.

Lindenmayer, D. B., Franklin, J. F., Lõhmus, A., Baker, S. C., Bauhus, J., Beese, W., Brodie, A., Kiehl, B., Kouki, J., Pastur, G. M., Messier, C., Neyland, M., Palik, B., Sverdrup-Thygeson, A., Volney, J., Wayne, A., Gustafsson, L.（2012）A major shift to the retention approach for forestry can help resolve some global forest sustainability issues. Conservation Letters 5: 421-431.

MA（2005）Ecosystems and human well-being, current state and trends, Findings of the Condition and Trends Working Group. Island Press.

McKinney, M. L., Lockwood, J. L.（1999）Biotic homogenization: a few winners replacing many losers in the next mass extinction. Trends in Ecology and Evolution 14: 450-453.

Miura, S., Amacher, M., Hofer, T., San-Miguel-Ayanz, J., Ernawati, Thackway, R.（2015）Protective functions and ecosystem services of global forests in the past quarter-century. Forest Ecology and Management 352: 35-46.

森　章（二〇〇七）生態系を重視した森林管理——カナダ・ブリティッシュコロンビア州における自然攪乱研究の果たす役割　保全生態学研究　一二：四五—五九

森　章（二〇〇九）スウェーデンにおける生物多様性の保全に資する森林管理の試み　保全生態学研究　一四：二八三—二九一

森　章（二〇一一）自然攪乱に基づくエコシステムマネジメント——破壊される必要性　遺伝　六五：二〇—二七

森　章（二〇一二）エコシステムマネジメント——包括的な生態系の保全と管理へ　共立出版

森　章（二〇一四）持続可能な林業と生態系——共存するために　環境会議

森　章（二〇一八）生物多様性の多様性　共立出版

Mori, A. S., Isbell, F., Fujii, S., Makoto, K., Matsuoka, S., Osono, T.（2016）Low multifunctional redundancy of soil fungal diversity at multiple scales. Ecology Letters 19: 249-259.

Mori, A. S., Kitagawa, R.（2014）Retention forestry as a major paradigm for safeguarding forest biodiversity in productive landscapes: a global meta-analysis. Biological Conservation 175: 65-73.

Mori, A. S., Lertzman, K. P., Gustafsson, L.（2017a）Biodiversity and ecosystem services in forest ecosystems: a research agenda for applied forest ecology. Journal of Applied Ecology 54: 12-27.

Mori, A. S., Ota, A. T., Fujii, S., Seino, T., Kabeya, D., Okamoto, T., Ito, M. T., Kaneko, N., Hasegawa, M.（2015a）Biotic homogenization and

differentiation of soil faunal communities in the production forest landscape: taxonomic and functional perspectives. Oecologia 177: 533-544.
Mori, A. S., Ota, A. T., Fujii, S., Seino, T., Kabeya, D., Okamoto, T., Ito, M. T., Kaneko, N., Hasegawa, M.（2015b）Concordance and discordance between taxonomic and functional homogenization: responses of soil mite assemblages to forest conversion. Oecologia 179: 527-535.
Mori, A. S., Tatsumi, S., Gustafsson, L.（2017b）Landscape properties affect biodiversity response to retention approaches in forestry. Journal of Applied Ecology 54: 1627-1637.
Naeem, S., Duffy, J. E., Zavaleta, E.（2012）The functions of biological diversity in an age of extinction. Science 336: 1401-1406.
Newbold, T., Hudson, L. N., Arnell, A. P., Contu, S., De Palma, A., Ferrier, S., Hill, S. L., Hoskins, A. J., Lysenko, I., Phillips, H. R., et al.（2016）Has land use pushed terrestrial biodiversity beyond the planetary boundary? A global assessment. Science 353: 288-291.
Pascual, U., Balvanera, P., Díaz, S., Pataki, G., Roth, E., Stenseke, M., Watson, R. T., Başak Dessane, E., Islar, M., et al.（2017）Valuing nature's contributions to people: the IPBES approach. Current Opinion in Environmental Sustainability 26-27: 7-16.
Perhans, K., Gustafsson, L., Jonsson, F., Nordin, U., Weibull, H.（2007）Bryophytes and lichens in different types of forest set-asides in boreal Sweden. Forest Ecology and Management 242: 374-390.
Peterson, G. D., Harmáčková, Z. V., Meacham, M., Queiroz, C., Jiménez-Aceituno, A., Kuiper, J. J., Malmborg, K., Sitas, N., Bennett, E. M.（2018）Welcoming different perspectives in IPBES: "Nature's contributions to people" and "Ecosystem services". Ecology and Society 23（1）: 39.
Phelps, J., Carrasco, L. R., Webb, E. L., Koh, L. P., Pascual, U.（2013）Agricultural intensification escalates future conservation costs. Proceedings of the National Academy of Sciences of the United States of America 110: 7601-7606.
Ribe, R. G.（2005）Aesthetic perceptions of green-tree retention harvests in vista views: the interaction of cut level, retention pattern and harvest shape. Landscape and Urban Planning 73: 277-293.
林野庁（二〇一四）平成二五年度 森林・林業白書
Schall, P., Gossner, M. M., Heinrichs, S., Fischer, M., Boch, S., Prati, D., Jung, K., Baumgartner, V., Blaser, S., Böhm, S., et al.（2018）The impact of even-aged and uneven-aged forest management on regional biodiversity of multiple taxa in European beech forests. Journal of Applied Ecology 55:267-278.
Smart, S. M., Thompson, K., Marrs, R. H., Le Duc, M. G., Maskell, L. C., Firbank, L. G.（2006）Biotic homogenization and changes in species diversity across human-modified ecosystems. Proceedings of the Royal Society of London. Series B: Biological Sciences 273: 2659-2665.
Swanson, F. J., Chapin, F. S. I.（2009）Forest systems: living with long-tern change. In Chapin, F. S. I., Kofinas, G. P., Folke, C.（eds.）Resilience-based natural resource management in a changing world. Springer. 149-170.

Tilman, D., Isbell, F., Cowles, J. M.（2014）Biodiversity and ecosystem functioning. Annual Review of Ecology, Evolution, and Systematics 45: 471-493.

Tilman, D., Wedin, D., Knops, J.（1996）Productivity and sustainability influenced by biodiversity in grassland ecosystems. Nature 379: 718-720.

Tittensor, D. P., Walpole, M., Hill, S. L., Boyce, D. G., Britten, G. L., Burgess, N. D., Butchart, S. H., Leadley, P. W., Regan, E. C., Alkemade, R., et al.（2014）A mid-term analysis of progress toward international biodiversity targets. Science 346: 241-244.

Tscharntke, T., Klein, A. M., Kruess, A., Steffan-Dewenter, I., Thies, C.（2005）Landscape perspectives on agricultural intensification and biodiversity-ecosystem service management. Ecology Letters 8: 857-874.

Tscharntke, T., Tylianakis, J. M., Rand, T. A., Didham, R. K., Fahrig, L., Batary, P., Bengtsson, J., Clough, Y., Crist, T. O., Dormann, C. F., et al.（2012）Landscape moderation of biodiversity patterns and processes-eight hypotheses. Biological Reviews 87: 661-685.

van der Plas, F., Manning, P., Allan, E., Scherer-Lorenzen, M., Verheyen, K., Wirth, C., Zavala, M. A., Hector, A., Ampoorter, E., Baeten, L., et al.（2016）Jack-of-all-trades effects drive biodiversity-ecosystem multifunctionality relationships in European forests. Nature Communications 7: 11109.

Vellend, M., Verheyen, K., Flinn, K. M., Jacquemyn, H., Kolb, A., Van Calster, H., Peterken, G., Graae, B. J., Bellemare, J., Honnay, O., Brunet, J., Wulf, M., Gerhardt, F., Hermy, M.（2007）Homogenization of forest plant communities and weakening of species? Environment relationships via agricultural land use. Journal of Ecology 95: 565-573.

WCFSD（1999）Our forests our future. Cambridge University Press.

Yamaura, Y., Oka, H., Taki, H., Ozaki, K., Tanaka, H.（2012）Sustainable management of planted landscapes: lessons from Japan. Biodiversity and Conservation 21: 3107-3129.

◉第5章

北海道の人工林での保持林業の実証実験

尾崎研一・山浦悠一・明石信廣

北海道の森林

北海道の森林の歴史

まず、過去一五〇年間の北海道の土地利用の変化を見てみよう。江戸時代末期（一八五〇年ごろ）の北海道は、一部の集落付近をのぞいて、平野のほとんどは落葉広葉樹林に、山地は針広混交林と針葉樹林に覆われていた（西川 一九九五）。ただし北海道に黒色土が広く分布するという事実から、この時期に北海道では広大な草地が維持されていたという意見がある（須賀ら 二〇一二）。しかし、黒色土が分布するのは主に平野なので、山地が森林に覆われていたことを否定するものではない。江戸時代末期、本州以南の山地では森林の過剰利用により、はげ山や荒れ地が生じ、森林の荒廃が見られた。また、奥山のかなりの部分までが焼畑地として利用され、山地の人々の生活を支えていた。このような本州以南の山

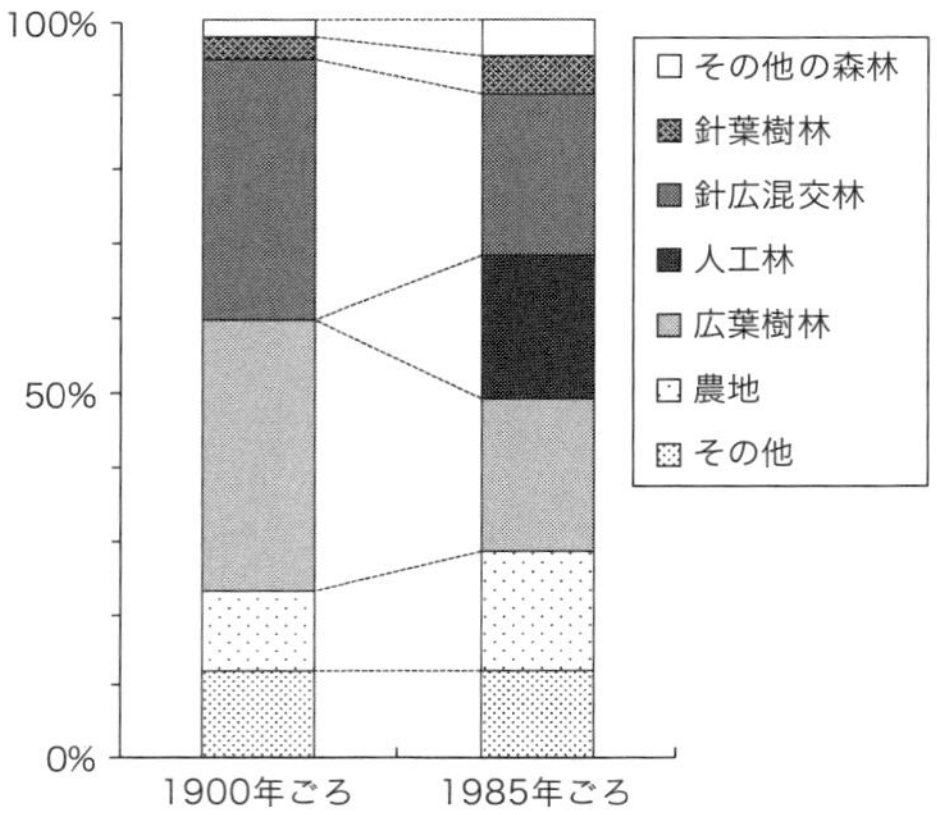

図 5.1　約 120 年前（1900 年ごろ）と 30 年前（1985 年ごろ）の北海道の土地利用（西川 1995 に人工林の面積を加えて作成）

地の状況は、北海道とは大きく異なっていた。

約一二〇年前にあたる一九〇〇年ごろの北海道の土地利用図によると、すでに開拓により農地が一割ほど存在するものの、広葉樹林と針広混交林がそれぞれ四〇％ずつを占めていた（図５・１）。しかし、それ以降の開発により広葉樹林の一部が農地や都市になったため、森林の面積が減少した。また、森林の約三〇％は天然林から人工林にかわった。本州以南では人工林にスギやヒノキが植えられているが、北海道では主にトドマツとカラマツが植栽されている。

一方、現在まで残った天然林では、主に択伐による木材生産が行なわれてきた。これらの天然林は、択伐により樹種や構造が変化している。

以上のことより、北海道の森林における過去一五〇年間の主要な変化は、①平地の落葉広葉樹林（または草地）の消失、②天然林の人工林への転換、③残った天然林の質の変化の三つにまとめることができる。ここで重要なのは、この三つの変化は、いずれも自然のオーバーユース（生息地が開発によって消失したり改

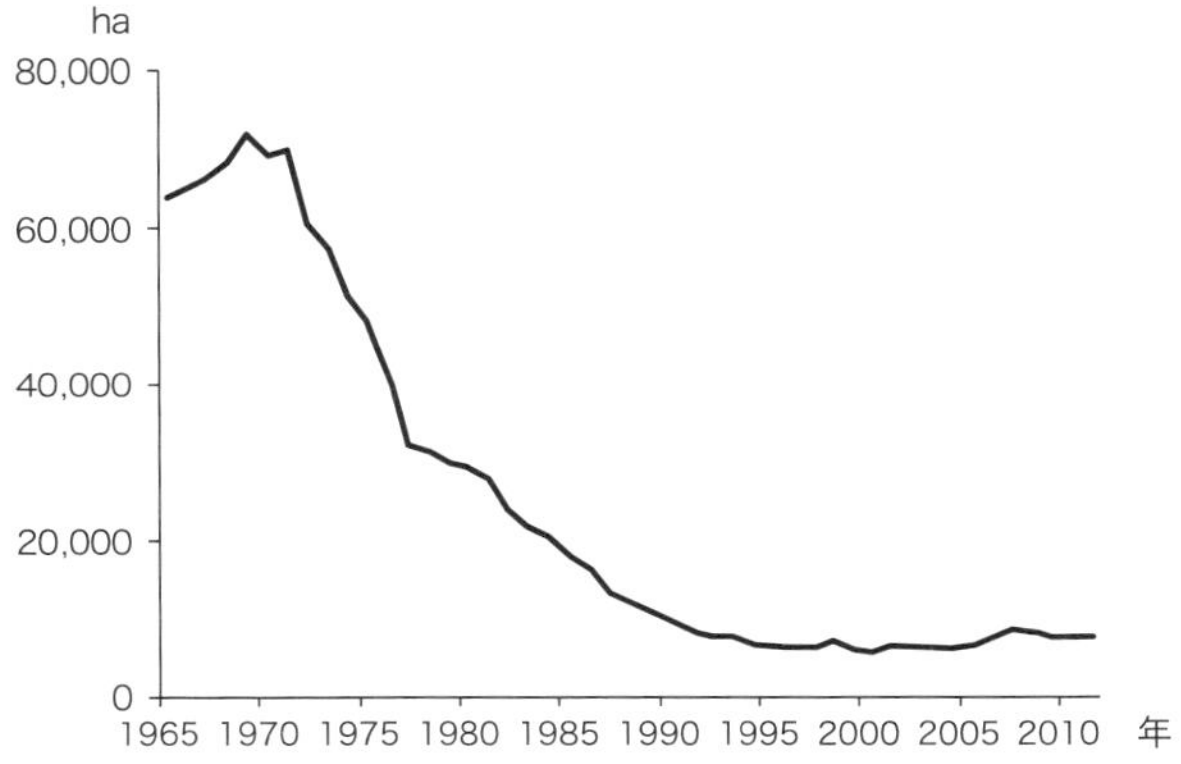

図 5.2　北海道の造林面積の変化（北海道林業統計より作成）

変されたりするような、人間の過剰利用による生物多様性の危機）にあたるということである。

北海道の人工林の歴史と現状

北海道の林業が本格的に開始されてからすでに一〇〇年が経過した。北海道の森林は、本州と同様、一九五〇年代半ば以降に天然林を伐採して人工林を造成する拡大造林政策が進められた（図5・2）。ピークである一九六九年度の造林面積は七万二〇〇〇ヘクタールに達しており、これは現在の造林面積の九倍に上る。このように大量に植栽された人工林が現在、主伐期を迎えている。例えば、北海道で最も植栽面積が大きいのはトドマツで、その人工林面積は七七万ヘクタールであるが、そのうちの六〇％が標準伐期齢（森林計画で地域の標準的な主伐の林齢として定められるもので、北海道では四〇年）に達しており、いつでも伐採可能な状態にある（図5・3）（北海道水産林務部 二〇一七）。天然林資源の劣化の一方で、このような人工林資源の増加により、一九九七年度に北海道内の人工林から伐採される材積（木材の体積）が、天然林から伐採される材積よりも

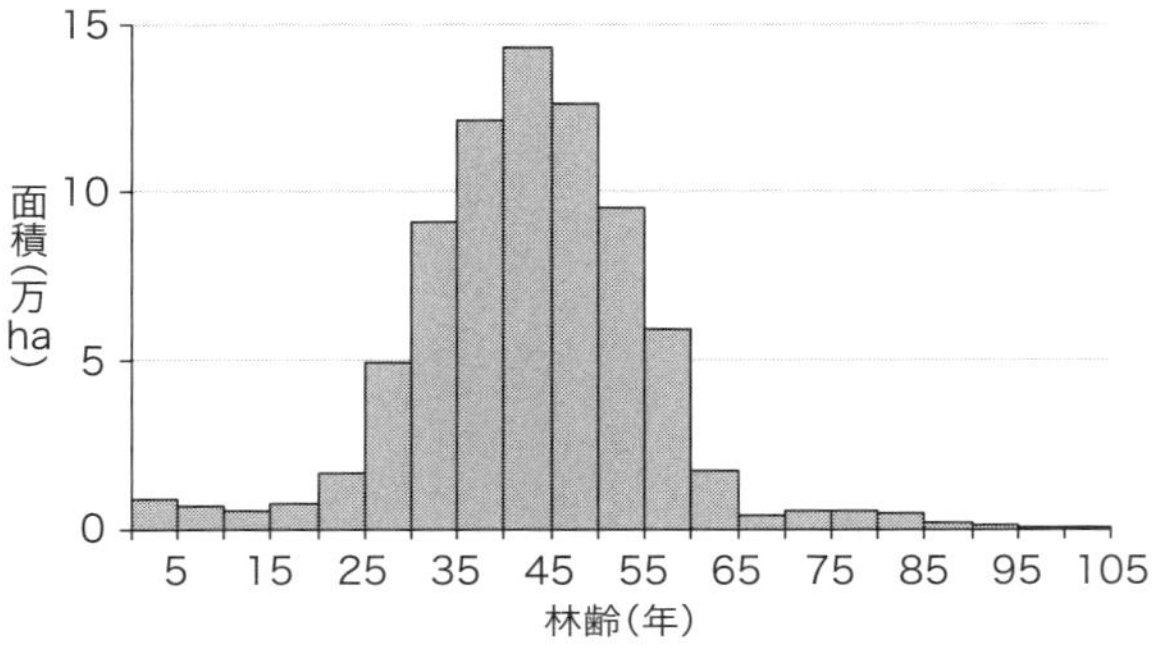

図 5.3　北海道におけるトドマツ人工林の林齢別面積（北海道水産林務部 2017）

多くなった。また、二〇〇五年度には人工林の主伐材積が間伐を上回った。本州のスギ・ヒノキ林業がすでに何世代もの歴史、文化があるのに比べれば、北海道はまだまだ新米林業地であるが、北海道の人工林においても、植えて、育てて、伐るという資源の循環サイクルがようやくできてきたといえよう。

公益的機能への配慮と課題

この間の北海道の人工林施業について見てみる。拡大造林などによって一世代目の人工林が造成された時代には、効率的な木材生産をするために大面積皆伐とその後の一斉造林が進められた。この時代には、火入れによる地拵えも行なわれている。しかし、一九七〇年代をピークに林業生産活動は縮小し始め、近年にいたるまで林業生産が低迷を続けるなかで、人工林においても環境に配慮し公益的機能の発揮を目的とした複層林施業や長伐期施業に変わってきている。実際、国有林や北海道有林では主伐時に大面積皆伐をやめて、一ヘクタール程度の帯状皆伐（一定の幅で帯状に皆伐すること）や孔状皆伐（小面積でパッチ状に皆伐すること）が行なわれている。また、近年は、民有林においても三〜五ヘクタール以下の小面積の伐採・更新を政策的に推進している。

例えば、北海道では五ヘクタール以下の伐採跡地への再造林に対して補助金の上乗せを行なっている。

このような変化の一因として、人工林は木材生産だけが目的ではなく、生物多様性保全を含めた公益的機能を発揮する場として期待されていることがある。従来の自然保護の概念では、原生林など人為の加わっていない貴重な森林がその対象とされてきたが、生物多様性基本法では「農林水産業その他の人の活動により特有の生態系が維持されてきた里地、里山など」の保全が規定されており、北海道では農村地域に近接する人工林地帯における生物多様性の質を高めていくことも重要となってきている。

しかし、こうした公益的機能の発揮を目的とした現在の人工林施業は、効率的な木材生産とは両立しにくい。主伐期を迎えた広大な面積の人工林の伐採と再造林が必要となるなかで、現在、主伐が行なわれている面積はわずかである。トドマツ人工林の場合、標準伐期齢に達した面積は四六万ヘクタールに及ぶが、人工林の主伐面積はトドマツ、カラマツを含む全樹種合わせても年間九〇〇〇ヘクタールにすぎない（北海道水産林務部 二〇一七）。このままでは、標準伐期齢に達した人工林が長期間、伐採されずに劣化するおそれが十分にある。人工林を長伐期化して間伐を繰り返し、少しずつ木材を生産することも考えられるが、トドマツは高齢になると根株腐朽被害が増加して木材としての価値が低下するので、被害多発地での長伐期化は適切でないと考えられている（徳田 二〇〇五）。大面積に造成されてきた人工林から木材を有効に利用するためには、主伐面積を大幅に増やす必要がある。そのためには、公益的機能と効率的な木材生産を両立する次世代の新たな伐採方法が必要となっている。

木材生産と生物多様性保全の両立をめざす保持林業

保持伐とは

「保持伐」とは、主伐時に一部の樹木を残して複雑な森林構造を維持することにより、皆伐では失われる老齢木、大径木などを確保し、多様な生物の生息場所を確保する伐採方法のことである。言わば、樹木という森の恵みの一部を、生き物に「おすそわけ」することだと思っている。従来の択伐や漸伐（主伐時に一部の木を残して、その木からの種子散布による天然更新を期待する方法）とは、伐る木よりも残す木を優先的に選ぶ点と、保持木を長期間（少なくとも次の主伐まで）残す点に違いがある。

保持伐には大きく分けて二つの目的がある（Franklin et al. 1997）。第一の目的は、一部の樹木を残すことで、伐採により生息場所が失われる生物の避難場所をつくり出すことである。伐採前の森林にあった生立木や枯死木を残すことで、生物だけでなく、森林の機能や構造を、次世代の森林に引き継いでいくことができる。第二の目的は、伐採後に成立する森林の構造を複雑にすることである。保持木がさらに成長し、それが次世代の若い木のなかにまじることで、森林の構造が複雑になる。

保持伐をするときには、何を、どのように、どれくらい残すのかが重要である。第1章で述べたように、伐採時に残すものは、生立木、または立ち枯れ木や倒木が選ばれることが多く、どのように残すのか（保持木の空間配置）については、単木保持や、群状保持などがある（図5・4）。残す量は地域や事例によって一～四〇％までさまざまである。このように、保持伐の実際のやり方は、伐採前の森林の状態、その森林の管理目標、森林を取りまく社会状況によって異なっている。この柔軟性が保持伐の特徴

図 5.4　保持木の空間配置
上：広葉樹の単木保持
下：針葉樹の群状保持
群状保持では伐採地の中央に集団で樹木を残している（尾崎ら 2018）

の一つである。このことから、保持伐は北米では「variable retention（いろいろなものを保持する）」と呼ばれることがある。

保持伐は、皆伐に代わる生物多様性に配慮した伐採方法として、一九八〇年代に北米で開始された。北米や北欧では国の規制や森林認証制度にも組みこまれて広く実施されている。また、オーストラリア、アルゼンチンなどでも行なわれている。このような世界的な広がりの結果、現在では一億五〇〇〇万ヘクタール以上の温帯林と北方林で実施されている（Gustafsson et al. 2012）。しかし、これまで保持伐は、日本を含むアジア地域ではほとんど行なわれていない。

保持伐が最初に行なわれたのは、北米の西海岸の原生林であった。その後も、チリの原生林などの生物多様性の豊かな森林で用いられることが多い。しかし、保持伐は過去の人為的な利用により劣化した森林を回復させる場合にも有効である。例えば、北欧では、過去の林業活動により、林内の枯死木や老齢木、広葉樹が減少した（Gustafsson et al. 2010）が、そのような地域では、若齢で小径の木しかなくても、それを保持することにより、将来的に大径の老齢木や枯死木を復元することができる。また、伐採時に、一部の生立木を約四メートルの高さで伐ることにより人工的な立ち枯れ木をつくり出している。北海道のように天然林を伐採して人工林を造成した地域でも、保持伐により天然林の構成要素の復元が可能だと思われる。

人工林での保持伐の必要性

北海道の森林はもともと、広葉樹や針葉樹を含む多様な樹種から成り立っていた（図5・5）。そして、老齢林には枯死木や、樹洞のある大径木が存在し、枯死木を利用する昆虫類や、樹洞を利用する鳥類が

図 5.5　北海道の針広混交天然林
エゾマツやトドマツなどの針葉樹と、シナノキやミズナラなどの広葉樹が生育している

生息していた。一方で、人工林は同一樹種の苗木が等間隔に植栽されるため、樹種と構造が単純である。人工林のなかに広葉樹などが生えてきても、植栽木の成長の妨げになるので、大きくなる前に伐ってしまうことが多い。また、人工林は、通常、老齢林になる前に伐採される。以上のような管理が行なわれるため、人工林は、基本的に多様な生物の生息場所としては適していない。このような林で生物多様性を保全するには、もともとの天然林にあった広葉樹や大径木、枯死木を復元するのがよい。実際、これまで国内で行なわれた研究では、広葉樹が混交し、立ち枯れ木が存在する人工林には多様な鳥や昆虫が生息することがわかっている（Ohsawa 2007、山浦 二〇〇七）。そこで、人工林で保持伐を行なうことにより広葉樹や針葉樹を保持すれば、それが成長して大径木や枯死木になり、生物多様性を含む公益的機能を発揮するのではないかと考えた。

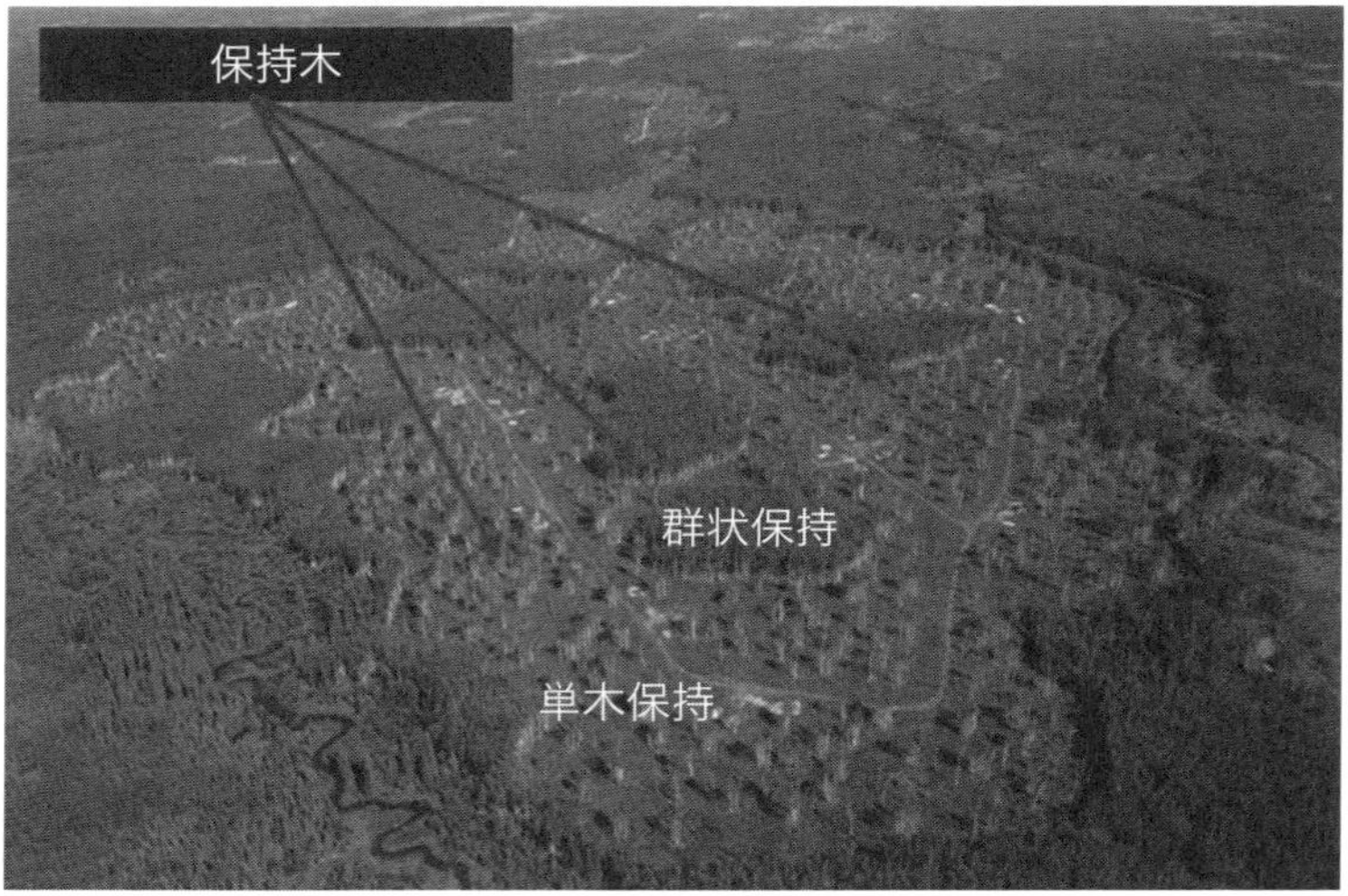

図 5.6　カナダ、アルバータ州での保持伐の一例
100ha 以上の森林を一度に伐採し、群状保持や単木保持で木を残している（尾崎 2012 をもとに作成）

一方、これまで環境に配慮した方法として行なわれてきた帯状皆伐や孔状皆伐では、一カ所の伐採面積が小さくなり、それが木材生産効率を低下させる要因になっていた。しかし、今後、主伐面積を大幅に増やすためには、ある程度の大面積を一度に伐採する必要がある。その点で、保持伐には伐採面積に関する制約がなく、理論上はいくらでも大きくすることができる。実際、カナダでは保持伐を用いて一度に一〇〇ヘクタールを超える伐採を行なっている（図5・6）。そこで、ある程度の大面積で保持伐を行なうことで、公益的機能と効率的な木材生産が両立できるのではないだろうか。

保持伐が世界各地で実施されるにつれて、その効果を検証する大規模な野外実験が行なわれるようになった（Gustafsson et al. 2012）。しかし、日本を含むアジア地域では、そもそも保持伐が普及していないため、その効果を検証する実験も行なわれていなかった。保持伐が広く取り入れられている北米や北欧では、森林を構成する樹木の種数が比較的少ない。しかし、北海道をはじめとする日本の森林は本来、樹種が多様である。このような違いがあるため、海外で行なわれた実験の結果をそのまま北海道に適用することはできない。また、林業経営者にとっては、保持伐を行なう場合、皆伐と比較して、一部の樹木を保持することによる木材生産性の低下やコスト増が発生する。そのため、北海道のトドマツ人工林において保持伐を普及させるには、トドマツ人工林をフィールドとした実験を行ない、生物多様性を含む公益的機能への効果と木材生産性を同時に調査して両者の関係を明らかにし、保持伐の具体的な技術を提案する必要があった。以上のような背景をもとに「トドマツ人工林における保残伐施業の実証実験（ＲＥＦＲＥＳＨ）」は始まったのである。

トドマツ人工林における保残伐施業の実証実験（ＲＥＦＲＥＳＨ）

ＲＥＦＲＥＳＨの経緯

ＲＥＦＲＥＳＨを紹介するにあたり、まず、このような国内では最大規模の実験が始まった経緯を述べよう。この実験は研究者と森林管理者のちょっとした話し合いが契機となり、それが周囲をまきこんで言わばボトムアップ的に始まった。「こんなことできたらいいね」という日常会話のなかの希望が、紆余曲折を経て実現したものである。なお、本実験ではretention harvestingを「保持伐」ではなく「保残伐」と呼んでおり、協定や実験区の名称などにも使われている。そのため、この実験で実施された内容を海外での事例と区別する意味も含めて、ＲＥＦＲＥＳＨの説明では「保残伐」という用語を使うことにする。

二〇一一年の夏、北海道大学に勤めていた本書の編者の一人である山浦悠一は、学生と一緒に道有林（北海道が所有し、管理している森林）で鳥類調査を行なっていた。そして、その調査に関連する資料の提供を依頼するために、北海道庁道有林課を訪問した。その時に山浦の依頼に対応してくれたのが、当時、道有林管理グループ主査であった土屋禎治さんだった。土屋さんは道有林の全体計画をたてる立場にいた。また、山浦が勤務していた研究室の卒業生であり、生物多様性の保全にも関心を抱いていた。

山浦は当時、日本の人工林での生物多様性の保全を扱った総説を尾崎研一らと執筆中で、今後人工林でいかに生物多様性を保全していくべきかについて、ちょうど考えていた。山浦の博士課程の研究や国内外の研究から、人工林の下層植生が発達したり広葉樹が混交すると鳥類の多様性が増加することが明らかになってきていたが、この結果をいかに現場につなげるかが課題であると考えていた。そして国内では、机上の議論に終始していた人工林での生物多様性の保全を、林業の現場に落としこむためには、地に足をつけた実証実験が必要であると感じていた。また、保持伐に関する野外実験が世界各地で行なわれ、実験に関する論文も多く出版されていたため、森林の生物多様性保全に関する重要な研究課題として、保持伐に大きな刺激を受けていた。

道有林課を訪問した際、こうした問題意識を伝え、人工林での生物多様性の保全に関する自身の研究成果や海外での取り組みを紹介した記事を渡した。土屋さんは道有林の新たな役割の一つとして、生物多様性の保全などに関する研究を行なう調査地を北海道内の研究者に提供し、研究の結果を道有林の管理に還元するような仕組みについて考えていた。当時、土屋さんの上司であった久米芳樹道有林課主幹も生物多様性の保全に理解があった。

二〇〇二年三月に「北海道森林づくり条例」が制定され、約六〇万ヘクタールの道有林では、管理運営の目的が「公益的機能の維持増進」と明確に規定された。そして、道有林事業が特別会計から一般会計に移行したことにより、道有林の管理は、木材生産から公益的機能の維持増進に大きく舵を切ることになった。このような変化に対応するため、道有林では、木材の収穫を主目的とした主伐を行なわず、針広混交林に代表される連続的な複層林をめざすという方針を策定した。しかし、こうした「複雑」な構造をもつ森林をめざす施業は、これまで天然林で行なわれてきた施業の経験を応用しながらの試行錯誤の連続であった。その結果、現在では、侵入してきた広葉樹を残した針葉樹人工林の混交林化や、小面積皆伐(一ヘクタール未満)によるモザイク状の複層林化などが進められている(土屋 二〇一三)。こうした施業は林分レベルで公益的機能を最大限発揮しようとするものであるが、高齢化した人工林が急速に増加するなかで、計画的な伐採・更新を進めるには効率性という面で課題を抱えている。また、これらの施業が実際に生物多様性保全や水土保全に機能しているのかは、実験的に検証されていなかった。

このような状況のなか、二〇一一年一二月に、土屋さんと久米さん、中村太士教授(北海道大学)、山浦ほか数名を交えて意見交換を行なった。中村教授はアメリカに留学した際、保持伐の現場を実際に見た経験があり、保持伐自体に理解があった(第2章で詳しい)。当時、国内では間伐が主要な森林施業であったが、成熟しつつある人工林資源を背景に、これから主伐の時代が来ると予想された。主伐は森林の構造を大きく変えるイベントであること、そして生物多様性保全などの公益的機能と効率的な木材生産の両立が可能な主伐方法として保持伐が世界的に行なわれていることから、人工林を対象に保持伐をテーマとした実証実験を行なってはどうかという話がまとまった。

年が明けて二〇一二年一月に再度、話し合いの場をもち、二月には道有林課から国立研究開発法人森林研究・整備機構森林総合研究所北海道支所と北海道立総合研究機構林業試験場に実験への参画を打診した。そして三月に関係者を集めて、実験テーマやスケジュールなどを議論する一回目のワーキンググループミーティングを開催した。そこでは、実験の背景や問題を共有したうえで、人工林での伐採実験のために道有林が実験の場を提供し、研究機関がそこで研究を行ない、成果は施業にフィードバックするという大枠を決定した。

この後、メールによる議論を繰り返し、五月に北海道大学でミーティングを行ない、大きな目的について合意した。まず、生物多様性を保全する場合には、広域的な地域のなかで森林の配置を考える視点と、個別の森林についてどのような施業をするべきかを考える視点がある。この二つの視点は、対象とする空間スケールの違いから、景観レベルと林分レベルと呼ばれる。この実験では、林分レベルの変化を明らかにすることにした。次に、実験は地位（樹木の成長）や地利（道路状況などの林業上の利便性）の点から効率的な木材生産が可能な場所で行ない、効率的な木材生産と公益的機能の両立が可能となる人工林施業技術の開発・実証を行なうことを目的とした。そのため、実験区は主伐期に入った五〇年生以上のトドマツ人工林から選び、面積は五ヘクタール以上と、ある程度大きくして効率化を図るという、言わば生産指向型の生物多様性保全をめざすことにした。保残対象としては、人工林内に天然更新した広葉樹の林冠木に注目した。これは人工林化で失われた広葉樹の大径木を残すことにより、人工林化以前の樹種構成や林分構造に近づけて、広葉樹の大径木、枯死木を必要とする生物を保全するためである。特に鳥類や昆虫は広葉樹に依存する種が多く、その多様性の向上を考えて広葉樹を保残対象とした。また、トドマツは風倒被害を受けやすいと考えられており、単木的に保残した場合には倒れる危険性が高いことも、単木保残の場合に広葉樹を残す理由であった。ヘクタール当たりの保残本数を三段階とすることで、保残率の変化の影響を調べられるようにした。これ以外に、水土保全機能も調査項目に加えることを検討した。以上のような実験設定にすることで、これまで道有林で行なわれてきた小面積皆伐と比較して、生物多様性保全上も木材生産上もすぐれた、言わばwin-winの関係となる施業方法を開発することをめざした。

REFRESHの実験計画

その後もメールによる議論を続け、単木保残の実験処理を小量（一ヘクタール当たり一〇本）、中量（五〇本）、大量（一〇〇本）とすることを決めた。小量保残に関しては、ニュートンやハンターによって立ち枯れ木の推奨本数（一ヘクタール当たり一〇本）がすでに示されていた（Newton 1994; Hunter 1990）。私たちの現場の経験からも、保全と生産の両立をはかるうえで現実的な本数と考えた。大量保残については、保残木が多すぎるために生産性重視という目的からはずれるという意見があったが、保残伐の影響を明らかにするためには、実用的な範囲を超えて保残率の幅を広げる必要があるために、あえて設定した。今となっては、保残率の影響を科学的に検証するうえで、大変重要な実験処理となっている。

単木保残の方法が決まってから、次に群状保残を一処理だけ行なうことにした。群状保残では実験区の中央に六〇×六〇メートルの範囲を設定し、そのなかのトドマツを含む樹木を集団で保残することにした。ここでは林縁の影響があるものの手つかずの林が維持され、林床植物や表層の土壌がそのまま残るため、伐採や植栽にともなう撹乱を受けない避難場所となることを期待した。また、トドマツ人工林では、主伐時に広葉樹がほとんど混生していない場合がある。トドマツの群状保残はそのような林分でも実行可能なため、一処理だけではあるが実験に組みこむことにした。

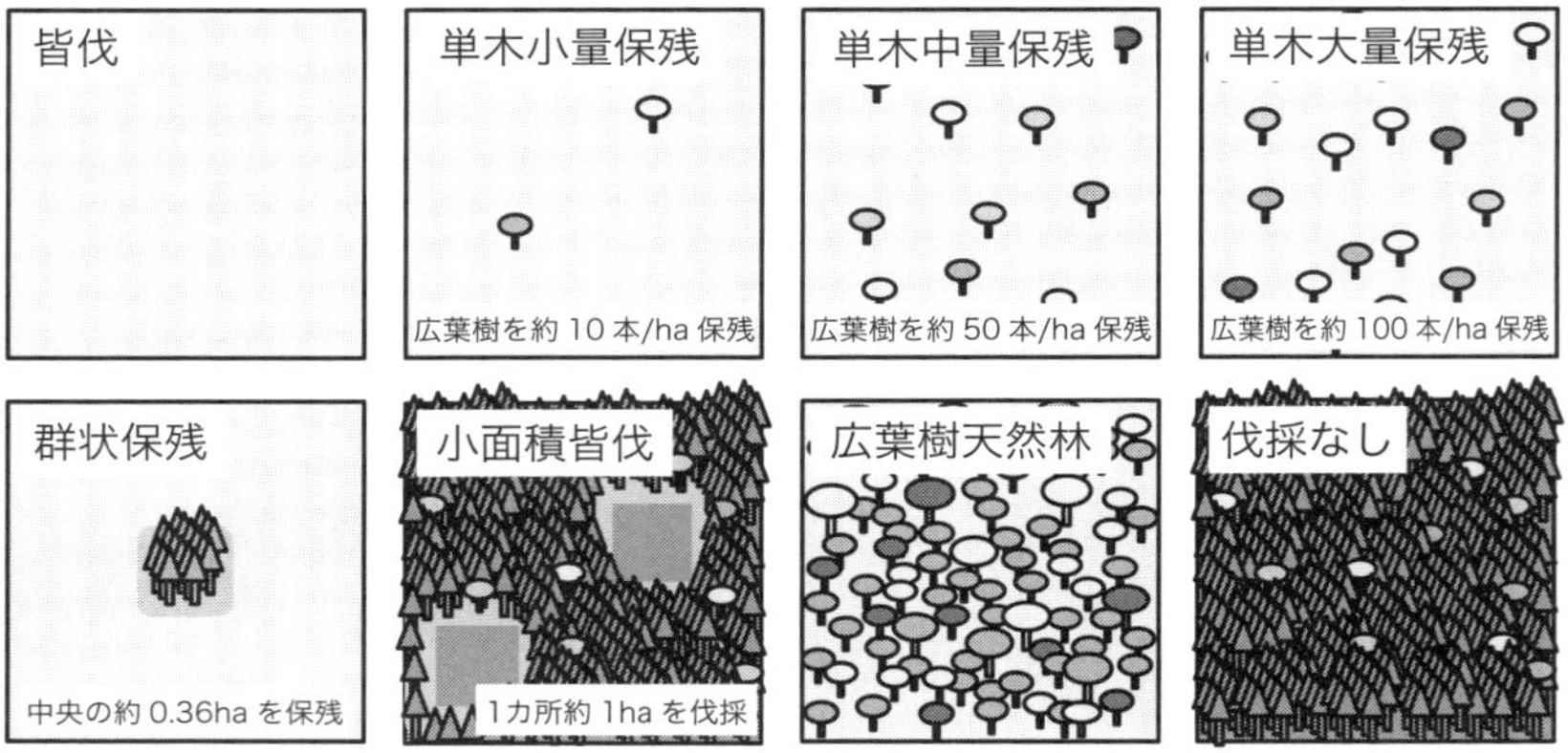

図 5.7　REFRESH の実験区処理
皆伐、単木保残、群状保残を含む 8 つの処理を 3 セット設置した

最終的には皆伐、単木保残、群状保残を含む八つの処理を三セット設置した（図5・7）。つまり、①保残木のない皆伐区、②五〇年生以上のトドマツ人工林に侵入した広葉樹林冠木を約一〇本／ヘクタール保残する単木小量保残区、③約五〇本／ヘクタール保残する単木中量保残区、④約一〇〇本／ヘクタール保残する単木大量保残区、⑤トドマツも含めて六〇×六〇メートルの範囲をすべて保残する群状保残区、⑥道有林で通常行なわれている小面積皆伐区（一カ所約一ヘクタールの伐区を複数配置）、⑦伐採しない天然林の対照区、⑧伐採しない人工林の対照区の八通りの実験区である。ただし、小面積皆伐区は第二、三セットにしか設定できなかった。

　実験処理を考えるうえで、繰り返しをどうするかも重要な議論の対象であった。ある実験のなかで同じ処理を同じ条件で何度も行なうことを繰り返しという。繰り返しがないと、処理の間（例えば単木小量保残と単木大量保残）に違いが見られても、それが保残率が違うからなのか、それともほかの要因のためなのかが区別できない。そのため、繰り返しのない実験は科学とは呼べないとい

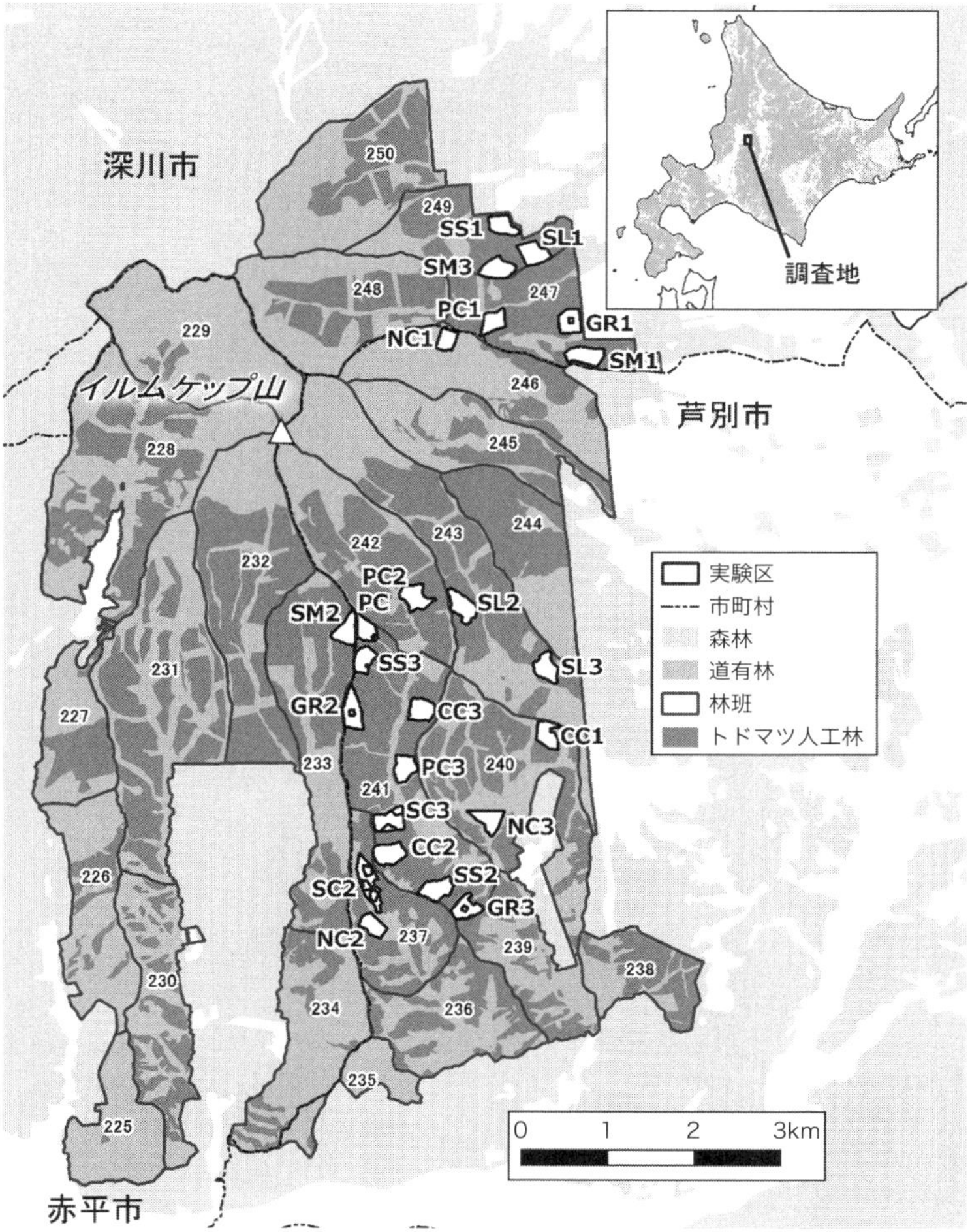

図 5.8　REFRESH の調査地

芦別市、赤平市、深川市にまたがる北海道有林空知管理区の約 6,000ha の森林を実証実験の対象地域とした。処理区の略称は次の通り。CC：皆伐区、SS：単木小量保残区、SM：単木中量保残区、SL：単木大量保残区、GR：群状保残区、SC：小面積皆伐区、NC：天然林対照区、PC：人工林対照区。アルファベットに続く数字はセット番号を示す。数字のない PC は水土保全機能のみを調査する人工林対照区

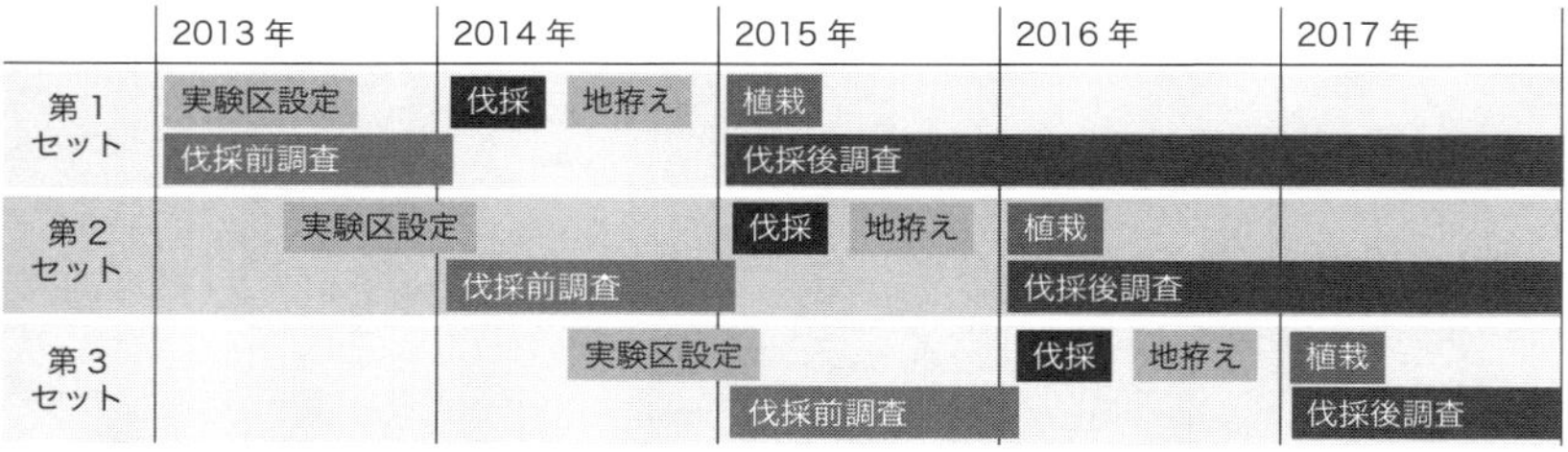

図5.9　REFRESHの伐採、地拵え、植栽と調査のスケジュール
第1セットの実験区は2013年に設定し、伐採前調査の後、2014年に伐採と地拵え、2015年に植栽を行なった。第2、第3セットはそれぞれ1年ずつスケジュールをずらして順次、伐採、植栽を行なった

うくらい、繰り返しは重要である。また、繰り返しだけでなく、各実験区の独立性も重要である。例えば、二つの実験区を隣り合わせに設定すると、その二つの実験区同士で地形や気象条件が似てしまう。また、隣の実験区で行なった伐採の影響が波及する可能性がある。そのため、実験区の間隔はおおむね二〇〇メートル程度あけることにした。しかし、実際には限られた候補地のなかから実験区を選定したため、一部に一五〇メートル程度のところが生じた（図5・8）。また、実験区周辺での伐採の影響を避けるため、実験区の周囲四〇〜五〇メートルは、一〇年間皆伐しないことを原則とした。

実験処理の次に、伐採スケジュールについて議論した。実験が大規模なため、当初からすべてを一年で伐採するのは困難だと考えていた。そのため、毎年一セットずつ伐採することにした。つまり、第一セットの実験区は二〇一三年に設定し、伐採前調査の後、二〇一四年に伐採と地拵え、二〇一五年に植栽を行なう。第二、第三セットはそれぞれ一年ずつスケジュールをずらして順次、伐採、植栽を行なうことにした（図5・9）。

REFRESHの調査地

このような議論と並行して、北海道各地の道有林から調査地域を探した。まず、道有林のなかから伐採面積、広葉樹の侵入状況などの実験の前提条件を満たす、約三〇〇ヘクタールの人工林がある場所を探した。そして候補地を三カ所にしぼり、二〇一二年七月に現地に行って、現地の道有林職員とともに森林の状況を見てまわった。その結果、複数の実験区が設定可能なまとまったトドマツ人工林が存在すること、生物多様性と水土保全機能が同じ場所で調査できることなどから、芦別市、赤平市、深川市にまたがる道有林空知管理区の約六〇〇〇ヘクタールの森林を実証実験の対象地域とした（図5・8）。

ここは、標高八六四メートルのイルムケップ山山頂付近とその南側、東側を含む地域である。地形は比較的緩やかな丘陵地となっており、林床は低標高地ではクマイザサ、高標高地ではチシマザサに覆われ、沢沿いでは大型草本が優占している。この周辺は農業がさかんで、水田、畑、牧草地が多い。ヤマメなどの養魚施設もあり、農業用水などに必要な水資源の確保のために、森林のもつ水源涵養機能に期待が高い地域である。また、イルムケップ山、音江《おとえ》山などへの登山や、渓流釣り、山菜採りなど、生物多様性がもたらす自然の恵みを楽しむ多くの人々が訪れる森林である。

対象地域のうち人工林は面積三五〇〇ヘクタール、材積六八万立方メートル、天然林は面積二三〇〇ヘクタール、材積一九万立方メートルで、人工林の割合は面積で六〇%、材積で七八%になる。成長のよい人工林が多く、樹種別面積はトドマツ七九%、カラマツ一二%、エゾマツ類四%である。トドマツ人工林の林齢を見ると、二〇一四年現在、三六〜六〇年生が大部分を占めている。

この地域では、一九一一年に一九三〇ヘクタールに及ぶ山火事被害を受け（北海道 一九五六）、大正末期から人工造林が行なわれるようになった（道有林100年記念誌編集委員会 二〇〇六）。一九五〇年から一九七〇年ごろまで、植栽時には全刈りと火入れによる地拵えが行なわれていた。一九七〇年から一九七九年まではブルドーザーで全面をかき起こす地拵えが行なわれた。現在は森林の八四%が水源涵養保安林、一四%が土砂流出防備保安林に指定されている。

REFRESHの協定締結

以上の議論や調査地の設定をもとに、二〇一二年一〇月に実験の趣旨、実験処理、場所、調査内容を記した企画書を作成した。また、研究者と道有林関係者の間で、疑問点を解消し、共通認識の醸成をはかるために二〇一二年一二月から翌年三月まで準備ワーキンググループを設置し、協定書案の作成と事前協議、協議会の設置に向けた準備を行なった。そして、二〇一三年五月一五日に北海道、北海道大学農学部森林科学科、国立研究開発法人森林研究・整備機構森林総合研究所北海道支所、北海道立総合研究機構林業試験場の四者の間で「トドマツ人工林における保残伐施業の実証実験に関する協定書」を締結した。また、実験の英名をRetention Experiment for plantation FoREstry in Sorachi, Hokkaidoとし、略称をREFRESHとした。

この協定には、実証実験の概要や参加機関の役割分担などが記された。協定の特徴としては、まず、本実験が参加機関の合意にもとづいて行なわれるように、実験の具体的な内容を協議するための協議会を設置したことがあげられる。これにより、毎年、協議会とその下に設置されたワーキンググループを開催し、年度報告、来年度計画、実験地の管理、研究への新規参入などについて議論している。次に、得られた成果は原則として共有すること、広く一般に公開することとした。そして、後日、成果の公表ルールをつくった。すなわち、実験参加者間のデータの相互利用を促すとともに、実証実験に参加した者は、調査期間の終了後五年以内にデータを整理し、協議会事務局に提出することとした。最後に、協定は五年間だが、本実験には長期間（一伐期、約五〇年間を目標）の継続調査が必要であることから、本協定の満了までに、継続調査に必要な事項の整理と、協定の期間の更新に係る協議を行なうことを明記した。二〇一八年三月には、第二期となる五年間の協定が締結されている。

REFRESHの伐採、地拵え、植栽

協定を締結した翌月の二〇一三年六月から、早速、第一セットの伐採前調査を開始した。各セットについて、伐採の前々年度に実験区の位置を確定し、前年度に保残木を選定した。実験区の位置を決めるときに、二三の実験区のうちの七つは、単一の小さな集水域内に配置することで、水土保全機能が調査できるようにした。単木保残区では、林冠に達している広葉樹から、できるだけ多様な樹種を保残木に選んだ。保残木の分布をなるべく均一にするため、保残木の本数を保残木一本当たりの面積に換算し（小量保残：〇・一ヘクタール／本、中量保残：〇・〇二ヘクタール／本、大量保残：〇・〇一ヘクタール／本）、実験区をいくつかの区画に分割して、各区画においてこれを目安に保残木を選定した。そして、この実験に参加する研究者と道有林職員で作業班をつくり、意見交換しながら選木作業を行なった。保残木は胸高直径を測定し、ハンディタイプのＧＰＳ（全地球測位システム）で位置を記録した。保残木の樹種は、カンバ類（ウダイカンバ、ダケカンバ、シラカンバ）が最も多く、それ以外はヤチダモ、シナノキ、ハリギリなどであった（明石ら二〇一七）。

このように実験区の設定にかかわる作業が順調に進む一方、伐採、植栽の具体的な方法は決まっていなかった。そこで、二〇一三年一二月からの冬の間に、現地を所管する道有林職員とともに伐採、地拵え、植栽の方法を協議した。それまでは伐採時にどうやって木を残すかを主に考えていたが、伐採から

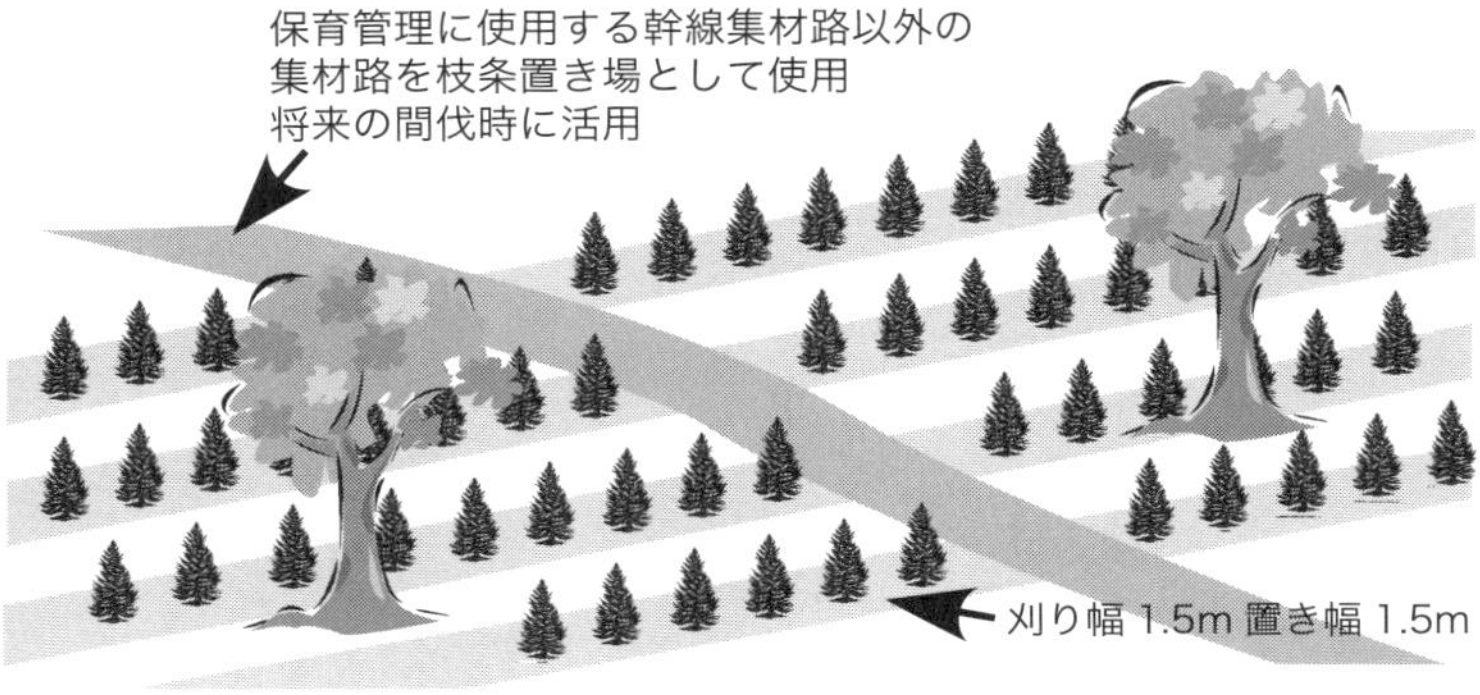

図 5.10　REFRESH の地拵えと植栽の方法
刈り幅 1.5m、置き幅 1.5m の地拵えと、列間 3m の一条植栽を行なった

植栽にいたるプロセスは一連の作業であり、伐採方法だけを取り出して考えてはいけないことを、この協議のなかで実感した。

伐採は二つの事業体が五〜九月に実行した。伐倒はチェーンソーで行ない、グラップルで木寄せ（散在する伐倒木を集材路周辺に集めること）し、ハーベスタで枝払い、玉切りを行なった。ここから二〇〜一〇〇〇メートル離れた土場まではフォワーダを利用して集材した。枝払い、玉切り時に発生した枝条《しじょう》は、集材作業終了後に集材路上に集積した。伐採後、その年の秋に刈り幅一・五メートル、置き幅一・五メートルの地拵えを行なった（図5・10）。トドマツ苗木の植栽は伐採翌年の五月初旬、雪解けすぐに開始された。初回の間伐時に列状間伐を行なうことで、高性能林業機械による作業が容易になるように、列間三メートルの一条植栽とした。また、単木大量保残区の一部に、伐採前の広葉樹の分布の関係で保残木がまとまっている場所が生じたが、その場所には植栽しなかった。下刈りは、植栽一年目から、林床植物の繁茂状況に応じて年間一〜二回行なわれている。

伐採後、単木保残した広葉樹や、群状保残したトドマツに風倒、幹折れ、枯損などが発生した。このような風倒木は、植栽や下刈りの支障にならない限り現状のままとし、支障となる場合は植栽列以外の部分に移動し、実験区からは持ち出さないようにした。また、各実験区ではシカによる植生被害が観察されており、今後、林床植物への影響が心配される。

REFRESHでの調査

REFRESHでは、植物、鳥類、昆虫の多様性、水質や水量などの水土保全機能、伐採時の作業効率や植栽木の成長といった木材生産効率、さらに保残木の存在が、植栽したトドマツへの虫害を抑制する作用などを調べている（Yamaura et al. 2018）。調査は基本的に、まず伐採前の調査を行ない、その後、伐採翌年から伐採後の調査を行なう。こうすることで、伐採前の森林の状況を考慮した解析が可能となっている。そして、次の主伐までの約五〇年間という長期的な継続調査をめざしている。

各実験区では、五×五メートルの方形区を四〜一四カ所設定して下層植生を調査しているほか、繁殖期の鳥類のなわばり密度、マレーズトラップやピットホールトラップなどによる昆虫調査を実施している。水土保全機能については、実験区を含む一六カ所の小流域を対象として、二〇一三年から水質などの変化を観測している。

伐採前の実験区には、ほとんど広葉樹がないトドマツ人工林と、多数の広葉樹が混交したトドマツ人工林があった。これらの実験区での伐採前の状況は、単木保残区が次の伐期を迎えるころの生物の状況に近いと考えられる。例えば、伐採前の林床植生をタイプ分けすると、針葉樹の多い森林と広葉樹の多い森林、上層木が多く林床植生の被度が低い森林と上層木が少なく林床植生の被度が高い森林という二つの軸によって区分された。鳥類やカミキリムシ類についても、広葉樹の混交状況によって群集のタイプが異なっていた。すなわち、広葉樹の混交によって、広葉樹を生息場所や餌資源として利用する動物や、広葉樹林で増加する林床植物を利用する動物の生息が可能となっていると考えられる。このように、広葉樹の保残は将来の森林に多様な生物の生息環境を提供できることが示唆される。

ＲＥＦＲＥＳＨの目標

ＲＥＦＲＥＳＨの目標は、人工林での木材生産と、生物多様性を含む公益的機能の両立をめざす技術をつくることである。では、どのような状態になれば、この二つは両立したといえるのだろうか。ここでは、それを生物多様性と木材生産の面から見ていく。

生物多様性に関しては、まず皆伐と比べて生物多様性が豊かであることが前提条件として必要である。それは、保残伐によって、皆伐よりも伐採の影響が抑えられると予想しているからである。そのうえで、どれくらいの量を保残すればよいのかを検討することになる。例えば、保残率の増加にしたがって生物多様性も高くなる場合、ある保残率で生物多様性の増加が頭打ちになれば、それ以上、保残率を大きくしなくてもよいと判断できる。しかし、生物多様性が保残率とともに直線的に増加する場合はこのような閾値を判断することができない。

このような保残率と生物多様性の関係は、対象とする生物群によって違うことが、伐採直後の調査によってわかってきた（図５・11）。例えば単木保残区を見てみると、林床植物の場合は伐採、地拵えによる地表の攪乱が大きく、保残伐が伐採前の植物を保全する効果は小さいといえる。一方、昆虫類では、伐採した実験区において、マレーズトラップで捕獲されたカミキリムシ類の個体数、種数が増加した。これは伐採した実験区での気象条件の変化や、実験区内に集積された大量の枝条の影響などにより、枯

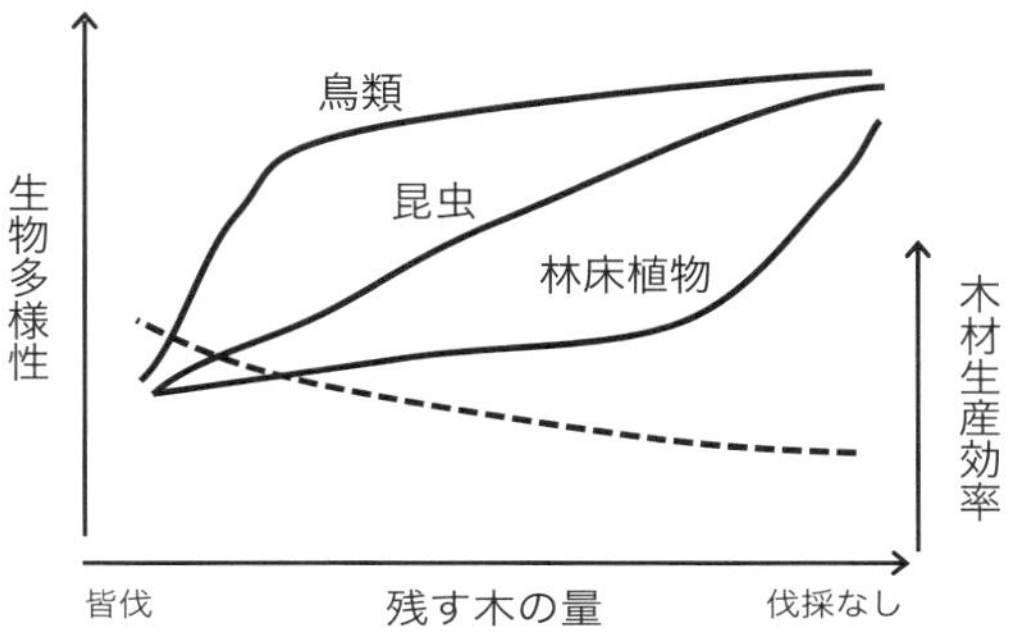

図 5.11　保残率と生物多様性の関係（模式図）

死木を利用する昆虫が増加したためだと考えられる。また、鳥類については、広葉樹を好む種の個体数は、皆伐から小量保残、中量保残へと増加したが、中量保残と大量保残の違いはそれほどではなかった。つまり、保残の効果はある程度の保残率で頭打ちになるようだ。このように、複数の生物群を同時に研究することにより、望ましい施業が生物群ごとに異なるため、最適な施業方法を単純に提案することはできないということがわかってきた。今後は、各生物群について最低限、保全すべき基準をつくって、すべての生物群について、その基準をクリアする施業を提案するような方法が考えられる。

次に、保残伐の効果をいつの時点で判断するのかという問題がある。伐採前から伐採直後の調査では、保残伐によってつくられた避難場所の効果が明らかになる。前述した、植物、昆虫、鳥類の反応はこの時期のものになる。次に、伐採後五～一〇年目くらいの調査では、伐採後の回復状況がわかってくると思われる。つまり、伐採の影響を受けた生物は、植栽したトドマツが成長し、森林が再生するにつれて回復していく。**図5・12**はカナダでの保持伐実験で、地表に生息する昆虫であるオサムシ類を伐採一年後と五年後に調べた結果である（Work et al. 2010）。伐採直後には保持

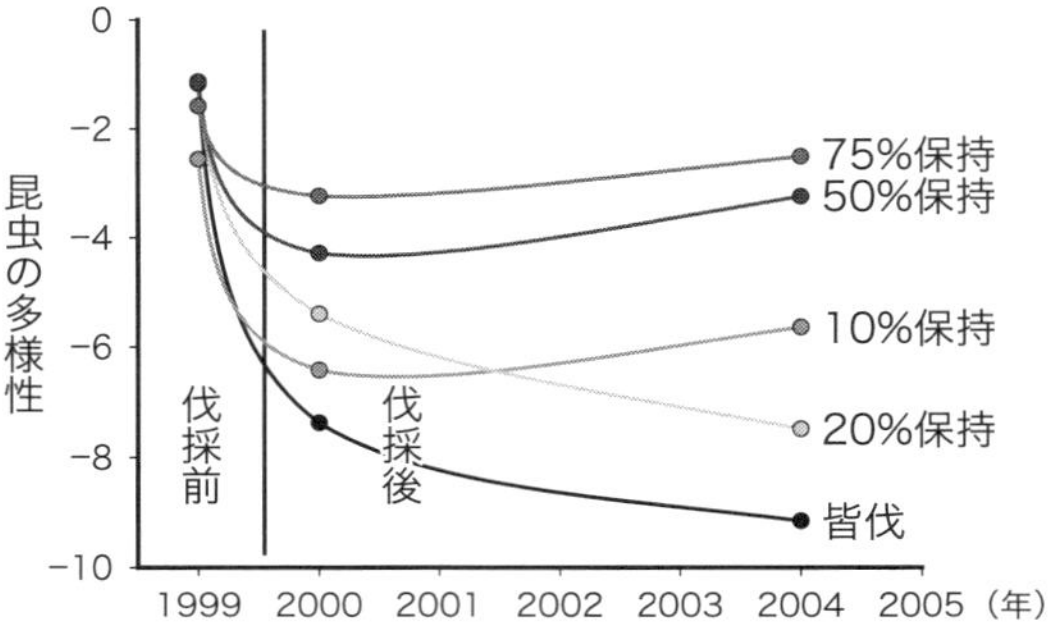

図 5.12　伐採 1 年前と、伐採 1 年後、5 年後のオサムシ類の多様性（Work et al. 2010 を改変）

率が低いほど昆虫の多様性が減少し、多様性は皆伐が最も低い。それが伐採五年後になると、保持率が五〇％以上の実験区では多様性が回復しているが、保持率が二〇％以下の実験区では（一〇％保持区を例外として）、多様性はさらに減少している。つまり、伐採直後の結果では保持率が低くなると多様性も直線的に低下したが、五年後の結果からは五〇％以上の保持率のほうが、それ以下の保持率よりも回復が早いということができる。さらに年数が経過して三〇年以上たつと、伐採後に再生した森林の多様性が明らかになるだろう。ＲＥＦＲＥＳＨにおいて保残伐後に成林した森林は、単木保残の場合には保残された広葉樹が点在する針広混交林、群状保残の場合には老齢のトドマツが集団で残った針葉樹林になると予想される。次の主伐まで調査を継続することで、このような人工林の生物多様性を明らかにしていきたい。

一方、木材生産性に関しては、保残伐が皆伐に比べて木材生産効率を低下させる要因として、伐採コストの増加、立木を保残することによる伐採量の低下、保残木の存在による植栽木への影響の三つがある。また、群状保残では、保残パッチはそもそも木材生産に利用されない。伐採コストに関しては、これまでの調査の結果、伐倒から集材までの工程のうち、伐倒と木寄せで保残伐によるコストの増加が見られた。しかし、全体のコストに占めるこれらの工程の割合が小さいため、コストの上昇は単木大量保残区のように保残木が多い場合でも数%程度だろうと予想されている。

次に、立木を保残することによる伐採量の低下は、単純に、保残する木が多くなるほど大きくなる。最も保残率の高かった単木大量保残区では、保残率は材積換算で約二〇%であった。皆伐であれば収入となったこれらの樹木の価値は、保残伐による経済的な損失となる。しかし、小径の広葉樹は一般にパルプ材として販売されるので材価が安い。つまりトドマツを保残するよりも、広葉樹を保残したほうが経済的な損失が少ないと考えられる。

三つめの保残木の存在による植栽木への影響については、現在、調査中である。単木保残区は、保残木の存在によって林床の光環境がバリエーションに富んでおり、ある場所では光合成が十分に行なえないために成長が悪くなり、別の場所では乾燥などのストレスが軽減されるため成長がよくなると予想される。今後、植栽木の成長にどれくらいの影響が出るのか、調査の進展に期待している。

以上のような検討を水土保全機能についても行なうことで、保残伐が木材生産性、生物多様性、水土保全機能に与える効果が明らかになるだろう。そのなかには、ある要因を増加させると別の要因が減少するというトレードオフや、ある要因を増加させると別の要因も増加するというシナジー効果が含まれると予想される。その結果、木材生産性と公益的機能のいずれにおいても、保残伐のほうが従来の小面積皆伐よりも高くなれば、これら二つを両立したといえるだろう。しかし、生物群ごとの多様性の変化で示したように、基本的に各要因は異なった変化のパターンを示すと考えられる。そのため、すべての要因にとって最適な保残伐の方法を見出すのは難しい。一方で、このような関係が明らかになると、保残伐による公益的機能の増加が、木を残すことによる木材生産効率の低下に見合うものかどうかを、科学的なデータにもとづいて議論できるようになる。その結果、例えば、その森林に期待される公益的機能をまず確保したうえで、最も効率的に木材を生産するにはどうしたらよいかを提案することが可能になると考えられる（尾崎 二〇一四）。また、木を残すことで生じる経済的な損失をどうやって補塡するのか、その仕組みについて提案することもできるだろう。

REFRESHの課題

これまでの研究から、保持伐は、伐採による生物多様性や水土保全機能の低下を、ある程度、緩和することがわかっている。その一方で、保持伐によって森林に生息するすべての生物を守れるわけではないことも明らかになってきた（Fedrowitz et al. 2014）。特に原生状態の森林に依存する種や、生息に広い面積を必要とする種を、保持伐によって保全するのは難しいと考えられている。REFRESHは人工林での実験だが、そもそも、人工林は森林の構造と組成を単純化することによって木材生産性を高めた森林であり、そこに生息する生物の種数や個体数は一般に少ない。また、生産性や効率化をめざす限り、保残できる樹木の種類や量には限度がある。つまり、REFRESHで提案する施業は、過去に天然林を人工林に転換したために衰退した生物多様性を復元し、少しでも本来のレベルに近づける方法である。その意味で、地域本来の生物多様性を守っていくには、その地域で保持伐だけを行なうのではなく、より生物多様性保全指向が強い施業と組み合わせることが重要である。このような施業としては、現在残っている天然林を手つかずのまま維持したり、木材生産に向かない人工林の一部を天然林に戻す方法がある。

ＲＥＦＲＥＳＨでは公益的機能を発揮しつつ、効率的な木材生産を行なう施業法をめざしている。では、この場合の効率的な木材生産とはどのようなものだろう。保持伐では、主伐時に何を、どのように、どれくらい残すかを重視している（Lindenmayer et al. 2012）。しかし、その後の林分の取り扱いについてはあまり議論されていない。ＲＥＦＲＥＳＨの目的は、主伐期に入った大量の人工林を伐採することができる技術の開発である。したがって、従来のような小面積の皆伐ではなく、一度にある程度の大面積を伐採できることが重要である。そして伐採後は通常の人工林施業により森林を再生する。単木保残区では、保残した広葉樹を残しながら下層でトドマツ人工林を育成すること、皆伐区や群状保残区の皆伐部分ではトドマツを単一樹種の人工林として育成することが当面の課題となる。しかし、効率的な木材生産を行なうには、対象とする森林からどのような木材を生産するのかという生産目標が不可欠である。生産目標は、生産する木材の主要な用途（構造材・合板材・ラミナ用材・チップ材など）によって異なる。また、生産目標により、その林の伐期齢、伐期における本数密度と径級分布、すなわち目標林型と、そこにいたるまでの育林方法（除伐や間伐の仕方）が決まる。つまり、効率的な木材生産を行なうには、生産目標を明確にして目標林型を設定することが重要である。ただし、生産目標は一度設定したら変更できないものではない。次の主伐までの約五〇年の間に社会情勢が変化し、木材の用途が変わることは十分に考えられる。例えば、北海道のカラマツ人工林は、炭鉱の坑木《こうぼく》を主要な用途に設定して植栽された。その後、炭鉱がなくなり、坑木の需要もなくなったが、現在、カラマツ人工林からの木材は、構造材やラミナ用材として大きな需要がある。このように生産目標が変わった場合は、それに応じて目標林型と、それを達成する育林方法を変更する必要がある。従来の人工林は樹種と構造が単純なため、森林を目標林型に導く育林方法を比較的簡単に設定できた。しかし、保残伐後にできる複雑な構造の人工林では、目標林型に導く育林方法はまだ開発されていない。

森林管理者と研究者の協働

ＲＥＦＲＥＳＨは、研究者と森林を管理する道有林職員が、それぞれの立場から今後の森林管理について重要な課題を共有し、生物多様性保全という新しい課題に対して科学的な分析・検証を行ない、その結果を森林管理の実践に反映する試みである。関係者全員にとって、このような大規模な実験は新たなチャレンジであり、最初は戸惑いがあった。例えば、森林管理者にとって大切なのは、法令や規則を守り、計画に則って、失敗のないように施業を行なうことである。一方、研究者は、実験の効果を客観的に、なるべくほかの要因の影響を受けずに調べられるように努力する。また、研究者にとって実験とは、新たな仮説を立てて、それを検証する作業であり、これまで誰も行なっていないことをやることに意味がある。仮説が適切に検証されるように全力をつくすが、その結果が予想通りになるとは限らない。一方、森林管理者の立場に立つと、これだけ大規模な実験を行なって、当初の目標が達成されない可能性があるということは、なかなか受け入れがたい。また、研究者のなかでも、対象とする生物群によって、調査に適した実験処理や実験区の配置に違いがあった。実験の立ち上げからの約一年間は、このような立場と考え方の違いについて議論し、合意を形成する作業に費やした。この間に、お互いの考えを理解し、率直な議論によって重要な課題を共有できたことが、その後の実験の進展に非常に役立ったと思っている。また、合意の形成にあたっては、実験に直接関与しない人たちの、オブザーバー的な立場からの助言が役に立った。

ＲＥＦＲＥＳＨの特徴の一つは、実証規模の実験だということである。そのため、この実験から得られた知識や技術は実際の現場で役立つものであることが期待されている。例えば、森林管理の目的を鳥類の保全一つにしぼれば、その視点から最適な施業技術を示すことが可能かもしれない。しかし、実際は、森林には多面的な機能が期待され、法令や経済性などのさまざまな制約のもとで管理が実施される。そのような現実に対応した技術を生み出していくためには、ＲＥＦＲＥＳＨの場で、研究者と森林管理者が情報交換し、協働して作業を行なっていくことが重要だと思っている。

通常、森林管理者は林業技術者、つまり木材生産のプロであり、施業技術や林業経営についての多くの知識と経験をもっている。しかし、生物多様性や水土保全機能を調べる場合には、専門家との連携が必要になる。例えば、ある森林の昆虫の多様性を知りたい場合、調査計画の立案や、調査の実施には林業技術者だけでなく、昆虫の専門家が必要になる。今後、森林を管理していくうえで、公益的機能の維持・増進がますます重要な課題になると考えられるため、研究者と森林管理者が協力する場面も増えてくると予想される。ＲＥＦＲＥＳＨでの取り組みが、その良い前例になるよう努力していきたい。

長期実験の重要性——謝辞に代えて

伐採などの森林施業の効果を明らかにするために、北海道内の国有林や道有林には多くの収穫試験地がつくられ、長期間の森林の動態が調べられている。しかし、このような試験地で、生物多様性などの公益的機能が調査されているところはほとんどない。この意味で、本実験の長期的な継続が重要である。ＲＥＦＲＥＳＨでは、日本の森林では前例のない大規模な実験を開始することができ、次世代に引き継ぐべき有意義な研究基盤を構築することができた。これには、北海道水産林務部森林環境局道有林課および北海道空知総合振興局森林室の皆様に多大な理解と協力をいただいた。そして、伐採などの多くの作業が道有林の事業として実施された。また、通常の業務をこなしながら、実験開始時には計画立案や実験区の設定を研究者と協働で行ない、その後は伐採事業体の指導や実験区の維持・管理を行なっていただいている。このような全面的な協力がなければＲＥＦＲＥＳＨを始めることはできなかったし、これから維持していくこともできないであろう。伐採などを実施された協同組合アースグローイングおよび構成員各社の皆様には、木材生産性に関するデータの提供や、作業の進行にあたって調査への協力をいただいた。北海道大学大学院農学研究院の中村太士教授、澁谷正人准教授、森本淳子准教授にはＲＥＦＲＥＳＨの構想段階から議論に加わっていただき、多くの有益な助言をいただいた。また、本実験を始める段階では、必要な研究費は確保されていなかった。そのため、実験計画を立てる一方で、さまざまな研究助成に応募したところ、幸いなことに三井物産環境基金（R12-G2-225、R15-0025）と科学研究費助成事業（JP25252030、JP16H03004、JP18H04154）に採択され、本実験を始めることができた。これらの皆様や機関に深く感謝の意を表する。研究費の助成期間は、森林の研究に必要な期間よりも短いため、継続的な研究費の獲得が必要である。ＲＥＦＲＥＳＨの進捗状況や成果を積極的に公表し、その存在を周知して多くの研究者の参画を期待するとともに、得られたデータの共有、公開を検討し、長期的な研究につなげていきたい。

【引用文献】

明石信廣・対馬俊之・雲野　明・長坂晶子・長坂　有・大野泰之・新田紀敏・渡辺一郎・南野一博・山田健四・石濱宣夫・滝谷美香・津田高明・竹内史郎・石塚　航・福地　稔・山浦悠一・尾崎研一・弘中　豊・稲荷尚記（二〇一七）トドマツ人工林における保残伐施業の実証実験（REFRESH）における実験区の伐採前の林分組成　北海道林業試験場研究報告　五四：三一―四五

道有林１００年記念誌編集委員会（二〇〇六）道有林百年の歩み　北海道造林協会

Fedrowitz, K., Koricheva, J., Baker, S. C., Lindenmayer, D. B., Palik, B., Rosenvald, R., Beese, W., Franklin, J. F., Kouki, J., Macdonald, E., Messier, C., Sverdrup-Thygeson, A., Gustafsson, L.（2014）Can retention forestry help conserve biodiversity? A meta-analysis. Journal of Applied Ecology 51: 1669-1679.

Franklin, J. F., Berg, D. R., Thornburgh, D. A., Tappeiner, J. C.（1997）Alternative silvicultural approaches to timber harvesting: variable retention harvest systems. In Kohm, K. A., Franklin, J. F.（eds.）Creating a forest for the 21st century: the science of ecosystem management, Island Press. 111-139.

Gustafsson, L., Baker, S. C., Bauhus, J., Beese, W. J., Brodie, A., Kouki, J., Lindenmayer, D. B., Lõhmus, A., Pastur, G. M., Messier, C., Neyland, M., Palik, B., Sverdrup-Thygeson, A., Volney, W. J. A., Wayne, A., Franklin, J. F.（2012）Retention forestry to maintain multifunctional forests: a world perspective. BioScience 62: 633-645.

Gustafsson, L., Kouki, J., Sverdrup-Thygeson, A.（2010）Tree retention as a conservation measure in clear-cut forests of northern Europe: a review of ecological consequences. Scandinavian Journal of Forest Research 25: 295-308.

北海道（一九五六）道有林五十年誌　北海道

北海道水産林務部（二〇一七）平成二七年度北海道林業統計　北海道

Hunter, M. L. Jr.（1990）Wildlife, forests, and forestry: principles of managing forests for biological diversity. Prentice Hall.

Lindenmayer, D. B., Franklin, J. F., Lõhmus, A., Baker, S. C., Bauhus, J., Beese, W., Brodie, A., Kiehl, B., Kouki, J., Pastur, G. M., Messier, C., Neyland, M., Palik, B., Sverdrup-Thygeson, A., Volney, J., Wayne, A., Gustafsson, L.（2012）A major shift to the retention approach for forestry can help resolve some global forest sustainability issues. Conservation Letters 5: 421-431.

Newton, I.（1994）The role of nest sites in limiting the numbers of hole-nesting birds: a review. Biological Conservation 70: 265-276.

西川　治監修（一九九五）アトラス　日本列島の環境変化　朝倉書店

Ohsawa, M.（2007）The role of isolated old oak trees in maintaining beetle diversity within larch plantations in the central mountainous region of Japan. Forest Ecology and Management 250: 215-226.

尾崎研一（二〇一二）生物多様性に配慮した天然林管理の大規模実験――カナダ、アルバータ州のＥＭＥＮＤを訪れて　北方林業　六四：二七三―二七六

尾崎研一（二〇一四）森の木を伐りながら生き物を守る――国際生物多様性の日　記念シンポジウムの概要　山林　一五六五：三六―四四

尾崎研一・明石信廣・雲野　明・佐藤重穂・佐山勝彦・長坂晶子・長坂　有・山田健四・山浦悠一（二〇一八）木材生産と生物多様性保全に配慮した保残伐施業による森林管理――保残伐施業の概要と日本への適用　日本生態学会誌　六八：一〇一―一二三

須賀　丈・岡本　透・丑丸敦史（二〇一二）草地と日本人――日本列島草原１万年の旅　築地書館

徳田佐和子（二〇〇五）トドマツ根株腐朽病の発生機構の解明と被害回避法の検討　森林防疫　五四：二一九―二二六

土屋禎治（二〇一三）北海道有林における新たな人工林施業のとりくみ　農業と経済　七九（一二）：九一―九六

Work, T. T., Jacobs, J. M., Spence, J. R., Volney, W. J.（2010）High levels of green-tree retention are required to preserve ground beetle biodiversity in boreal mixedwood forests. Ecological Applications 20: 741-751.

山浦悠一（二〇〇七）広葉樹林の分断化が鳥類に及ぼす影響の緩和――人工林マトリックス管理の提案　日本森林学会誌　八九：四一六―四三〇

Yamaura, Y., Akashi, N., Unno, A., Tsushima, T., Nagasaka, A., Nagasaka, Y., Ozaki, K.（2018）Retention Experiment for Plantation Forestry in Sorachi, Hokkaido（REFRESH）: a large-scale experiment for retaining broad-leaved trees in conifer plantations. Bulletin of Forestry and Forest Products Research Institute 17: 91-109.

◉第6章

保持木が植栽木・更新へ与える影響

吉田俊也

保持林業——木材生産の側から

木材生産の目的で管理される森林では、「収量」（伐採して利用可能な立木の蓄積）が持続可能性の主要な指標である。林業の、経済活動としての側面からすると、単位期間当たりの木材の収量に見合った「収益」と、伐採・更新・保育などに要する「費用」の差し引き（利益）が最大となるように森林を管理することが、当然、理にかなっている。この時、森林の伐採の方法やその強度・時間間隔、更新（世代交代）の方法（以上の総体を作業種と呼ぶ）を考えようとすると、そこには、対象地の地形や地位、森林の状態、地域の社会経済条件など、収益および費用に直接係る諸要因の次第で、多くの選択肢がある。それらのなかで、効率的な生産・高い利益を追求する「農業モデル」（Puettmann et al. 2008）的な視点から、各種の作業をできる限り画一的、単純に行ないうる「皆伐・一斉造林施業」が志向され、拡大される傾向があった。多くの人工林で見られる、単一の樹種・階層からなる森林はその帰結である（Moor and Allen 1999, 長池 二〇〇〇)。

一方で、林業を取りまく社会環境は大きく変化している。先進諸国を中心とする多くの国や地域において、収量以外の指標、すなわち、森林の公益的機能(生態系サービス)への配慮が、木材生産の社会的な受容性を保つ条件として求められている。生態系がもつ機能の多く、特に生物の多様性と関係する働きは、森林がその発達にともなってつくり出す、時間的・空間的な不均質性と強く関係している(Kohm and Franklin 1997; Puettmann et al. 2008)。生産効率を重視する従来の森林管理の多くは、将来の収穫対象となる立木の定着や成長を促す過程で、さまざまな人為の働きかけを通してそれらを減少させてきた。翻って、これからの森林管理においては、施業対象の森林に、そのような不均質性を意図的に導入すること——経済的な持続可能性を考慮しながら——が重要な課題である。

このような、生態系を含めた持続可能性を目標とした林業に関して、この四半世紀の間、世界の多くの地域で、「森林作業種の代替案が検討されてきた(Kohm and Franklin 1997; Spence 2001; Nyland 2003)。そこでは、木材生産と、生物多様性保全など森林のその他の機能との間の「バランス」「両立」が、キーワードとなる。提案の具体的な内容は、森林のおかれた自然・社会経済条件によってさまざまであるが、森林の作業種に関しては、おおむね一致した一つの方向性がある。すなわち、これまで広範に適用されてきた皆伐施業について、経済的な効率の高さの一方で、森林の環境や生物相に急激な変化をもたらすことへの懸念から、これを「非皆伐」に改めることが主要な取り組みとなっている。

「非皆伐」による森林作業種は、従来の森林管理においても、森林の成長や更新の特性に合わせて選択されることがあった(第7章図7・1を参照)。日本では、北海道の天然林で広く行なわれた択伐(単木的な抜き伐り)などがその代表例である(図6・1)。

図 6.1
択伐で管理されている天然林（北海道大学中川研究林）
前方に切り株が見える。択伐は樹冠の被覆の連続性を時間的・空間的に保つ方法であり、生態系機能の保全との親和性は高いとされる。ただし、日本の多くの施業地では伐採後の回復、更新が思わしくないケースが多く、その適用は限られているのが現状である（吉田 2016）

択伐に見られる非皆伐のメリットとして、需要に応じた生産が可能であること、種子の供給源が存在するので天然更新（次世代の木を人為によらず導入すること）によってコストの低減が可能であることがあげられる。しかし、近年の代替案は、決して、このようなメリットのみを追求しているわけではない。

択伐を含めた従来の非皆伐が、基本的には「どれだけ伐れるか」に立脚してきたのに対して、新しい考え方では、端的には「どれだけ残すか」に主眼がおかれる。すなわち、伐採量や伐採の時間的な間隔は、（従来の方法が重視した）森林の成長量や蓄積からは――当然勘案はするとしても――算出されず、むしろ「何を、どの程度、どのような形で残すか」が本質的に重視されるのである（Kohm and Franklin 1997）。

それらのなかで、保持林業――森林に賦存する光合成産物や構造の一部を、生物多様性などや生態系機能の保全のために、さまざまな形で恒久的に林内に残すことを意図する――は、代替案の中心的な位置を占めている。保持する対象には、生立木だけではなく枯死木、倒木や攪乱されない土壌なども含まれる。その目的は、生物種、生息地や資源を含む生物遺産の保持と、（皆伐と比したときの）森林のもつ構造の多様性、およびその連続性の確保とまとめることができる（Kohm and Franklin 1997）。

保持のレベルは、その生態系の特性や、施業の目的によっても異なるが、これらの効果を最大限発揮することを考えると、保持する量は、基本的には「多いほうがよい」ことになる。しかし、それが木材生産と齟齬をきたすことは自明である。したがって、保持林業の選択が、木材生産関係者を含めた社会的な合意を得るためには、減少する収量・収益性の補償について何らかの対策が必要であり、その基礎として、まず生産量の低下レベルの予測が求められるわけである（なお、従来の非皆伐施業と異なり、保持林業においては、残存した立木は基本的に将来の収穫対象としないことが多くの場合原則であり、本稿の議論もその考えに沿っている）。

植栽木や更新への影響――成長の減少

保持林業において、生立木を残存させようとする場合、下層におかれることになる樹木の成長はどの程度減少するのか？　保持林業の導入にあたって避けることができないこの課題については、木材生産

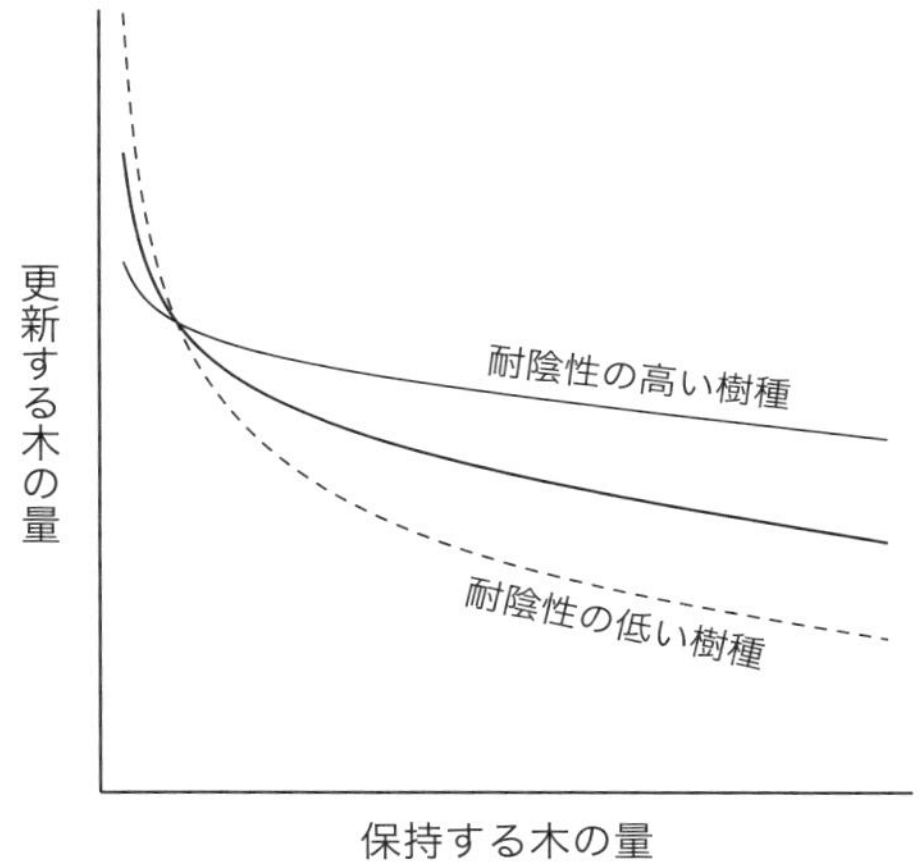

図 6.2
保持する立木の量と、下層における更新の量との模式的な関係（Rose and Muir 1997、Palik et al. 2003 を参考に作図）

と生物多様性の均衡・両立が長く議論され、広く実践されてきた北米や北欧諸国の森林を中心に、数多くの報告がある。

その影響は——容易に予測されるように——保持のレベルや空間的な配置、樹種、立地など、複数の要因によって大きく異なるため、程度を一般的に示すことは難しいが、次のような傾向を知っておくことは参考になる（Rose and Muir 1997; Palik et al. 2003）。

保持する立木の量が多いほど、森林の下層にある樹木は被覆され、その成長量の減少幅が大きくなることはある程度予測できるが、その反応は線形ではなく、しばしば、保持量が少ない際に影響の程度が大きく変化する（図6・2）。このパターンによれば、下層における更新（次世代を担う植栽木などの成長）を促進しようと思うと、かなり高い伐採率（つまり低い保持量）が要求されることがわかる（Hansen et al. 1995）。実際、いくつかの事例で、一ヘクタール当たり五本程度の保持レベルでも、無視できない収量の減少（例えば二〇％を超える）をもたらす場合があることが知られている（Zenner et al.1998）。

もちろん、この、仮想的な曲線の形はさまざまな条件で変わりうる。主要な要因として、例えば、更新樹種の耐陰性（樹冠下などで被陰に耐える特性）が高ければ影響が小さくなることは予測しやすい（Urgenson et al. 2013）（図6・2、第7章図7・7のスギ・ヒノキの例を参照）。また、立地に関して、貧栄養の土地ほど負の影響が大きいとする報告がある（Elfving and Jakobsson 2006）。同じ保持量の場合でも、立木の空間的な配置が均等なのか集中的なのかによっても効果は異なる。更新樹種との関係でいえば、耐陰性の低い樹種の更新を望む場合、保持木を一カ所に集中して配置し、被覆の影響のない明るい部分を別に確保するのが合理的であるとする提案がなされている。

カラマツ人工林の事例

日本における事例の一つとして、広葉樹を保持させたカラマツ人工林の六〇年生時点での生育の様子を紹介する（Yoshida et al.2005）（図6・3、図6・4）。カラマツは成長が速い特性をもつ代表的な造林樹種で、冷温帯域を中心に大面積の皆伐・一斉造林地が各地に広がっている。ここでは、林内にミズナラを中心とした広葉樹を保持したことが、植栽されたカラマツに及ぼした影響を、ほかの植生のパターンと合わせて示す。

六〇年生時点でのカラマツの現存量（胸高断面積合計）は、保持した広葉樹の近傍（距離およそ一〇メートル以内）で少なかった（図6・5）。カラマツの胸高直径の頻度分布を見ると、保持木から一〇〜二〇メートル程度の中間域、二〇〜四〇メートルの遠隔域では太さ三〇〜四〇センチメートルに育った木が多かったのに対して、近傍域では全体に本数が少なく、太さ一〇〜二〇センチメートルの小径木が

図 6.3　緩斜面上に成立する 60 年生のカラマツ人工林（富山県富山市〈旧大山町〉有峰）調査地は最深積雪が 4m に達する多雪地に位置している。かつて焼畑に用いられた後、放棄された草地を人力で地拵えした後、2000 本／ha の苗木が植栽された。最初の 10 年間は下刈りが行なわれたが、それ以降は、この地域の多くのほかの人工林と同様、手入れがなされず放置されていた

多い傾向が見られた（図6・6）。カラマツは保持した広葉樹に被陰された結果、成長量・生存率が低下し、量的に少なかったと考えられる。その減少の幅は、中間および遠隔域と比較するとそれぞれ五四％、三六％と見積もられた。

林内には、保持された広葉樹以外にも、その後に天然更新した広葉樹――主としてミズナラとシラカンバ――が多く生育していた（図6・5）。

これらの、カラマツ以外の構成要素を加味してみると、近傍域における現存量の減少は、中間域、遠隔域に比べて、それぞれ三五％、二七％程度であった。このうち、シラカンバは、種子の散布域が広く、しばしば成績のよくない造林地に侵入する

図 6.4　調査対象のカラマツ人工林内に散在する大径の広葉樹
これらは 60 年前の植栽時点で平均胸高直径 20cm 程度であったと見積もられ、1ha 当たり 18 本、散在していた（第 5 章の実験に即していえば、単木小量・中量保残の中間程度にあたる）。広葉樹を保持させた理由については記録がなく不明であるが、ミズナラなど林業的な有用樹種が中心であることから、将来的な収穫の可能性を求めたのかもしれない。これら、保持木からの距離の違いによる、植栽されたカラマツの成長や植生パターンの変化を調べた

ことから、その遠隔域での多寡は、保持の効果とはおそらく関係しない。

一方、ミズナラは、比較的大きい木の比率が近傍域で高く、また、小径木が、保持木の近傍にとどまらず広く存在していた（図6・5、図6・6）。堅果の散布距離が限られることを考えあわせると、これらのミズナラの更新は保持木に依存したと見ることができる。

同様の効果は、以上の三樹種（カラマツ、ミズナラ、シラカンバ）以外の構成種にも見られた。これらの非優占樹種も、小径木が多く、全体の現存量に占める比率は小さかったが、近傍域で明らかに多く（図6・5）、

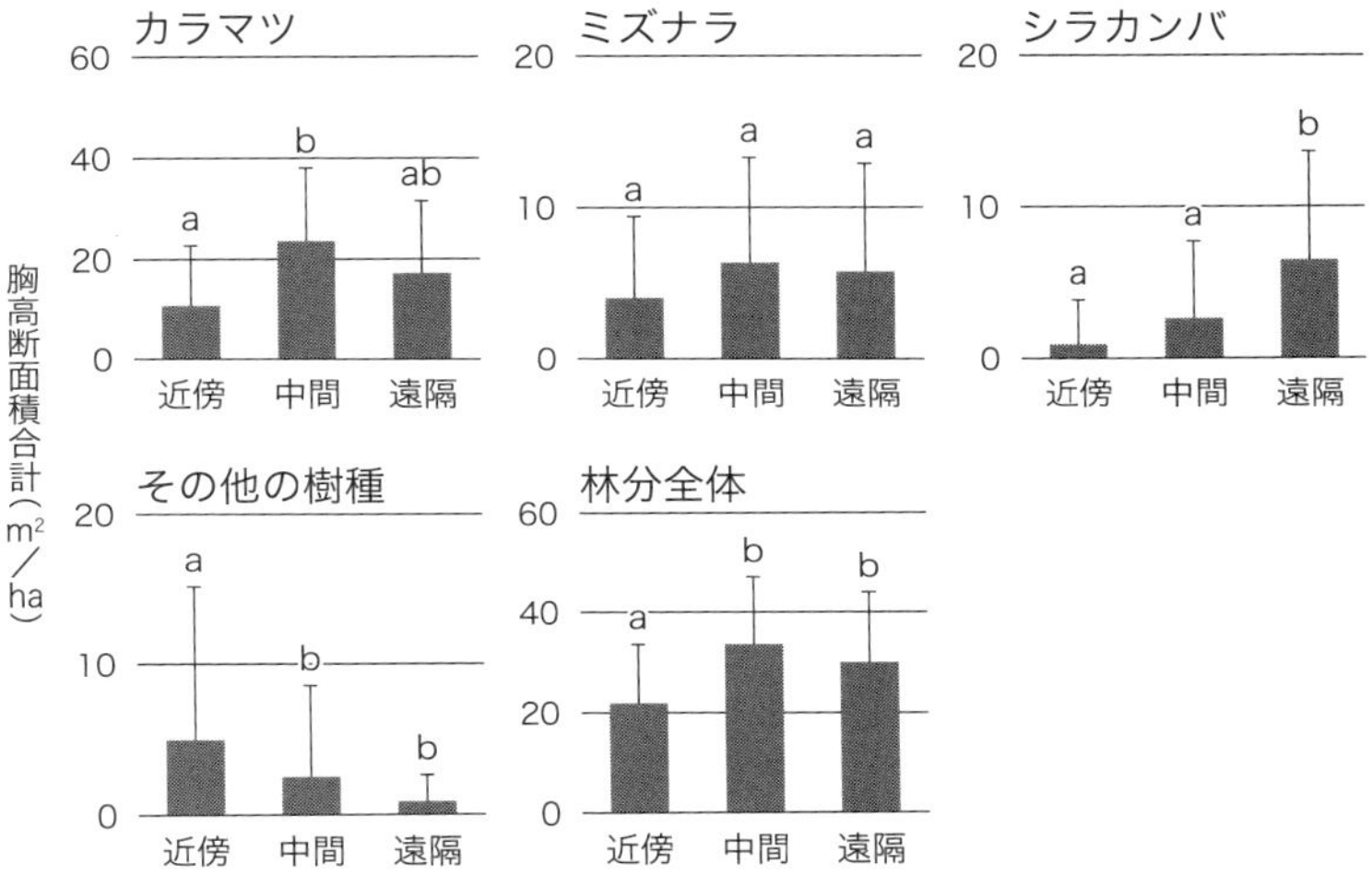

図 6.5　保持した広葉樹からの距離クラス（近傍：0〜10m、中間 10〜20m、遠隔 20〜40m）に応じた、カラマツ人工林における樹種別の胸高断面積合計
胸高直径 10cm 以上を対象とした。面積 100m² の区域ごとの平均値および標準偏差を示す。異なるアルファベットは統計的な有意差（$p<0.05$）を表す（Yoshida et al. 2005）

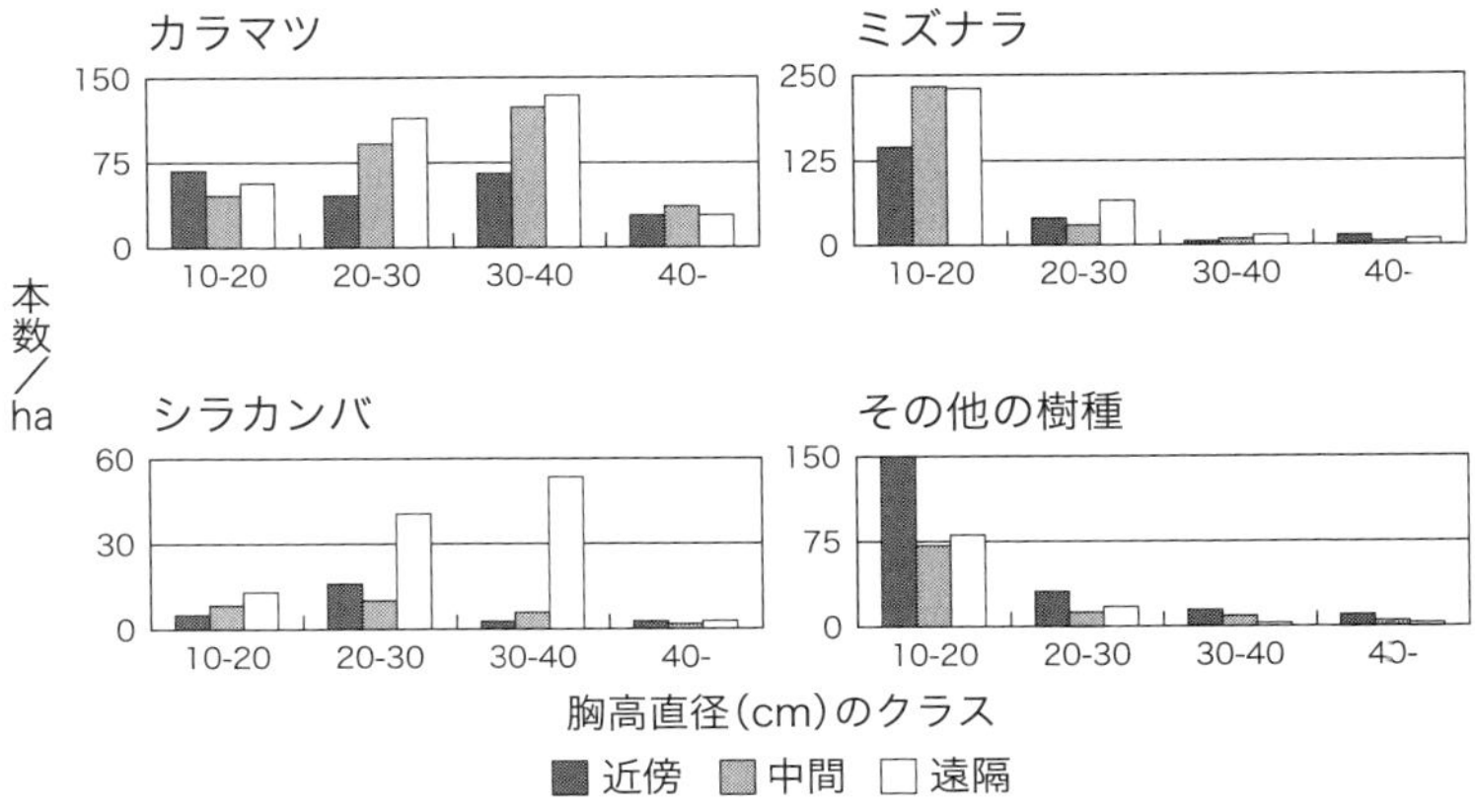

図 6.6　保持した広葉樹からの距離クラス（近傍：0〜10m、中間 10〜20m、遠隔 20〜40m）に応じた、カラマツ人工林における樹種別の胸高直径の頻度分布（Yoshida et al. 2005）

表 6.1　保持した広葉樹からの距離クラス（近傍：0〜10m、中間 10〜20m、遠隔 20〜40m）に応じた、カラマツ人工林における樹種別の出現頻度（Yoshida et al. 2005）

樹種	保持広葉樹からの距離クラス		
	近傍 0〜10m	中間 10〜20m	遠隔 20〜40m
カラマツ	54.1	87.8	86.5
ミズナラ	51.4	81.6	73.0
シラカンバ	10.8	30.6	56.8
アズキナシ	13.5	14.3	13.5
シナノキ	24.3	6.1	8.1
ホオノキ	16.2	4.1	0.0
ウワミズザクラ	10.8	4.1	5.4
その他の樹種	27.0	26.5	10.8
多様度の指数*	1.59	1.03	1.12

胸高直径 10cm 以上を対象とした
多様度の指数*は、Shannon-Wiener の H' を表す

このことを反映して種の多様度は近傍域で高かった（表6・1）。保持された広葉樹の存在は、種子の直接的な供給源としてだけではなく、更新にかかわる微気象環境や構造（例えば、鳥散布樹種の更新に重要な「止まり木」の役割）を提供したことがうかがえる。

以上のように、カラマツ人工林における広葉樹の保持木は、現存量（収量の指標）を、無視できないレベルで減少させた一方で、その近傍に多くの樹種の成立を見たことで、林分全体の種多様度、林分の構造・種組成における不均質性の上昇をもたらしていた。ここで見られた、保持木の近傍における成長の減少幅（三〇〜五〇%）が、木材生産を主に担う森林管理者の「許容範囲」となるかどうかは、個別の保持木の効果ではなく、それらの積算（効果×保持する本数）をもとに議論されることになるだろう。

この調査地における一八本／ヘクタールの保持は、林分全体でおよそ二五%の現存量減少をもたらすと試算された。何らかの制度的・経済的な補償を前提

にするなら、成長への負の影響が見られる近傍域はそもそも植栽の対象からはずすことや、カラマツより耐陰性の高い樹種を用いることが合理的といえそうである。

木材生産との両立のために

保持林業をめぐる議論の主要な論点は、「どれだけ伐るか」と「どれだけ（何を）残すべきか」のバランスにある。収穫をともなう以上、「不均質な構造」を原生林と同じレベルに保つことは望めない。実際の森林管理へ適用する局面では、施業する箇所の条件によって、経済的な効率性と生態系の保全――両者はそれぞれ固有の価値をもつ――の双方におく比重が変わることになるだろう。日本においては、今後、人工林を中心に伐採量が増加していくなかで、より一層の施業の効率化が求められる一方で、保全におく比重が今以上に軽くなることも考えにくい。多くの先進林業国と同様、林業が社会的な合意を得るために、「残すこと」を考慮した森林管理を位置づけることが必要である。

本章では、主として収量低下の問題について取り上げた。北欧での研究事例（Santaniello et al. 2016）によれば、保持林業を選択した際の機会費用（皆伐による利益との差）は、保持させる立木の量に応じて直線的に増加し、それは、主として収量の減少によっていることが示されている。しかし、施業全体の収益性には、施工地や市場の条件次第で、より多くの要因が関係するかもしれない。例えば、施業の効率性が低下すること、施業に熟練度が要求されること、生産される材の均質性が低下することも、施業の実行可能性を左右するであろう（Puettmann et al. 2015）。いずれにしても、保持林業を根づかせるためには、更新などに要する施業コストの低減――現在、日本林業の最大の課題の一つでもある――が不可欠である（Tahvonen et al. 2010）。

世界各地の森林を対象とした保持林業に関するレヴュー（Gustafsson et al. 2012）によると、実際に適用されている立木の保持率は、北米では二〇％程度、欧州では一〇％程度が上限になっている例が多い。保持させる「必要量」の主要な考え方としては、生態系に及ぼす影響が大きい生物種に必要な森林の構造（例えば、キツツキ類などキーストン種と呼ばれる種の生息に必要な大径木や枯死木の量）の知見から帰納的に類推する方法や、原生的な森林における構造要素の量やそれを生じる過程（特にそこで生じる自然撹乱の大きさ、強さ、時間間隔など。例えば、自然に生じた山火事後に残る立木や立ち枯れ木の量）を参照する方法がある。北米や欧州の基準には、このような研究成果が反映されたと見ることができる。

ただしこれらの数値には、当然、社会経済的な事情も反映されている。つまり、定められた基準が、生産と保全との間の齟齬を完全に解決しているわけではないことには留意しなければならない。現行の基準は、特に森林内部（林縁か遠く離れた奥部）の環境を維持することができない（Halpern et al. 2012）といった点で、保全を重視する立場からの批判も絶えない。また、基準に定められた「制約」のもとで、木材生産関係者が常に最大限の収量を追求することになれば、景観内における林分間の同質化につながってしまうことも懸念されている。保持林業の考え方では、林分間の不均質性を保つ・創出することも重要であり、景観スケールでの施業の配置（施業の多様化）が、今後の大きな課題である。

保持林業の普及・定着を図るにあたっては、収益性の低下を補償する制度、具体的には、生態系サービスへの支払い（生態系サービスの受益者に対価を支払ってもらう仕組み）や、森林認証制度（木材や製品が適正な管理によって生産されたことを証明し、生産者への還元を図る環境ラベリングの一種）の役割が不可欠である。上述した、北米や欧州における保持量の基準の多くは、このような制度のなかで明示されてきた（Simonsson et al. 2015）。日本でも、新たな費用負担の方法として、このような制度と保持林業の実践を関連づけた議論が進むことが期待される。

日本の場合、当面、森林施業の中心的な対象となる人工林に即した保持林業の基準づくりが求められる。日本では、保持林業そのものの実践例は数少ないものの、人工林の構造や種組成を不均質化させる施策は――その成否は別としても――従来から広く取り組まれてきた（複層林、混交林化など。第7章を参照）。したがって、関連する既存のデータは多く蓄積されており、過去の施工をふりかえった事例――本章で紹介したカラマツ人工林のような――を積み重ねることも合わせて、主要な施業対象（樹種、立地など）ごとに具体的な施工の方向性を整理することが現時点でも可能と思われる。複層林や混交林化は、条件次第で、立木の蓄積量の増加や、病虫害や強風に対する抵抗性の向上など、収量にもかかわる長所をもつことが期待されてきた（長池 二〇一二）。もし、こうしたメリットが明らかな条件が整えば、そこでは、保持林業の動機づけ・実行可能性を強くすることができるだろう（Puettmann et al. 2015）。

また、以上のような整理のうえで、保持林業のもつ大きな課題――不均質性の導入が本質的にともなう「結果の不確実性」――を組みこんで意思決定を図るためには、保持木の空間的な配置を考慮した森林動態のシミュレーション（例えば、Lämås et al. 2015）などによる長期的な予測を基礎におくことが有効である。このような予測にもとづいて、まずは実証的な試験を各地で開始し、保持木のもつ正・負の効果を多面的に評価していくなかで、収穫・植栽・保育の各段階おける実践上の課題もあわせて検討し、適応的に実現可能性を高めていくことが望まれる。

【引用文献】

Elfving, B., Jakobsson, R.（2006）Effects of retained trees on tree growth and field vegetation in *Pinus sylvestris* stands in Sweden. Scandinavian Journal of Forest Research 194: 29-36.

Gustafsson, L., Baker, S. C., Bauhus, J., Beese, W. J., Brodie, A., Kouki, J., Lindenmayer, D. B., Lõhmus, A., Pastur, G. M., Messier, C., Neyland, M., Palik, B., Sverdrup-Thygeson, A., Volney, W. J. A., Wayne, A., Franklin, J. F.（2012）Retention forestry to maintain multifunctional forests: a world perspective. BioScience 62: 633-645.

Halpern, C. B., Halaj, J., Evans, S. A., Dovčiak, M.（2012）Level and pattern of overstory retention interact to shape long-term responses of understories to timber harvest. Ecological Applications 22: 2049-2064.

Hansen, A. J., Garman, S. L., Weigand, J. F., Urban, D. L., McComb, W. C., Raphael, M. G.（1995）Alternative silvicultural regimes in the Pacific Northwest: simulations of ecological and economic effects. Ecological Applications 5: 535-554.

Kohm, K.A., Franklin, J.F.（1997）Creating a forestry for the 21st century: the science of ecosystem management. Island Press.

Lämås, T., Sandström, E., Jonzén, J., Olsson, H., Gustafsson, L.（2015）Tree retention practices in boreal forests: what kind of future landscapes are we creating? Scandinavian Journal of Forest Research 30: 526-537.

Moore, S. E., Allen, E. L.（1999）Plantation forestry. In Hunter, M. L. Jr.（ed.）Maintaining biodiversity in forest ecosystems. Cambridge University Press. 400-433.

長池卓男（二〇〇〇）人工林生態系における植物種多様性　日本森林学会誌　八二：四〇七－四一六

長池卓男（二〇一二）混交植栽人工林の現状と課題――物質生産機能に関する研究を中心に　日本森林学会誌　九四：一九六－二〇二

Nyland, R. D.（2003）Even- to uneven-aged: the challenges of conversion. Forest Ecology and Management 172: 291-300.

Palik, B., Mitchell, R. J., Pecot, S., Battaglia, M., Pu, M.（2003）Spatial distribution of overstory retention influences resources and growth of longleaf pine seedlings. Ecological Applications 13: 674-686.

Puettmann, K. J., Coates, K. D., Messier, C.（2008）A critique of silviculture: managing for complexity. Island Press.

Puettmann, K. J., Wilson, S., Baker, S., Donoso, P., Droessler, L., Amente, G., Harvey, B. D., Knoke, T., Lu, Y., Nocentini, S., Putz, F. E., Yoshida, T., Bauhus, J.（2015）Silvicultural alternatives to conventional even-aged forest management - what limits global adoption? Forest Ecosystems

2: 8.
Rose, C. R., Muir, P. S.（1997）Green-tree retention: consequences for timber production in forests of the western Cascades. Ecological Applications 7: 209-217.
Santaniello, F., Line, D. B., Ranius, T., Rudolphi, J., Widenfalk, O., Weslien, J.（2016）Effects of partial cutting on logging productivity, economic returns and dead wood in boreal pine forest. Forest Ecology and Management 365: 152-158.
Simonsson, P., Gustafsson, L., Östlund, L.（2015）Retention forestry in Sweden: driving forces, debate and implementation 1968-2003. Scandinavian Journal of Forest Research 30: 154-173.
Spence, J. R.（2001）The new boreal forestry: adjusting timber management to accommodate biodiversity. Trends in Ecology and Evolution 16: 591-593.
Tahvonen, O., Pukkala, T., Laiho, O., Lähde, E., Niinimäki, S.（2010）Optimal management of uneven-aged Norway spruce stands. Forest Ecology and Management 260: 106-115.
Urgenson, L. S., Halpern, C. B., Anderson, P. D.（2013）Twelve-year responses of planted and naturally regenerating conifers to variable-retention harvest in the Pacific Northwest, USA. Canadian Journal of Forest Research 43: 46-55.
吉田俊也（二〇一六）天然林択伐の「持続可能な施業要件」を再考する　北方林業　六七：二九―三二
Yoshida, T., Hasegawa, M., Taira, H., Noguchi, M.（2005）Stand structure and composition of a 60 year-old larch（*Larix kaempferi*）plantation with retained hardwoods. Journal of Forest Research 10: 351-358.
Zenner, E. K., Acker, S. A., Emmingham, W. H.（1998）Growth reduction in harvest-age, coniferous forests with residual trees in the western central Cascade Range of Oregon. Forest Ecology and Management 102: 75-88.

◉第7章

保持林業と複層林施業

伊藤　哲

ヨーロッパの非皆伐施業の歴史——保持林業・複層林のルーツ

天然更新のための保残木作業——生物遺産の林業への活用

保持林業では、今生えている樹木のすべてを伐採はしない。つまり「皆伐」をしない。このような森林管理の方式は、造林学的には「非皆伐施業」の一つとしてとらえることができる。非皆伐型の森林施業は、世界的に見るとかなり古くから広く実行されてきた。そこには保持林業のルーツがあると思われる。日本の森林施業のお手本となったヨーロッパでどのような非皆伐型施業の体系が成立してきたかを概観し、その意義や実行できた理由などを整理することは、今後の日本の保持林業の意義や実行可能性を考えるうえで重要な示唆を提供してくれるだろう。そこで、まずはヨーロッパで発達してきた歴史的な非皆伐施業の概念を紹介しつつ、その体系を概観してみよう。

保持林業のルーツの一つと考えられるのが「保残木作業」である。保残木作業は天然更新のための作業法の一つである。天然更新には、種子繁殖を利用する方法と切り株などから幹を再生する能力（萌芽と呼ばれる）を利用する方法がある。保残木作業はこのうち種子繁殖を利用する天然下種更新作業（林地内または周辺の母樹から散布される種子で次世代の樹木を成立させる更新方法）の一つである（図7・1の②）。保残木作業では、ほかの木を伐るとき一定の樹木が保残木として伐り残され、保残木には次世代樹木の母樹としての役割が与えられる。つまり保残木作業は、生物遺産（保残木）を生物多様性保全ではなく「持続的林業」のための健全な更新に活用した方法といえる。この作業法は一部の樹木を伐り残すという点で保持林業と似ている。しかし保持林業と大きく異なるのは、残した木もいずれは伐られるという点である。保残木作業では保残木を大きく成長させ、次の伐期に大径材として収穫する。したがって、もとの森林のなかでも特に健全で将来的に良質材の生産が見こめるような、林業的に価値の高いものが保残木として選ばれる。決して生物多様性の面から木を選ぶわけではない。

ちなみにこの保残木作業は、数ある非皆伐型森林施業の一つでしかない。保残木作業を含めて、天然更新を前提とした伐採方法の類型は、ずいぶん前に教科書として整理されている（千葉 一九八二）。これによれば、伐採方法は大きく分けると次のように整理できる（図7・1）。

①皆伐作業：今ある木すべてを伐採し、その後に次世代を更新させる

この方法では、更新させたい森林をすべて一度に伐採（皆伐）するので、次世代の更新は主に周囲の森林の樹木から散布される種子によって行なわれる。この方法だと、伐採地の日あたりが良く次世代の樹木のために光が十分に確保できることや、一方で伐採面積をあまり大きく設定しすぎると種子が届か

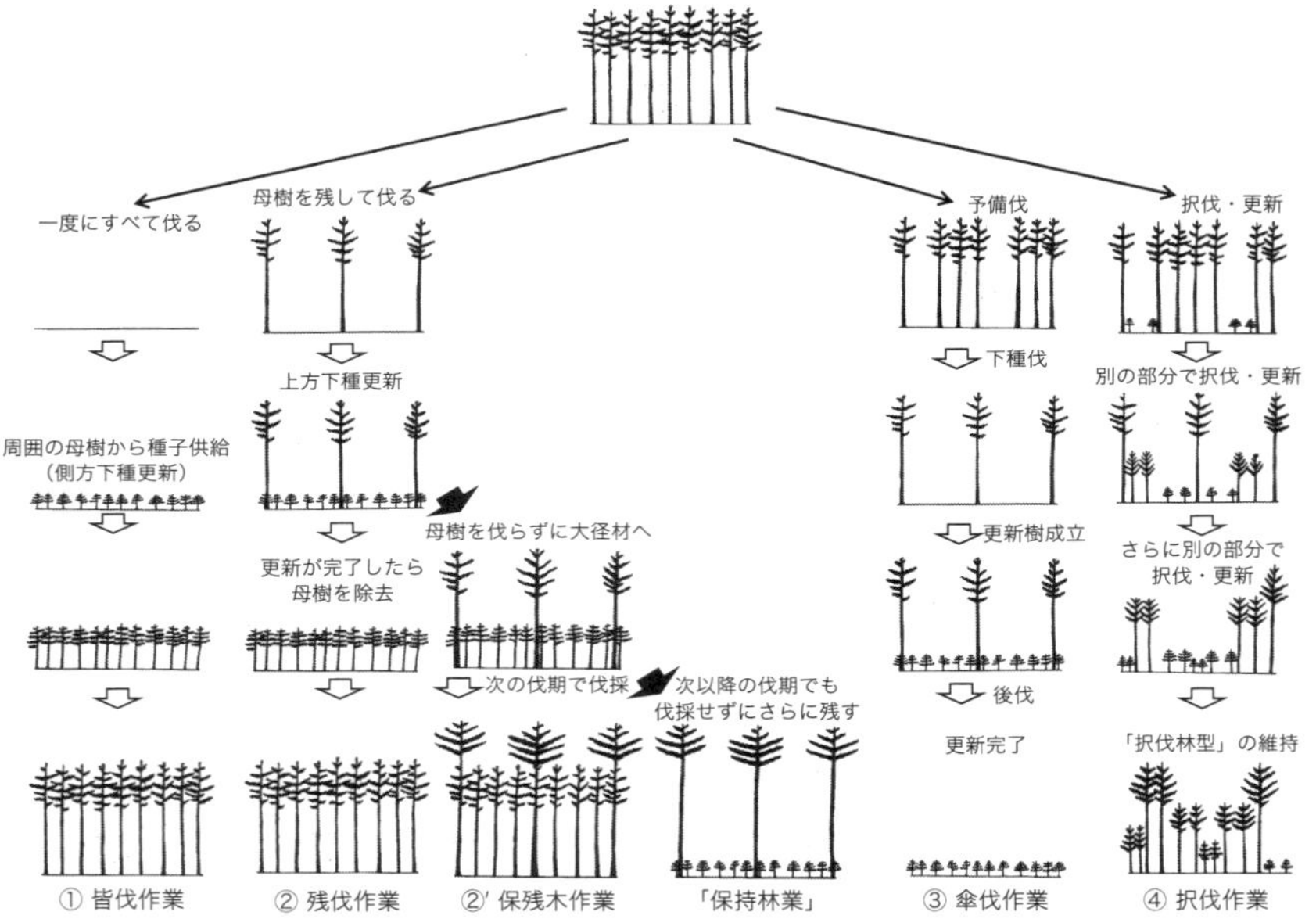

図 7.1　天然更新を前提とした非皆伐施業の類型
伐採時の樹木の残し方やその後の除去の仕方、更新の期間によって、①皆伐作業、②残伐作業、③傘伐作業、④択伐作業に類型化される。保持林業は、②残伐作業のうち保残木を次の伐期まで残す②′保残木作業に似ており、さらに次の伐期でも伐採せずに残す前提のものと理解できる

ず更新がうまくいかなくなることなどが容易に想像できるだろう。実際、皆伐作業で更新を行なう場合は、種子散布能力が高く、明るい場所で発芽や成長が旺盛な樹種（例えばカンバ類など）が更新の対象となることが多い。

②残伐作業：母樹を一時的に残して伐る

　母樹作業ともいう。更新させたい森林の一部の樹木を母樹として残し、次世代の稚樹が定着したら母樹も伐採する方法である。今で言うところの、「モニタリングにもとづく順応的管理」がシステム化されていたといっていいだろう。この方法なら皆伐作業による天然更新よりも更新の確率が少し高まるはずである。先に述べた保残木作業はこの母樹作業に含まれる。一般の母樹作業と異なるのは、保残木を次の伐期まで残して大径材を生産するので、やや多めに形質の良い木を残すことである。

③傘伐作業：段階的・部分的に伐採しながら確実に更新させ、最後はすべて伐る

傘伐は母樹作業よりもさらに更新の確実性を重視して複数段階で樹木を伐採・除去する、機能的でシステマティックな作業方法である。まず「予備伐」という弱度の伐採を行ない、森林内に空間を少しつくることで母樹の種子生産を促進するとともに、混んだ森林内で育ってきた樹木の肥大成長を促進し風害に対する抵抗力を増進させる。同時に、林床に光をあてることで土壌有機物の分解を促進し、次世代の更新に備える。次に行なわれるのが「下種伐」で、林床に大きく光をあて、散布された種子の発芽や稚樹の成長を促進する。稚樹が林地全体に健全に成立したら、最後に「後伐」ですべての前世代樹木を伐採し、林分全体の更新が完了する。このように、傘伐では生物遺産を比較的長く保持し段階的に除去することで、数年がかりで確実に世代交代させる。そのためのモニタリングも母樹作業に比べてやや長期で綿密な作業とならざるをえない。

ここまでの三つの作業種は、保残木作業をのぞけばいずれも最終的に対象林分のすべての木を伐るので、一斉更新による同齢林造成を目的とした「全伐」（つまり一定期間内にすべての木を伐る作業）という括りに入る。これに対して、全伐をせず、更新期間を特に定めずに（つまり単木の伐期を一定せずに）少しずつ選択的に伐って更新させるのが次の「択伐」である。

④択伐作業：更新期間を特に決めずに絶えず森林内のどこかから少数の樹木を伐採する

択伐作業が上にあげたほかの作業と最も異なるのは、森林を一気に更新させない点である。択伐作業

では、異なる時期に異なる場所の樹木を少数ずつ伐採し、それぞれの場所をバラバラに更新させるので、森林内に常に異なる林齢の部分（パッチ）が混在することになり、大径から小径までさまざまなサイズの樹木が混生する「択伐林型」が維持される。これは、自然林においてさまざまな場所でさまざまな時期に攪乱と更新が繰り返される「ギャップダイナミクス」ととても似ており、ここに例示したなかでは自然林の動きを最もうまく模倣した作業方法で、持続的に見える。ただし、森林内のどの木をいつどのくらい伐ればよいかという点で非常に高い技術が要求される。択伐は熱帯林を含め、さまざまな地域で実行されているが、実際には伐採の量が多すぎたり伐採の間隔が短すぎたりなど、健全に森林が維持されないような事例も多々見られる。択伐は自然へのインパクトが小さいという意味で持続的林業の理想かもしれない。しかし、その趣旨を全うするための技術はきわめて高度で、特に単木的な択伐はとても難しい方法なのである。

ここまで見てきた作業方法はいずれも、林内や周囲の森林の生物遺産を母樹として天然更新に活用する方法である。更新が成功すれば樹木の多様性は少なくともゼロにはならないわけであるから、広く見れば生物多様性を維持する方法といえなくもない。しかし、その目的はあくまで木材生産であり、択伐や保残木作業をのぞけば生物遺産の保持は更新完了までの一定期間に限られる。

伐区設定の工夫――さまざまな傘伐

現在各地で行なわれている保持林業でも樹木のさまざまな残し方（残す本数や残す木のまとまり具合）があるように、従来の皆伐や傘伐でもさまざまな木の残し方がある。これらの木の残し方は、更新させたい樹種の特性や気象害の軽減、伐採・集材の作業効率などさまざまな条件や目的を考慮して考案されてきた。特に傘伐では伐採方法（裏を返せば木の残し方）のバリエーションがとても多い（千葉一九八二）（**図7・2**）。傘伐における伐採方法のバリエーションは、どのように土地を使うかという視点から非皆伐施業を考えるときに参考になるだろう（235ページ「保持林業のこれから」を参照）。そこで、傘伐のバリエーションについて少し詳しく見てみよう。

残伐作業や傘伐作業が発展した背景には、大面積伐採後に周囲から種子が届かず、更新がうまくいかない事例があったのだろう。それならしばらく母樹を残そうとか、様子を見ながら丁寧に段階的に伐ろうという発想が出てくるのはきわめて自然な流れである。おそらく、大きな面積で伐採するときに母樹を残し、最終的に大面積の一斉林を造成するのが傘伐の基本形であったと思われる（**図7・1**の③）。このような大面積傘伐作業は、基本的に林地内に残された母樹からの種子散布を期待している。

これに対して、帯状の伐区を連続させて伐採・更新を進めていくのが「帯状傘伐」である（**図7・2a**）。似たような伐り方として母樹を残さない「連続帯状皆伐」という方法もあるが、こちらはあくまで皆伐なので更新の方法は種子供給を周囲の林分に頼る「側方天然下種更新」である。帯状傘伐はこの帯状皆伐方式に伐採地内の母樹を積極的に残す考え方を加えたものであり、周囲からの側方下種と林地内母樹からの上方下種の両方を期待できる。さらに、伐採を風下から風上に進めていくことで、伐採帯に隣接する森林が風害などの気象害から更新樹を守ってくれる。伐り方によって残した林分に期待する機能が付加されるわけである。この方法は風害の危険を避けるために考案された方法であり、保残する帯の樹高の二～三倍程度の帯幅が標準とされた。更新のことを考えると種子を運ぶ風向きが重要に思えるが、傘伐では上に残した母樹からも種子が供給されるので、風向きはむしろ風害を軽減するうえで考慮される。ちなみにこの方法でさらに伐採帯の幅を狭くし、限りなく連続的に森林の伐採・更新を進めるやり方が「ワグナーの帯状傘伐」方式である（図7・2b）。その結果でき上がる森林の全体を見ると、まるで自然に波状更新をしている縞枯山（Sprugel 1976、甲山 一九八四）のようにさまざまなサイズの樹木が存在する「択伐林型」が維持されることから、「帯状択伐」方式とも呼ばれる。この方法でも当然風向が考慮される。

もう一つの伐り方が、群状（孔状）傘伐である（図7・2c）。細長い帯状ではなく円形に近い○・○二〜○・○五ヘクタール程度の伐区を設定して傘伐を行ない、徐々にこれを広げていく。森林内につくったギャップを拡大させていくと考えればよい。この方法だと、帯状傘伐と同様に側方・上方下種の両方が期待でき、またギャップの拡大部分の林床に成立した前生稚樹を積極的に更新に利用できることで、更新の期間が短縮される。さらに、伐採地内と保残林分の林縁部という異なる光環境で更新樹を成立させることによって、光要求度の高い陽樹と耐陰性の高い陰樹の両方が混生する森林を造成できる（おお、多様性！）。ただし、帯状に伐り進めていくのに比べると実際の作業効率は悪いうえに、ギャップの拡大を進めていくことで最後に残った林分の風害危険度が上がってしまう。

そこで、帯状と群状のメリットを組み合わせようと考案されたのが「帯状画伐」方式である。帯状に区画された森林に群状傘伐を併用しながら順応的に更新していくことが可能なので（もちろん、モニタリングは必要である）、短い更新期間と低い風害危険度というメリットが得られ、山岳林の更新に適用されることが多い。画伐には、帯状の伐採面を連続させない「交互画伐」という方法もある。

帯状傘伐による母樹の保護効果を最大限に生かすために、楔形の伐区を風上側に拡大していく傘伐の方法も提唱されている（図7・2d）。この方法だと林縁が長くなるため、母樹の保護効果も高く側方か

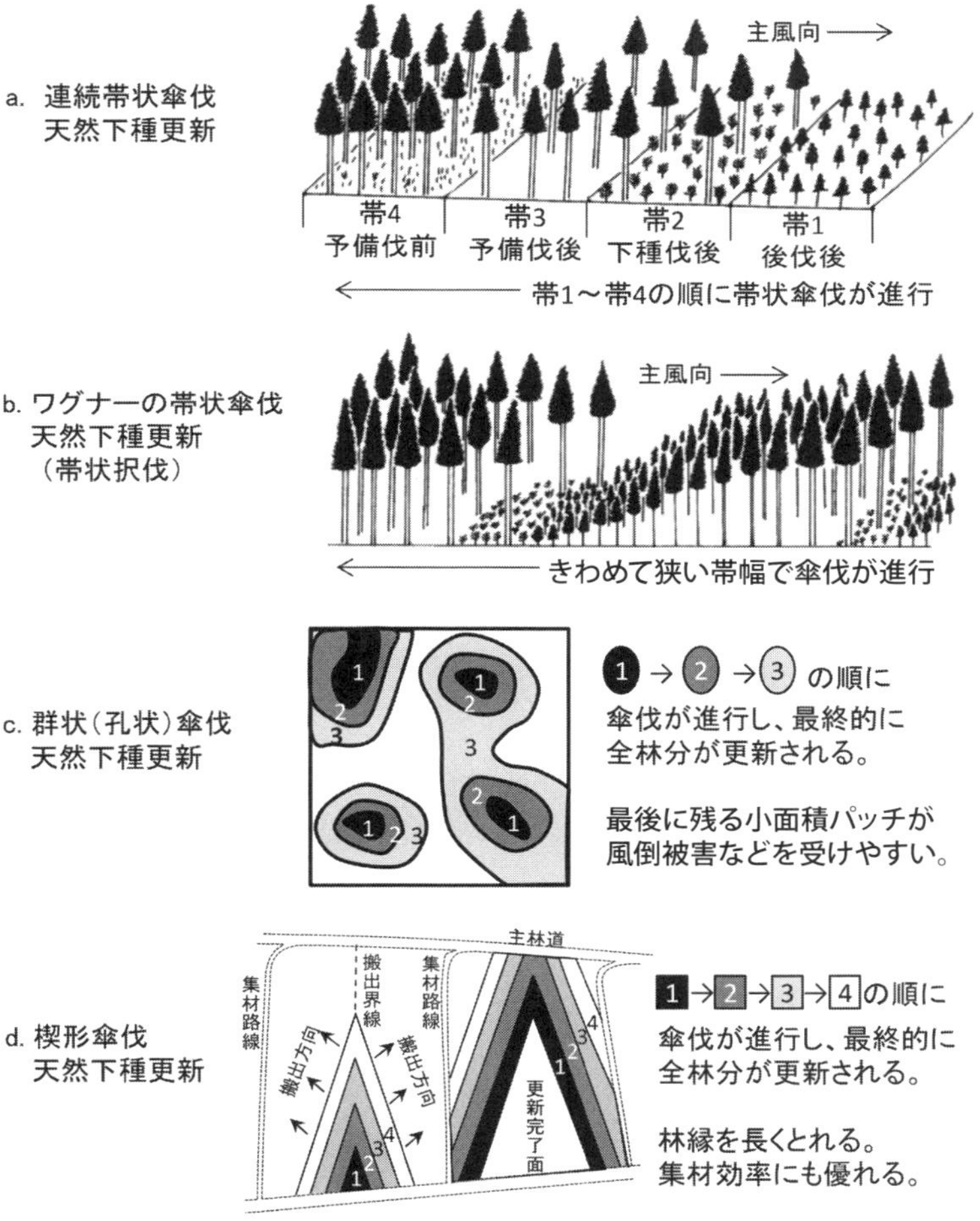

図 7.2　傘伐のさまざまなデザイン
母樹の保護効果や種子供給の効率、さらには収穫する木材の伐採･搬出効率を考慮して、帯状、群状、楔形などのさまざまな伐区配置や伐採順序が考案されてきた
（千葉 1981 より描く）

らの種子供給の効率もよい。もう一つ書き加えておきたいのは、この伐区のデザインが、木材の伐採・搬出の効率という面でもすぐれていることである。行なわれているのは林業であり、その主目的はあくまで木材生産なのである。

このように非皆伐型の施業を見てくると、はるか以前から生物遺産をいかにして確実な更新に利用するかが考えられ、さまざまなシステムが構築されてきたことがわかる。もちろん当時は、生物多様性という概念は（少なくとも科学的には）確立していなかったはずであり、現在の保持林業のベースにある考え方が成立していたわけではないだろう。ただし、森林の保続という森林管理の大原則のために、生物遺産の機能面が林業に活用されていたのである。これが、保持林業が一時期「New forestry is old forestry」と揶揄された理由である（第2章を参照）。

今もヨーロッパで続く保残木作業

本章の最初に「歴史」と書いたが、ここに紹介した非皆伐施業は決して過去の話ではない。保残木作業や傘伐作業はドイツなどヨーロッパの国々で今も脈々と続けられている（図7・3）。しかも、数多くの研究で得られた綿密なデータに裏打ちされ、確固たる技術として定着し、発展してきている。例えばドイツでは、更新させたい樹種やその競争相手となる植物の特性が詳細に調べられている。これらのデータにもとづいて、光を好む競合植生の繁茂を抑制しながら目的樹種（更新させたい林業樹種）を確実に更新させる光環境の範囲や、それを実現するための伐採率、保残率などの指針が明確に設定されている。だから実行可能なのである。数年前にあるドイツの造林学者から「なぜ日本では天然更新をやらな

図 7.3　ドイツで今も続く保残木作業（上）と更新した稚樹（下）
ドイツでは目的樹種の更新と競合植生の繁茂抑制に必要かつ十分な光環境と、これを実現するための伐採率が詳細にわかっている

いのか？」とたずねられて、そのような質問ができる彼を非常にうらやましく思ったことがある。それくらい、日本の林業で天然更新を導入するのは難しい。そもそも、ヨーロッパ諸国の森林は日本に比べて樹種数が少なく、目的樹種の更新を阻害するような競合植生の繁茂も日本の森林ほど旺盛ではない。これに対して日本では、天然更新による目的樹種の更新がとても大変なのである。次項では、なぜ日本で非皆伐型の施業が根づかなかったのかを天然更新と併せて見ていこう。

日本の保残木作業・複層林施業

日本に根づかなかった天然下種更新

日本には明治期にドイツから近代林業の理論と技術が導入された。当然、残伐をはじめとする天然下種更新作業も導入されたはずである。しかし、今日にいたるまでこれらの施業方法は日本に定着してない。なぜ根づかなかったのか。答えは単純で、日本の林業対象樹種では天然下種更新が難しかったからである。それにはいくつかの理由がある。

一つは、目的樹種の特性である。ヨーロッパの主要林業樹種であるトウヒ属やモミ属の樹木は一般に耐陰性が高く、ある程度の暗さなら林内でも稚樹が発生する。だから保残木作業や傘伐、択伐作業でも十分に更新が可能なのである。これに対して、日本の代表的な林業樹種であるスギやヒノキの更新は基本的に強度攪乱に依存しており、多くの場合は鉱物質土層が露出するような地表攪乱が必要である。その証拠に、屋久島でヤクスギの天然更新の状況がよいのは林道脇の裸地である。アカマツについては、日本でも一部の地域で保残木作業が試行された時期がある。しかし、マツ枯れなどの影響でアカマツ林の経営そのものが衰退し、アカマツ林の保残木作業は現在ではまったく見られない。

さらにこれらの樹種の天然更新を難しくしているのが競合植生である。アジアモンスーン気候下にある日本は生育している植物種の数がきわめて多く、しかも植生の繁茂がヨーロッパに比べてはるかに旺盛で、目的樹種の稚樹を発生させるのにも苦労する。たとえ稚樹が発生したとしても、そしてその稚樹がある程度の耐陰性をもっていたとしても、競合植生との競争を勝ち抜かせて定着させ、収穫できるまでまともに生き残らせるのは容易ではない。ちなみに、日本の林業で天然更新が難しいのはスギやヒノキに限ったことではない。九州では昭和初期から常緑カシ類の天然下種更新が国有林で試行されてきたが、成功した例は上記と同じような理由でほとんどない（例えば、林 一九二八、片山 一九三六、三善 一九五九）。林業樹種の天然下種更新が難しいのは冷温帯も同様である。最近の研究では、ちょっとした条件次第でブナ林を伐ってもう一度ブナ林に戻すことすら難しいことがわかってきている（正木ら 二〇一二）。日本では、カンバ類をのぞけば、普通に天然更新が期待できるのは下種更新ではなく、薪炭林などで行なわれてきた広葉樹の萌芽更新だけだろう。

このように、日本でも天然更新を前提としたさまざまな伐採・更新作業が試行されたが、結局根づくことはなく、天然更新とセットであった残伐や傘伐などの非皆伐施業も定着しなかった。一方で、スギ・ヒノキは林業に利用するうえでとてもすぐれた樹種である。天然下種更新に期待せず、逆にひと手間かけて苗木をつくり、これを植えることで幅広い環境に適用できる。もちろん、競合植生を排除する下刈りは必要であるが、天然更新に比べれば苗木を植えるほうがはるかに確実である。その結果、日本では人工造林による育成林業が主流となり、戦前・戦後を通して「針葉樹の畑」を造成する林業が全国に広がっていった。このように人工造林で更新することを前提とする限り、少なくとも更新の面から見れば母樹を残す必然性はなかったはずである。つまり、人工造林による育成林業が隆盛となったことも、天然更新を前提とした非皆伐施業が日本で定着しなかった大きな理由であろう。

二段林型複層林施業の失敗——やってはいけない複層林施業

一九七〇年になると、戦後の拡大造林で造成されたスギやヒノキの大面積一斉林に対して批判が出始める。主に、伐採時に大面積の裸地をつくることの問題や、単純一斉林造成による水源涵養・土砂流出防備といった「公益的機能」の低下の問題が指摘された。これに対して、複層林（二段林）の造成つまり複層林施業が一九七〇年代後半から進められた。これは、強度の間伐を実施してスギやヒノキの上木を残し、光があたるようになった下層に次世代のスギやヒノキの下木を植栽する方法であり、二〇〇〇年以降も国の政策として強く推進されてきた。導入当初には、下層に漏れ落ちてくる光まで効率的に木材生産に利用しようという発想や、主伐収穫によって収入を得る間隔を短くできるという期待もあったようである。

二段林型複層林の造成では、天然更新の代わりに人工的に次世代の樹木を植栽するが、樹木をすべて伐らずに残すという点で保残木作業や傘伐と少し似ている。ただし、複層林施業の場合は、下木が十分に成長してきたら、残った上木を伐採する。こうすることで「継続的な林冠被覆」が保持され、森林でない状態が回避される。さらに、大小さまざまな樹木が異なる深さに根を張ることで、土壌の保全や土砂災害の抑止にも役立つとされている。したがって、裸地（非森林）状態を避けたい水源林や急傾斜地などで期待される方法である（**図7・4**）。

しかし、この方法は林業者からも研究者からも不評であり（竹内 二〇〇七）、結果的にはあまりやって

図 7.4　二段林型ヒノキ複層林（左）と、択伐と植栽で維持されているスギ・ヒノキ混交多段林（右）。いずれも傾斜の比較的緩い立地で行なわれている成功例である

はいけない施業であった。筆者は最近、林野庁九州森林管理局の協力で、技術開発試験地の事例をいくつか収集し比較分析する機会を得た。以下は、その結果見えてきた二段林型複層林をやってはいけない理由である。

まず、二段林型複層林の初期には一部で天然更新も試行されたが、スギ・ヒノキの天然更新に期待できないのは前述の通りであり、仮に天然更新樹が定着しても保育段階で下刈り時の誤伐が多かったようである。

初期の二段林型複層林は、通常の伐期に達した程度の林（四〇〜五〇年生）で実施されることが多かったので、多少強めに間伐した後に下木を植栽しても上層がすぐ再閉鎖する。再閉鎖すれば、好転した光環境はまた悪化し、下層に植栽した下木の成長は悪くなる。その結果、強度間伐を実施した例でも間伐後五〜六年で再度「受光伐」が必要となることが多い。これは、通常の伐期（四〇〜五〇年生）程度に達したばかりのスギやヒノキの成長がまだまだ旺盛で、すぐに枝葉を広げるからである。この理由で、複層林は成熟段階（六〇〜七〇年生程度）に達してから誘導すべきとの見解もある（藤森 一九九一）が、実際にはこの年齢に達した壮齢林でも林冠閉鎖が比較的早く起きた例もあるので、古ければよいというわけではなさそうである。

さらに、林冠再閉鎖による光環境の悪化は下木の成長を悪化させるだけでなく、形状比（樹高を直径で割った値）を上昇させる。これがまた問題である。一般に形状比が八〇を超えるような細長い幹になると風害や冠雪害の被害に遭いやすいとされている。複層林の下木の実例を見ると、壮齢ヒノキ（五八〜七六年生）の強度択伐でも下木の形状比は一〇〇以上（最大二三〇）、四八年生ヒノキの材積率五〇％間伐でも一〇年後は形状比一一〇〜一五〇まで上昇しており、相当悪い状況である。

複層林では下木が成長してきたら上木を伐採することになるが、上木伐倒時には下木が損傷を受ける。下木のサイズが小さいときはそれほど被害が出ないという例もあるが、下木が大きくなればなるほど上木伐倒時に受ける被害が甚大になる傾向がある。

また、急傾斜地ほど上木の伐倒コストが高くなり、同時に下木の被害は大きくなる。これまでの実行事例では、高密度路網と高性能林業機械を導入することで、下木の損傷を回避しながら通常の一斉林並みの収益を上げた例もある。しかし、一般には傾斜が二五度を超えるとこのような作業は困難であるといわれている。このことは、急傾斜地など非皆伐の配慮が必要な場所ほど、二段林型複層林の実行が技術的にも経営的にも困難であることを示している。

このように、二段林型複層林は単純同齢林（単一樹種の同時植栽による森林）の反省から生まれた施業であり、木材生産以外の生態系サービスに配慮した施業ではあることは間違いない。しかし、傾斜地がほとんどという日本の森林の条件を考えれば、残念ながら望まれる場所で実行できない施業である。

林業経営面から見ればやってはいけない森林施業の典型といえるだろう。ちなみに、あまり表には出にくい話だが、複層林に関する施業指針はあるものの、実際は細かい観察によらなければならない部分が多く、現場ではなかなかその通りに実行されないという話も耳にする。このような現場での実行可能性もふまえた二段林型複層林の諸々の難しさは、保持林業に対しても「やってはいけない」範囲を示してくれているかもしれない。

二段林型複層林について否定的なことばかり書いてきたので、成功例にもふれておこう。日本国内には、単木択伐とそこにできたギャップへの植栽によって、二段どころか三段、四段の階層をもつ多層林で森林経営を成功させている例もある。ただし、この成功には非常に高い水準の技術が必要である。実際の成功例である森林を経営している林業者は、毎日のように山に通って綿密な観察（モニタリング）を行ない、それによって得られた知識を蓄積・整理して、次に伐るべき木やその時期を適切に判断している（順応的管理）。今風に言えば、日々ＰＤＣＡ（Plan-Do-Check-Action）サイクルを回して、高度なエキスパートシステムによる意思決定を繰り返しているわけである。職人芸といってもよいだろう。当然、誰にでもできるわけではなく、簡単に普及できるような技術ではない。実際に林業者の方に直接お話をうかがったこともあるが、一本一本の木に名前をつけておられるのではないかと思うくらい、育てている樹木への愛情を感じた記憶がある。

小面積皆伐による複「相」林施業

前項の結論は、「二段林型の複層林はたとえ壮齢林でも基本的にやってはいけない」であった。では、ほかにどのような方法が有効なのか。大面積の皆伐に代わる手段の一つに小面積皆伐の方式がありそうである。つまり、森林のなかにバラバラに木を残すのではなく、ある程度のまとまりをもって残す方法である。前節で述べたヨーロッパの群状や帯状傘伐を思い出してほしい。傘伐では天然更新を前提としていたが、ここでは天然更新をせず人工造林で更新させる帯状画伐方式だと考えればよい（図7・5）。

二段林型複層林（Multi-storied forest）が字の通り自然林の「階層」を模倣していたのに対して、小面積皆伐では発達段階の異なる林がモザイク状にできることになる。つまり、異なる段階（生態学でいうところのギャップ相、建設相、成熟相〈Yamamoto 2000、真鍋 二〇一二〉が存在する。したがって「複相林（Multi-phased forest）」と呼ぶことができるだろう。この方式は、現在の日本で推進されている施業方法の一つでもある（ちなみに林野庁の文書では水平型複層林と呼ぶこともある）。海外ではこれらをまとめて異齢林（Uneven-aged forest）と呼ぶことが多い。

二段林のように一つの林分内で上下の階層構造を維持することは林業経営上とても厄介だが、伐採面積を小さくし、群状や帯状の小面積皆伐地の隣に森林が残るような方式であれば、林業経営としても何とか成立しそうである。この方式の利点については、後で少し詳しく解説したい（227ページ「小面積皆伐施業の生物多様性と生態系サービス」を参照）。

撹乱体制と林業

保持林業の基本は自然撹乱の模倣である（第2章）。ここまで、保持林業以外のいろいろな施業のやり方を見てきた。これらを撹乱の起こし方という視点から一度整理しておこう。

生態学では、撹乱の起き方を撹乱体制と呼び、サイズ（撹乱面積）、強度（再生材料の残存度合い）

図 7.5　小面積皆伐の事例
樹高の 1.5～2 倍程度の幅で皆伐され、その後に次世代の木が植栽されている（上）。伐区の配置は、伐倒や集材の効率も考慮して決められている（下）

および頻度（一定期間内の発生回数）で評価する（伊藤 二〇一二）。攪乱体制によって、その森林の安定性や生物多様性が変わる（第2章参照）。

一方、持続的な森林経営を行なううえで重要なのは、一度にどのくらいの面積を伐採するか（伐区面積）、何年後に切るか（伐期齢）、どのようにして再生させるか（更新法）である。伐区面積・伐期齢・更新法を攪乱体制にあてはめると、伐区面積は攪乱のサイズに、伐期齢は再来間隔（＝一／頻度）に、更新法は強度にそれぞれ対応する。更新法と強度の対応が少しわかりにくいので、植栽によって人工林することの意味を考えてみよう。例えば、伐採後に天然下種更新を行なう場合は、散布された種子から更新が始まる。この時、攪乱時に残されていた再生材料は、いいところ埋土種子くらいだろう。これに対して苗木の植栽は、「再生材料となる前生稚樹が残されていたことにする」作業だといえる。このように、更新方法によって再生材料の残存度を操作し、結果的に異なる強度の攪乱を与えると考えればよい。

攪乱体制の概念に照らしてみると、従来の大面積皆伐方式は攪乱のサイズが大きく、比較的短い伐期で伐採する場合は、攪乱の頻度が高いといえる。これに対して二段林型複層林施業は、攪乱の強度を弱くして下層に植栽した次世代の樹木（下木）を残すやり方だと理解できる。一方、小面積皆伐による複相林は、攪乱のサイズを小さくすることで非森林の状態をできるだけ避けようとするやり方である。保持林業は樹木をすべて伐らずにいくつか残すわけだから、基本的には攪乱強度を弱くすることに相当する。しかし、伐り方や残し方によっては、攪乱サイズを小さくするという見方もあるだろう。例えば、伐採時に単木ではなくパッチ状に樹木を残してこれを維持し、さらに個々の伐採面を小さくすれば、小面積皆伐方式に近づき複相林のようなパッチモザイクを形成することになる。

これからの保持林業のあり方を考えるとき、何を何本残すか（攪乱の強度）だけでなく、伐採面や保残林分の面積（攪乱サイズ）とその空間配置も重要な検討課題になるだろう。木材生産面から見た帯状・群状伐採方式の類型については、伐区面積（攪乱サイズ）、伐採頻度（攪乱頻度）および伐区の空間配置の視点から整理されたよい総説（溝上 二〇〇七）があるので、ぜひ参照していただきたい。

小面積皆伐施業の生物多様性と生態系サービス

日本における小面積皆伐の導入

前節で、経営上困難な二段林型複層林に代わる施業の候補として、小面積皆伐方式があることを述べた。この方式が導入されたのは決して最近のことではなく、じつは日本でも一九七〇年ごろから帯状の小面積皆伐方式が導入されてきている。当初は、幼齢造林地の寒風害などの気象害を緩和することを目的に、北海道のトドマツ人工林などで保残林分を残す伐採方法が実行された。その後、山地の国立公園など景観に配慮しなければならない森林で、下から伐採面が見えないように等高線に沿った帯状の伐採が実行された例も各地にある。

近年は二段林造成の失敗の反省から、帯状あるいは群状の小面積皆伐地を散らして配置することによる「水平型複層林」（つまり複相林）が推進されるようになってきた。このようにして日本で少しずつ広まりつつある小面積皆伐方式は、現在どのように評価されているのか。筆者自身の研究事例も含めて、林業的な面と生態学的な機能の面から小面積皆伐の利点を紹介したい。

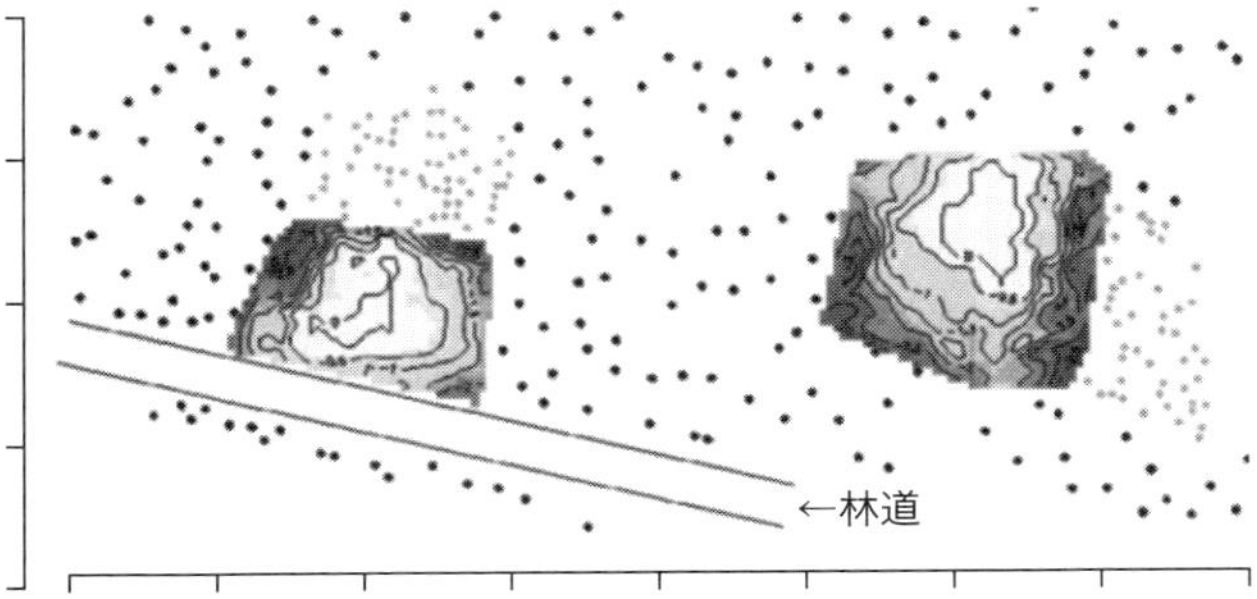

図 7.6　小面積皆伐地における樹高成長低下の解析例
図中の点は伐採されずに残った植栽木（黒：82 年生、灰色：40 年生）を、等高線が描かれグレーに色づけされた領域は小面積皆伐地をそれぞれ示す。グレーの濃い部分で植栽木の樹高成長の低下が大きい
（Yamashita et al. 2006 を一部改変）

小面積皆伐跡地の植栽木の成長

小面積皆伐を行なった場合、二段林型複層林と同様にまず気になるのが、保残した林分による被圧の影響である。大面積で皆伐しているうちは保残林分がつくる陰などあまり気にしなくてもよかったが、伐採面積が小さくなると周囲の森林がつくる陰が新たに植栽した樹木の成長を低下させかねない。このような観点から、針葉樹人工林の保残林分が新規更新木へ与える影響（例えばCoates 2000など）が二〇〇〇年ごろから世界中で研究されてきたのは第6章で述べられた通りであり、日本の主要造林樹種についても知見が集積されている。その多くは、小面積皆伐地の不均一な環境を考慮し、林分の平均的な成長や動態ではなく一本一本の個体の挙動を分析する個体ベースの研究が主流となってきている。以下、国内の小面積皆伐に的をしぼって、保残林分が造林木に及ぼす影響の知見を紹介したい。

最近の国内のスギ・ヒノキを対象とした研究例を見ると、保残した林縁木による被圧で樹高成長が抑制される範囲や（図7・6）（Yamashita et al. 2006）、スギよりヒノキのほうが林縁木の被圧による成長低下が小さいこと（図7・7）（Ito et

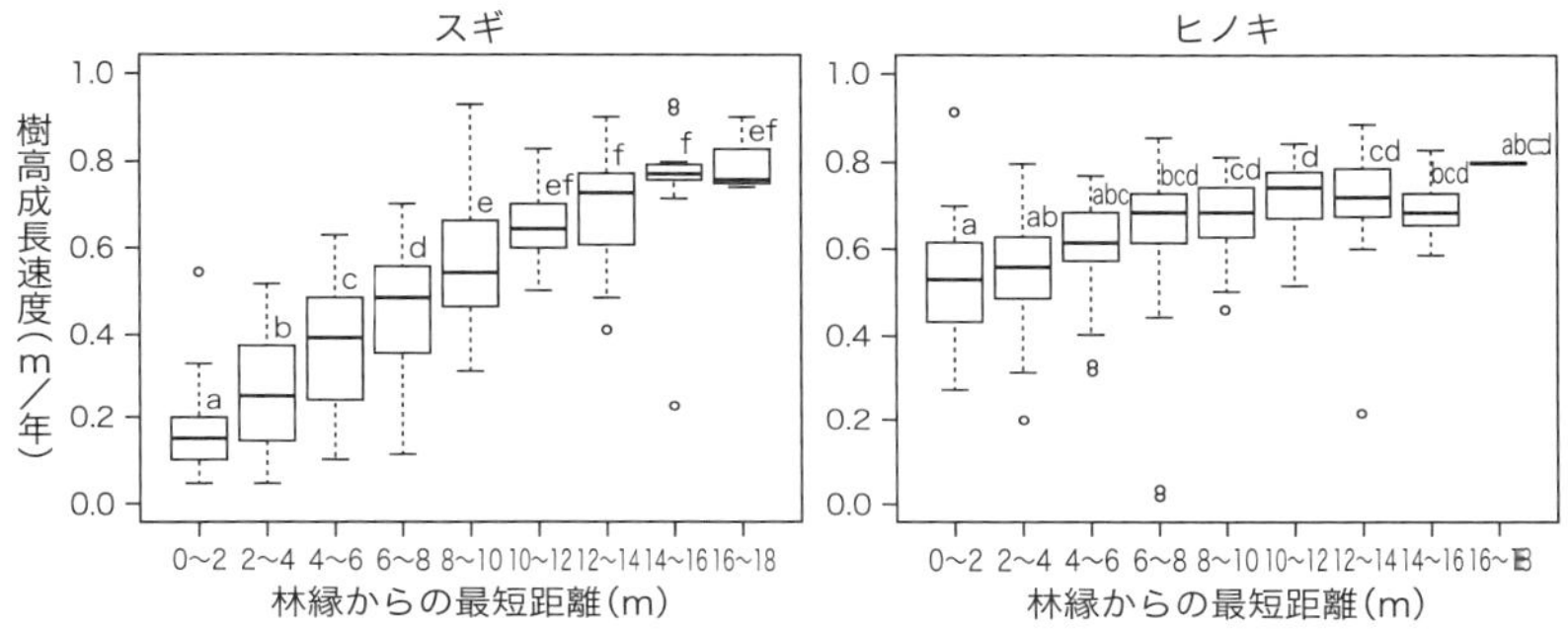

図 7.7　林縁からの距離に沿った樹高成長低下の解析例
同一アルファベットは統計的に有意な差がないことを示す。ヒノキではスギに比べて林縁部での成長低下の度合いが小さい。直径成長でも同様の傾向が見られている
（Ito et al. 2017 を一部改変）

al. 2017）などがわかってきている。類似の研究（例えば溝上ら 二〇〇二、Kohama et al. 2006）も含めて、これまでに得られた知見を総合すると、ヒノキの場合は、一辺の長さが保残木の樹高に相当するような方形の伐採面があれば、大きな収穫減はなんとか避けられそうである。スギの場合は、もう少し大きな伐採面が必要であり、保残木の樹高の二〜二・五倍程度は必要となるだろう。帯状の伐採の場合は方位にもよるが、もう少し狭い帯幅（樹高の一〜一・五倍程度）でも大きな成長低下は避けられそうである。さらに、造林初期には林縁木が影をつくることによって植栽木の水ストレスを緩和する効果があることもわかってきており（Hirata et al. 2015）、これらの知見にもとづいて適切な皆伐地の形状、面積や方位設定に対しての指針が構築されつつある。このように一定の条件を満たせば、小面積皆伐後の植栽木の成長低下は回避できそうである。ただし実際の伐採現場では、あまり小さな面積だと伐倒作業がやりにくくなり、結果的に伐採・搬出コストが上がってしまうため、伐採面の面積や形状、配置については、伐倒や伐出経路との関係など経営面での別の配慮が必要である。

もう一つ問題になると思われるのは、林縁形成による風倒被害危険度の増大である。この点については現時点であまり多くの情報は得られておらず、ここは旧来の帯状傘伐などの知見に学ぶべきところだろう。ちなみに、「モザイク林相」で有名な宮崎県諸塚村《もろつかそん》では、一九八〇年代から独自に帯状画伐を実施してきた。筆者もそこで帯状伐採地の調査を行なっていたが、ある時、調査予定だった新しい帯状伐採地周辺の保残林分が三年後に伐採されて、そこそこの面積がまとまった皆伐に近い状態になり、帯状交互画伐ではなくなってしまっていた。所有者の方に理由をたずねたところ「風倒被害が出そうな兆候があるから予定より早く伐採せざるをえなかった」とのことであった。結果的に、めざしていた非皆伐の異齢林ではなくなってしまったのだが、このことをどうとらえるか。筆者は、長期を要する林業ではモニタリングと順応的管理が大事、ととらえている。このケースでは、当初の想定と異なる兆候が見られたときに、敢えて目標を変更して順応的に伐採し、林業経営上の損害を回避しているのである。

生物多様性から見た小面積皆伐のメリット

前述のように、小面積皆伐に関する樹木の成長については、かなりの研究成果が蓄積されてきている。しかし、小面積皆伐のもともとの動機である生物多様性や生態系サービス（あるいは森林の多面的機能）から見たメリットについては、まだ情報が不足しているのが現状であり、今後の研究が望まれる。ここでは、植物種多様性に関する筆者らの研究例を簡単に紹介したい。

まずは、伐採面に自然林が隣接しているときの効果を見てみる（Ito et al. 2006a）。宮崎大学演習林の常緑広葉樹林に隣接しているスギ人工林の下層植生を調べ、木本種一六五種の出現傾向が林齢、光環境、林縁からの距離にどのように依存しているかをモデル化した。その結果を用いて、すべての人工林が常

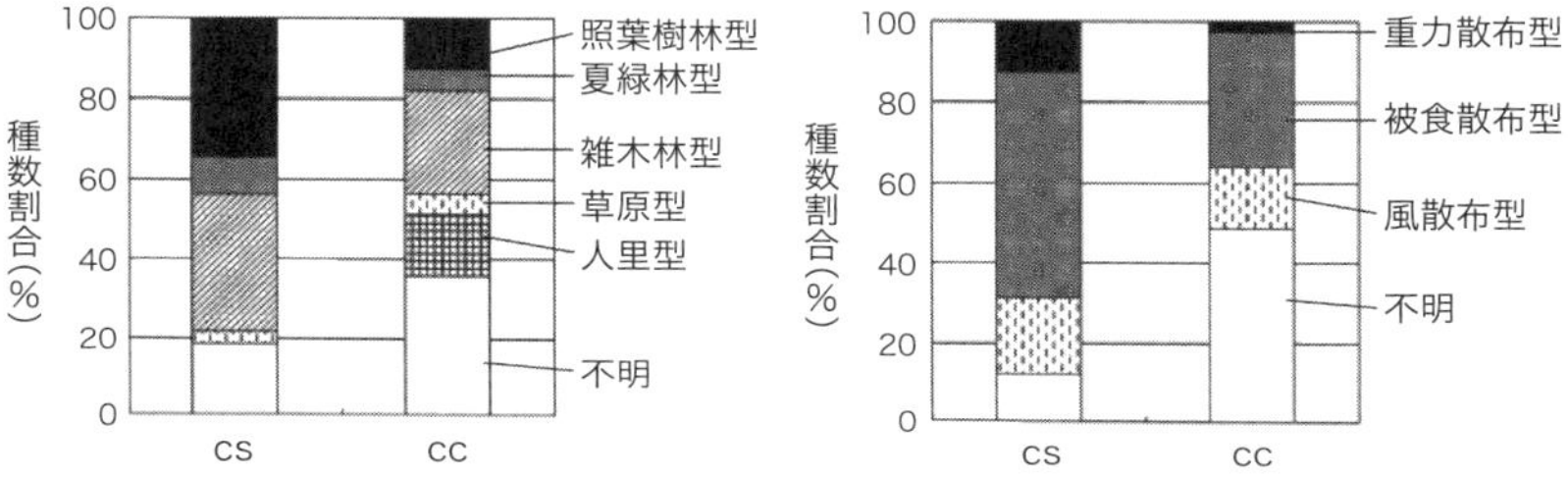

図 7.8　帯状伐採地の下層植生の植物種数割合
帯状伐採後につくられた造林地（CS）の下層植生をほぼ同齢の一斉造林地（CC）と比べると、照葉樹林や夏緑林など自然林を構成する植物種の割合が多い。逆に一斉造林地では、田畑の畦や路傍など人為の影響の強い人里で多く見られる植物の割合が多くなる（左）。種子散布様式で見ると、帯状伐採後の造林地では重力・被食散布型の種子をもつ植物の割合が増加している（右）（Ito et al 2006b を一部改変）

緑広葉樹パッチに近接するような仮想森林の植物種多様性を予測してみたところ、人工林全体で重力・被食散布型の種子をもつ樹木の多様性が上昇する結果となった。このような林縁効果は実際の森林でも観察されており（Utsugi et al. 2006、山川ら 二〇一三）、造林地で植物種多様性を維持するうえで隣接する広葉樹林はとても重要であることを示している。このような広葉樹の残存パッチは、今後さまざまな理由で人工林から撤退し自然林を復元する際にも、種子源として重要な役割を果たすと考えられる。ただし、種子散布の制限が大きい堅果類で林縁の効果が認められるのは一〇メートル未満であることや、常緑樹林帯では広葉樹林が隣接人工林の光環境を劇的に改善するわけではないなど、その効果は地域や樹種によってある程度限られる。

　次に、右で紹介した宮崎県諸塚村の帯状交互皆伐地の例で、伐採面に成熟した人工林が隣接することの効果を見てみよう（Ito et al. 2006b）。対象地は、九〇年生のヒノキ林のなかに三〇年生の帯状のヒノキ林が配置された林である。下層植生を調べた結果、大面積皆伐よりも保残帯を残した帯状伐採のほうが植物種多様度が高く、特に遷移後期や種子散布制限の強い

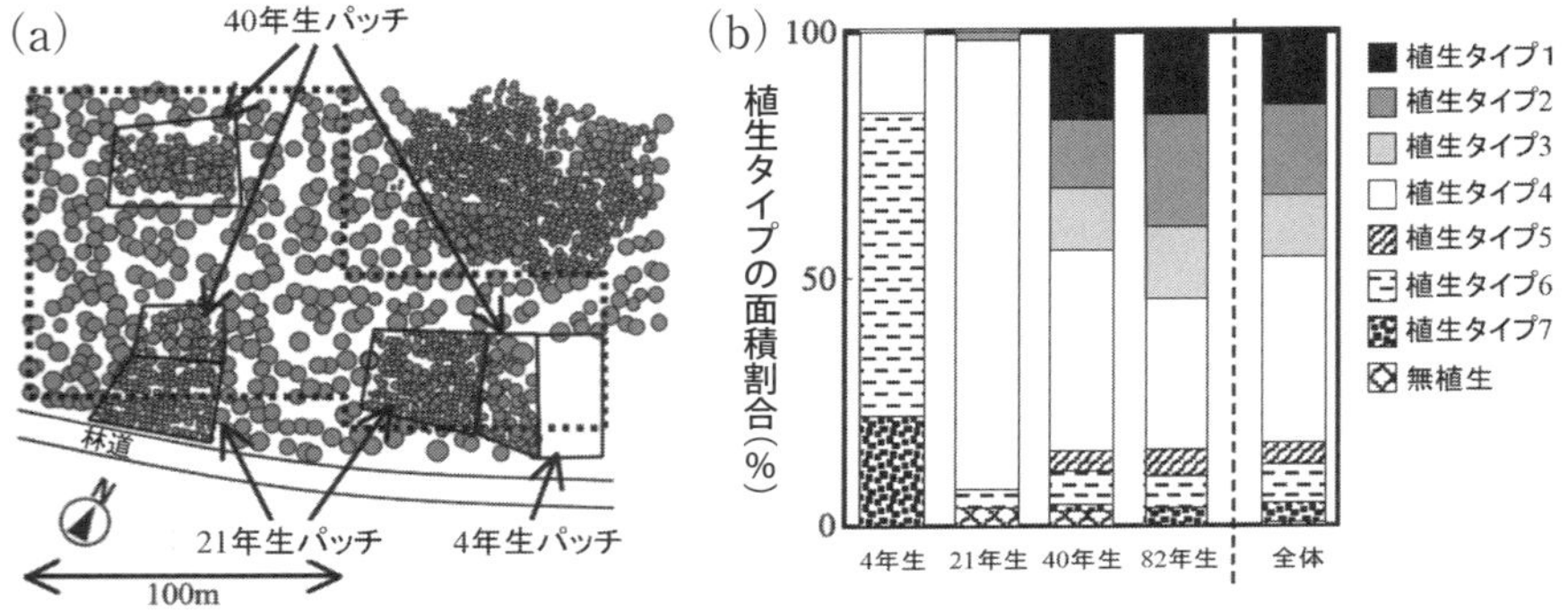

図 7.9　小面積皆伐と植栽によって形成された人工林の異齢パッチモザイク林（a）と、その下層植生の解析結果（b）
（a）の●印の大きさは植栽木のサイズを表す。（b）ではパッチの林齢によって植生タイプが異なり、異齢林構造によってさまざまな植生タイプが同時に存在することがわかる（山川ら 2009 を一部改変）

種が出現しやすい傾向が認められた（図7・8）。これは、保残帯がこれらの植物の一時的な逃げ場所になり、新しい造林地への種子源として機能しているからだと考えられる。このようにして維持される個体群を、生態学では「メタ個体群」と呼んでいる。ただし、基本的には木材生産目的の造林木で林冠を構成させるので、伐採地が成林し、次に主伐されるまでの間、造林木以外の樹木が林冠を優占することはない。つまり、広葉樹林パッチを残すのと違って、自然林の林冠構成種が林冠に出て種子を生産し、生活史を完結できるような森林構造になっているわけではない。

　最後に、林齢の異なる林分がパッチモザイクをつくる場合を見てみよう（山川ら 二〇〇九）。いわゆる異齢林構造をもった森林である。この事例地では、八二年生スギ人工林のなかに、小面積皆伐後の植栽で形成され発達段階の異なる人工林パッチが存在し、林冠が継続的に被覆されている（図7・9a）。この森林内の下層植生をすべて調べて種組成でいくつかの植生タイプに分類し、林齢ごとの植生タイプの構成割合を見たのが図7・9bである。パッチの林齢によっては下層がきわめて貧弱で樹木がほとんど生えていないものもあるが、林齢によって植生タイプが異なるため、全体としてはさまざまな構成種のパッチが同時に形成されているのがわかる。このパッチモザイクの成立によって一斉林よりはるかに植物種多様性が高くなる。しかし、前に述べた帯状交互皆伐の場合と同様に、林冠は造林木で構成されるので、極相的な林の林冠構成種が生活史を完結するのは本質的に困難であり、多様性維持の効果には限界がある。

木材供給以外の生態系サービスから見た小面積皆伐のメリット

保持林業も小面積皆伐施業も、生物多様性だけではなく、バランスの取れた生態系サービスにも期待している。木材供給以外の生態系サービス面から見た小面積皆伐の評価はあまりなされておらず、国内では生物多様性以上に情報不足である。ここでは、水源涵養や土砂流出防備にかかわる表土保全について小面積皆伐を評価した例を紹介したい。

間伐が遅れたヒノキ林は林床植生が消失し、ヒノキの落葉も鱗片状に分解されて表土を守れないので、表土流出が起きやすいといわれている（赤井 一九七七、五味ら 二〇一〇）。しかし、いろいろな山を歩いていると、そのような林分でも表土流出の痕跡が見られない場所に出会うことがある。そういう林地をよく観察すると、近くの森林から供給されたと思われる広葉樹のリターが地面を覆っていることが多い。そこで、尾根にある保護樹帯（造林木や林地を保護する目的で設定される樹林帯）の広葉樹パッチと隣接しているヒノキ林で、リター供給量や林床の被覆度合いと表土侵食を測定してみた（Yamagishi et al. 2017）。その結果、保護樹帯から水平距離で一〇～一五メートルまでは、リターの供給と種子供給による下層植生の繁茂によって、表土の雨滴侵食および表面流侵食が軽減されることがわかった（図7・10）。

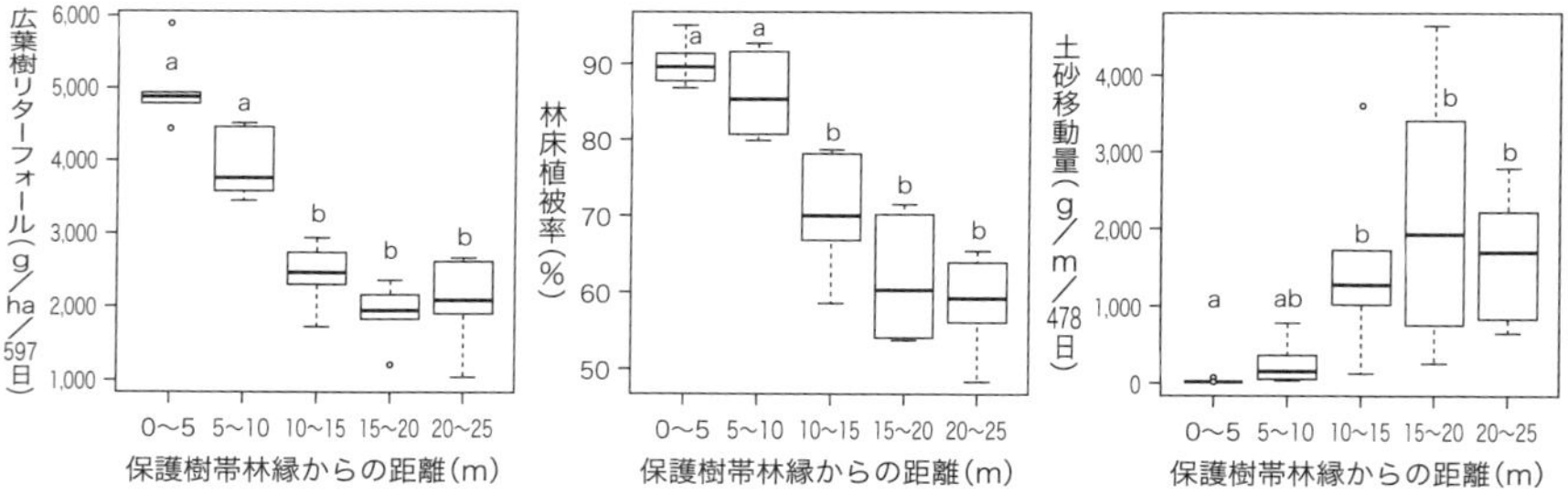

図 7.10　保護樹帯の広葉樹林パッチからの距離ごとに見たヒノキ林の広葉樹リターフォール（落葉量）（左）、林床被覆（中央）および表層の土砂移動量（右）の比較
同一アルファベットは統計的に有意な差がないことを示す。上層のヒノキが同じ状態でも、保護樹帯から 10 〜 15m の範囲では供給された広葉樹リターと植生が地面を覆い、土砂流出を抑制している（Yamagishi et al. 2017 を一部改変）

保残林分が広葉樹の場合は、斜面下側の人工林に対して表土保全という林縁効果があるようである。

尾根の保護樹帯と同等あるいはそれ以上に保持されるべき森林が、山地渓流沿いの渓畔林である。第3章で詳しく紹介されたように、斜面の森林でのさまざまなプロセスは渓流や下流の生態系に影響を与えるため、河川上流の渓畔域の扱いはとても重要である（渓畔林研究会 二〇〇二）。なかでも渓畔域に緩衝帯となる森林を保持することは、生物多様性の保全だけでなく、斜面での伐採行為がもたらす負のインパクトを軽減するうえでも重要であり、海外を中心に数多くの実証研究がある（第3章参照）。しかし国内ではあまり研究事例が多くない。

筆者も現在、前述の保護樹帯調査地のデータを用いて、斜面下部の渓流沿いに森林を残して伐採したときの渓流への土砂流出をモデル的に予測することを試みている。まだ研究途上なので確実なことは言えないが、現段階の成果として次のような予測結果が出ている。斜面の森林を伐採すると、河川への土砂流出はどうしても無攪乱時の数倍から数十倍に増えてしまう。しかし渓流沿いに幅三〇メートル程度の渓畔林緩衝帯を残して伐ることができれば、流出土砂量を非伐採持の二倍程度以下に抑えられそうであることがわかってきた。この研究で示そうとしている有効な緩衝帯幅に関する知見は、森林管理者からの要請が多い内容の一つである。過去にも野外で評価された事例はあるが、条件によって効果が大きく異なるだろうから、まだ一般化できるような情報は得られていない。さらなる研究が必要である。

保持林業のこれから

土地の共用と節約から見た保持林業

保持林業は、生態学的な機能を維持しながら木材生産を行なうことをめざしている。違う言い方をすれば、一度に複数の機能（生態系サービス）を発揮させる森林管理の方法である。通常、林業のような生産活動と生態学的な機能（公益的機能）には少なからずトレードオフ関係（どちらかを重視しすぎるともう一方が成り立ちにくくなる関係）がある。保持林業は、このトレードオフを解決する一つの方策である（第1章）。

複数の相反する機能を成立させる土地の利用の考え方に、土地の「共用」と「節約」という考え方がある（Fischer et al. 2014）。これは「統合（integration）」と「分離（separation）」とも呼ばれ、もともとは農業生産と生物多様性の保全とを両立させる方法の概念として提唱されたものである。この考え方は、木材生産とそれ以外の生態系サービスとのトレードオフ解決法を検討するうえでも、非常に重要かつ有用と思われる（第4章参照）。

「共用」とは同じ土地を複数の機能で共用する考え方であり、森林の木材生産機能と公益的機能とで土地を共用する典型例として針広混交林（ここでは針葉樹造林木と自然林構成種の混交林）や二段林型複層林があげられる。言い換えれば、個々の林分単位での管理の考え方である。これに対して「節約」とは生産のための土地の一部を節約して保全のために使う考え方であり、機能によって土地を使い分けるイメージである。森林管理の場合は、例えばゾーニングによる生産林地と保全林地（保護区）の区分がこれにあたるだろう。これはさまざまな林分で構成される景観を対象とした景観管理の考え方である。こうして実際の管理方法との対応を見ていくと、森林における共用と節約は攪乱体制とも関連していそうである。大きく見ると、攪乱強度を低くして木材生産の重みを林地内で少し下げれば「共用」、攪乱サイズを小さくしてほかの場所に攪乱を起こさなければ「節約」、といった関連づけになるだろうか（図7・11）。

さて、保持林業はどちらだろう。保持林業では伐採時に攪乱強度を下げて生物遺産を林地内に保持する。これによって、伐採し新たに木材生産を行なう林地でも、ある程度の生態学的な機能を発揮させようとしている。したがって、第4章でもふれられているように、基本的には木材生産とそれ以外の生態的機能による一つの林分の共用に相当するだろう。ただ、常に共用のみと考えなくてもよいかもしれない。例えば、小面積皆伐の逆の応用として一定の面積をもつパッチ状の樹木群を集団で保持した場合、小さな空間スケールで林地を節約したことになる。一般的な（面積規模の大きい）節約と異なるのは、特定の対象を考慮したいわゆる保護区ではないことや、保持したパッチから伐採地へのさまざまな林縁効果を期待していることだろう。これを前面に出した節約的な保持林業もあってよいと思う。この方式は、二段林型複層林や混交林のような一般的な共用と大面積保護区設定のような節約との中間的な位置づけになる（図7・11）。つまり、どのくらいの面積規模で樹木群を保持し、それをどのくらいの空間ス

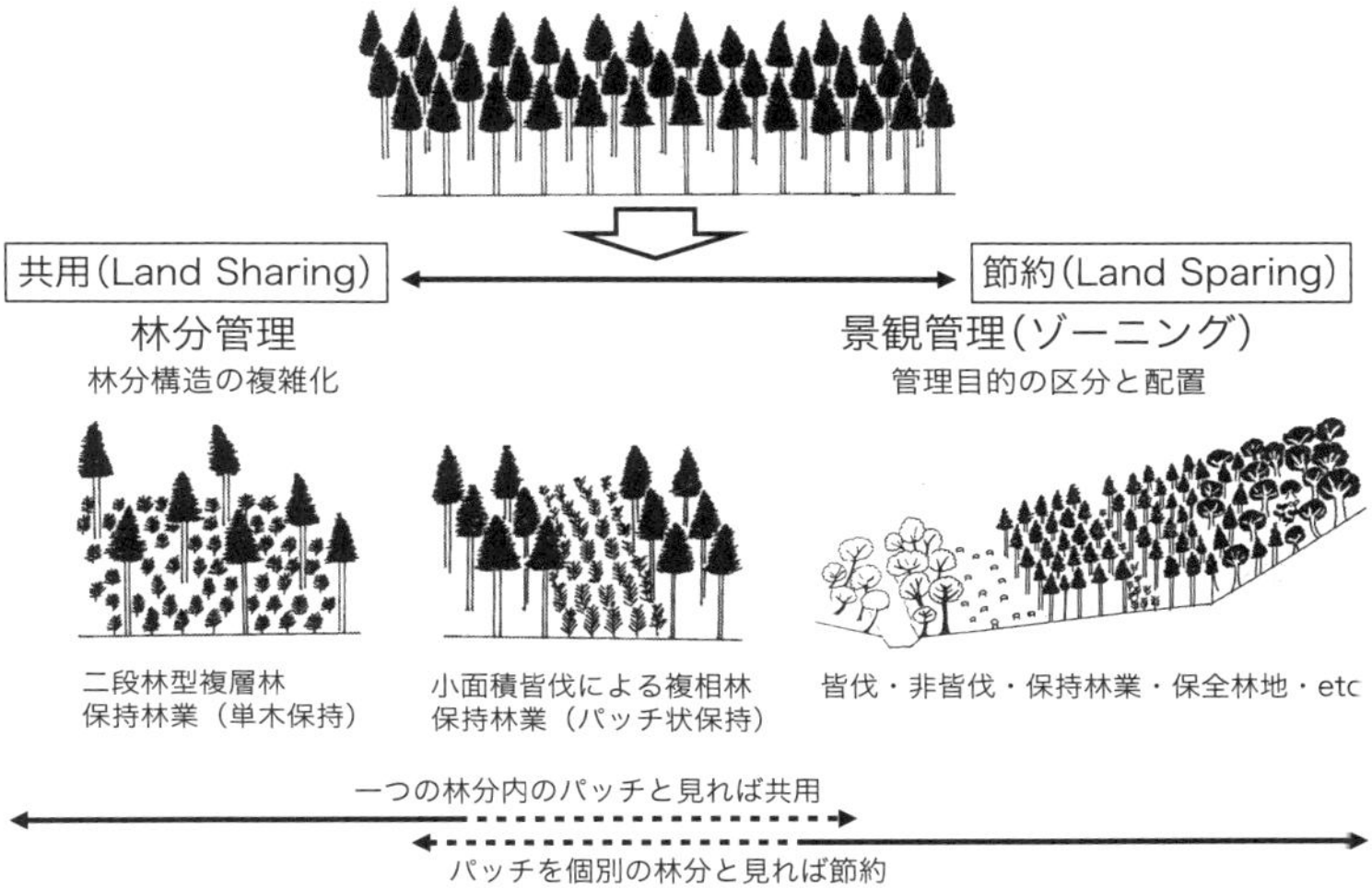

図 7.11　ボーダーレスな共用と節約の模式
典型的な共用と節約との間に、スケールによってどちらともとれる小面積皆伐あるいは保持の状態があり、対象森林のスケールと伐採面積との関係でとらえられ方が変わる

ケールで見るかによって、共用なのか節約なのかが変わってくるわけである。同様に小面積の画伐も、あるスケールで見たら一時的な節約かもしれない。伐採地のまわりにパッチ状に老齢林をしばらくのあいだ残せば、その間一時的には土地が節約されるという考え方である。

このように見てくると、森林の共用と節約にはどうもボーダーレスな部分があり、そのボーダーを左右するのが伐採面積のようである。考えてみれば、林学分野で小面積皆伐の推進を検討するときも常に、どのくらい小さければ小面積か（あるいは択伐か）という議論があり、このボーダーレス議論とよく似ている。小面積皆伐の閾値の議論は今も続いているが、なかなか普遍的な答えは見つからない。そのなかで、国内外の多くの文献の比較分析にもとづいて作成された**図7・12**の区分（溝上 二〇〇七）が、現状では最も整理された

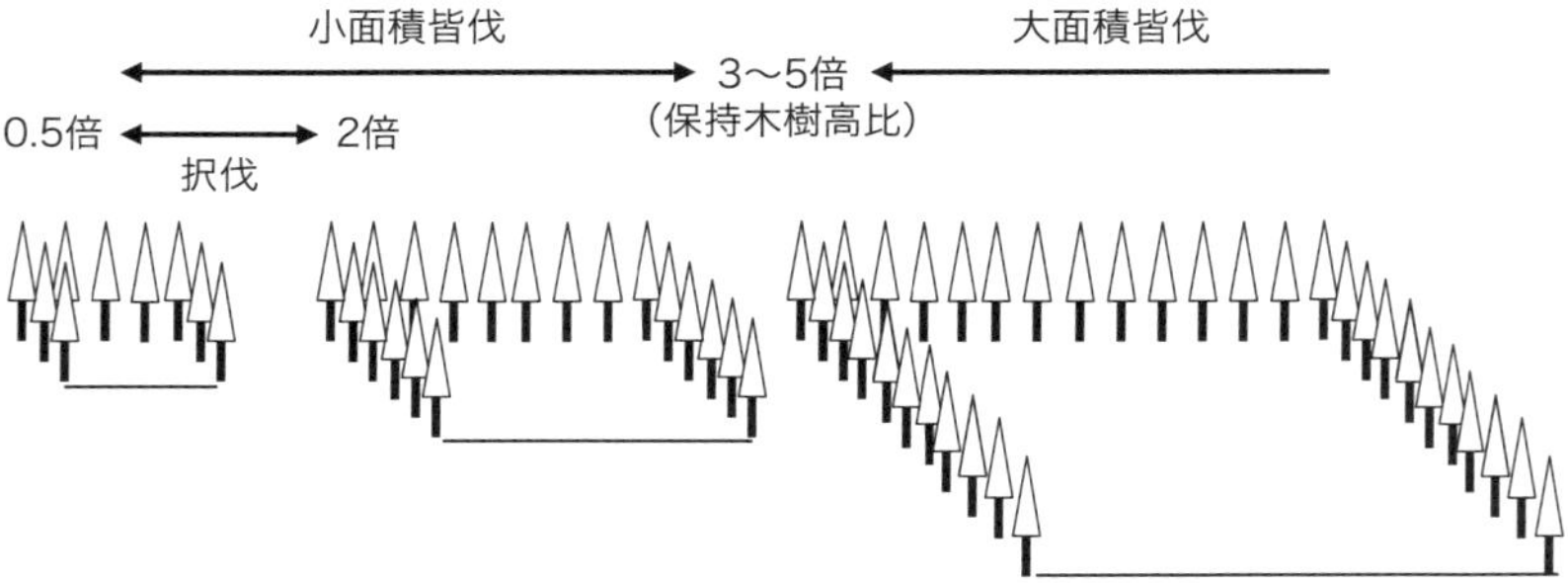

図 7.12　小面積皆伐と大面積皆伐と区分の模式
伐採面における更新木の成長が隣接林分に影響を受ける範囲と受けない範囲の比率にもとづいて区分すると、保持木の樹高の 3 〜 5 倍以上の長さ（あるいは帯幅）をもつ伐採面は大面積、それ以下は小面積と区分される。択伐かどうかは伐採頻度も関係する
（溝上 2007 をもとに作成）

ものであると思う。この区分では、伐採地の一片の長さが保持木樹高の三〜五倍以下かどうかで小面積皆伐と大面積皆伐を区分しており、樹高が三〇メートルの場合はおおむね〇・六〜一・八ヘクタール（帯状の場合は幅九〇〜一五〇メートル）以下が小面積皆伐と定義される（Fujimori 2001）。さらに、伐採面の一辺の長さが保持木樹高の二倍以下の場合は、伐採頻度が十分に低ければ択伐と見なすこともできる（藤森 二〇〇三）という見解である。閾値が少し大きめに感じるかもしれない。なぜなら、この区分はあくまで樹木の成長に関する林縁効果の範囲にもとづいたものであり、その他の生態学的な機能評価にもとづくものではないことに注意が必要である。

ちなみに、英国では、〇・一〜〇・五ヘクタール以下の伐採は裸地をつくったうちに入れず、林冠が継続的に被覆されている（Continuous cover forestry）と見なす考え方がある（Forestry Commission 2004）。しかしこれも、必ずしも科学的な機能評価（どのくらい小さければ大面積皆伐の弊害を十分に軽減できるか）にもとづくものではないようである。求めている答えを得るには、おそらく前項（233ページ

「木材供給以外の生態系サービスから見た小面積皆伐のメリット」）で紹介したような機能面からの研究がもっと必要なのだろう。そして、その答えは求める機能（軽減したい弊害）の種類や森林の条件によっても異なるのだろう。

ちなみに筆者は、日本の複雑な地形などを考慮すると、後述するように、森林管理には共用よりも節約のほうが重要だろうと考えている。複層林の失敗例をもう一度見てほしい。理想を求めて細かな共用を志向した結果、二段林型複層林という経営的・技術的に困難な管理方法を選択してしまった。その後、これを少し節約側にシフトさせた小面積皆伐による複相林は、少し大きめのスケールでとらえれば一つの森林のなかを保持パッチと伐採地で共用しているが、より小さなスケールで見れば伐区と保持区という節約的な土地の使い方をしている（図7・11）。その結果、経営的にもあまり多くの負荷は生じずにすんでいる。保持林業の場合も同様に、複雑な立地環境に合わせて保持パッチを配置することで、生物多様性や生態系サービスを維持しながら、林業経営への負荷を小さくできる可能性があると考える。共用をやめて節約にしようと言っているのではない。帯状・群状傘伐のように、小面積皆伐によるパッチ状保持と林地内の単木保持を組み合わせる方法もあるだろう。大事なのは目的に合致した適切な保持のやり方であり、今望まれているのはこれに対する科学的知見である。もし仮にパッチ状保持が単木保持と同等の効果を有するのなら、筆者は林業経営面から圧倒的にパッチ状保持を推奨するだろう。

保持林業をどこに置くか——集水域管理とゾーニング

前項で述べたように、保持林業という枠組みのなかで共用的に（単木保持で）実践するのか、それとも節約的に（群状保持で）するのかは、今後の重要な検討材料である。しかし、それ以前にも考えるべきことが一つある。それは、生産性重視の従来型林業と生態系機能重視の保持林業の場所を適切に使い分ける節約の考え方である。保持林業を含め、個々の林分の構造を誘導する林分管理は確かに重要だ。しかし、そもそもそのような構造の林分をどこに置くかというゾーニング（景観管理）はもっと重要である（伊藤 二〇一四）。つまり、保持林業の枠組みのなかでのバリエーションではなく、もう一つ上のレベルでの施業方法の配置が重要なのである。ここでは、従来施業 vs 保持林業という構図で、施業方法の配置について考えてみたい。

まず提示したい疑問は、すべての林で保持林業を実施しなければならないのか、である。確かに、単純同齢林造成型の従来施業はインパクトが大きい。しかし筆者は、皆伐一斉造林方式は木材生産の面から見ればきわめて合理的な方法だと考えている。まったくやってはいけないという話ではないだろう。例えば田畑を考えてみよう。普通の農地では毎年強度攪乱を起こし、その後に単一種群落（モノカルチャー）をつくる。これが許されるのであれば、たとえ短い伐期であったとしても、針葉樹の畑をつくる人工林施業のすべてが悪くはないはずである（伊藤 二〇一六）。たかだか四〇年に一回の破壊なら、田畑の四〇倍は許されていいかもしれない。しかしここで考えなければいけないのは、環境の幅が広い日本の国土条件である。林業は農業生産のような環境の制御が困難なため、自然条件への依存性が高く、しかも多くの森林は傾斜地に分布している。土地の生産力や災害リスクなどの土地の脆弱性を考えれば、どこでも大規模な針葉樹の畑にしてよいはずがない。つまり、そもそも生産性の高い林業を持続的にやろうとすれば、その置き所が肝心なのである。

では、どこでなら針葉樹の畑が許されるのだろうか？　逆に、どこに非皆伐施業や保持林業を配置すべきなのか？　おそらく、後者を配置すべき場所は土地の脆弱性や生物多様性の劣化リスクが高い場所だろう（伊藤 二〇一四）。また、二段林型複層林と同様に、立地条件によっては保持林業を技術的・経営的に普及・適用できない場所も当然あるだろう。さらに、保持林業の全面導入によって木材の生産性が低下してしまうようであれば、この面からも適用範囲を考えなければならない。

こうして考えると、すべての木材生産林を対象に保持林業を普及させる必要があるのか、よく考える必要がある。これまでの日本の森林管理で批判されている内容をよく見ると、特定の施業が悪いとか、あるいは植えている樹種が悪いといったことではなく、それぞれの施業の適性を考慮せず一律に実施していることに問題がある場合が多い（伊藤 二〇一六）。このことは、保持林業を適切に普及させていくうえでとても重要だろう。

保持林業における木の残し方——少し意地悪な私論

置き場所が決まったら、その場所に合わせて実践の方法を考えていかなければならない。実践上最も重要で難しいのは、どのような木を、どのくらい、どんな配置で残すかである。しかし、何度も繰り返すように、そのための研究成果はまだ十分には蓄積されていない。今後は、どのような方式であれば保持林業導入の効果があり（実効性）、実施できるのか（実行可能性）を明らかにしていく研究が必要である。現段階では、過去の複層林施業の失敗から学べることが多いかもしれない。いくつかトピック的に検討してみよう。

まず、林地内保持木を何本（あるいは何％）残すのかについてである。昔のアカマツ保残木作業では三〇本／ヘクタール程度が推奨されており、それ以上の保持木密度では下木の成長が阻害されるとされている（千葉 一九八二）。ただし、アカマツの樹冠は葉群の密度が低く林床の光は維持されやすい。したがって、葉群の密度が高く被圧効果の強い樹種（スギ、ヒノキ、トドマツや広葉樹など）なら、保持木本数をもっと減らすべきであろう。特に広葉樹を保持する場合は、針葉樹に比べて単木の樹冠サイズが大きいため、保持密度をかなり低く設定する必要があると思われる。保持本数の基準は、過去の二段林型複層林の事例が参考になるはずである。パッチ状に残すケースでは、228ページ「小面積皆伐跡地の植栽木の成長」で紹介したような研究成果を比較的容易に適用できるかもしれない。ちなみに、海外の事例がまとめて紹介されている文献（Gustafsson et al. 2012）によれば、保持率が面積比率で五%以下という少ない事例もあるが、一〇〜二〇%程度が一般的であり、なかには五〇%近くを保持する例もあるようである。

次に、どんな木を残すかについて考えてみる。これは、まず残す目的によって異なると考えられる。例えば、鳥類や昆虫類の餌資源を想定するのであれば、これに値する樹種が必要になる。猛禽の営巣環境を想定するのであれば、大径化した針葉樹の植栽木でもその役割を果たすかもしれない。そもそも広大な針葉樹人工林が広がる景観では、生育場所を奪われた広葉樹の林冠構成種を残すことにも意義がある。場合によっては、希少種の樹木を保持するというようなケースもあるだろう。

このような保持目的に加えて、もう一つ考慮しなければならないのは保持木の倒伏リスクである。過去の二段林型複層林の事例では、強度間伐後の台風による上木の倒伏被害が多数報告されている。一方、保持木作業では倒伏リスクのない樹木が保持木として選定される。傘伐でも、予備伐で先に上木の倒伏リスクを減らす手順が採られている。このように、保持する目的を果たし続けられるような形状や性質の樹木を残すことも必要である。海外の事例では、保持木の約四分の三が伐採作業によって何がしかのダメージを受け、一一〜一六%の樹木が枯死または消失したという報告（Clatterbuck 2006）や、一〇%保

図 7.13　植栽木を保持する保持林業
写真は自然林再生のために群状および帯状に伐採し広葉樹が植栽された場所である。このような形でスギ造林木を保持し、伐採面で更新を行なうような保持林業の形態もありうる

持した樹木のうち被害の少ない樹種で一三％、多い樹種で四二％が伐採後四年間に枯死したという報告（Bladon et al. 2008）もある。

もう一つ、本来の自然植生の視点からも保持する樹種の選定を考えてみたい。日本の人工林のほとんどは針葉樹が植栽されているため、劣勢になった樹種を残そうとすると広葉樹に焦点があたりやすい。北海道で試行されている保持林業の事例（第5章）では、トドマツ人工林内の広葉樹が積極的に保持されている。この樹種選択は、行き場を失った広葉樹を積極的に残すという面で意味があるだろう。ただし、対象地の本来の自然植生が仮に亜寒帯針葉樹林の場合は、少し異質な樹種を残していることになる。温帯域でも同様で、必ずしも広葉樹にとらわれる必要はないのではないだろうか。ヒノキの天然分布域で保持木から老齢のヒノキを除外する必要はない。さらに言えば、最近の植生史研究では日本の国土のかなりの範囲で、スギやヒノキなどの温帯性針葉樹が優占していたと考えられており（高原 一九九八、箱崎ら 二〇〇九）、これらは近世以前にほぼ伐りつくされたという見方もある（タットマン 一九九八）。これらの研究に論拠をおき、本来の自然植生を再生するという視点に立てば、人工林で老齢・大径化したスギやヒノキを積極的に排除する理由はないことになる。樹種選択は一律に広葉樹ではなく、もっと柔軟にかつ目的に合うように考えるべきだろう（図7・13）。

最後に、保持林業で保持木を保持し続けることについて考える。二段林型複層林のように、下木を傷つけずに上木を伐採・収穫するのはかなり面倒で、技術的にも経営的にも難しい。これに比べて保持林業は単に樹木を残すだけなので、作業上の困難さは大幅に減り、更新木に対する被害リスクはあまり考えなくてよくなる。ただし、保持した樹木は永遠に生き続けるわけではなく、いずれ枯れて倒れるリスクは避けられない。そう考えると、保持木をどこかの時点で伐ることも視野に入れてもよいのかもしれない。例えば単木保持の場合、次の伐期では成長してきた新しい木を残して、倒伏リスクと被圧効果が大きくなりすぎた前代の保持木を伐るなどの管理方法も、将来的には検討に値するだろう。この場合は、周囲に十分機能する代替パッチが存在するかなども含めて考えることになる。先に紹介した諸塚村の帯状交互皆伐のエピソードを思い出してほしい。保持林業にもモニタリングと順応的管理が必要ということは間違いないだろう。

生業《なりわい》としての保持林業

林業は生業である。儲からなければ話にならない。生業として、産業として林業を成立させるためには、コストや収益性は絶対に無視できない。従来型の合理的な一斉林施業に関してですら、いかに造林・育林コストを軽減するかが今も研究され続けている（伊藤 二〇一六、梶本 二〇一七）。

おそらく、保持林業が従来型の施業に比べて多少なりとも収益性を下げてしまうのは避けられないだろう。それでも保持林業を実施していくとすれば、そこで生産される木材に対する市場でのインセンティブや、収益性の低下に対する補助や所得補償など、保持林業を実行できる社会的・制度的な体制の整備が必要である（第8〜10章）。この意味でも、保持林業がもたらす効果とその限界を科学的に評価する研究の蓄積が早期に望まれる。

他方、日本林業を取りまく現状は相変わらず厳しい。このような情勢のなか、仮に保持林業の生態学的なメリットに対して多少の補助・補償制度があったとしても、結果的に今より大きく収益性を下げることは林業者にとっては許容できないだろう。しかし、現行の林業補助金の仕組みでは、保持林業は単にコストが増えるだけで、儲かる林業にはつながりそうにない。今後は、保持林業が森林所有者や林業者の利益につながるように、森林環境税などによる補助金などの制度を見直していくことも必要だろう。他方、生態系の機能を重視する保持林業であっても、林業である限り生産目標を設定し、コストを削減しながら一定の収益を担保することからはずれてはいけない。そうでなければ、混交林化などと同様、結果的に林業放棄になってしまう危惧も捨てきれない。前に述べた「どこに置くか」や「何をどう残すか」という生態学的な視点と同様に、林業として経営的に成立させることを前提とした作業方法の選択も、今後の保持林業の成否を左右する重要なファクターになるだろう。

【引用文献】

赤井龍男（一九七七）ヒノキ林の地力減退問題とその考え方　林業技術　四一九：七―一一

Bladon, K. D., Lieffers, V. J., Silins, U., Landhäusser, S. M., Blenis, P. V.（2008）Elevated mortality of residual trees following structural retention harvesting in boreal mixedwoods. Forestry Chronicle 84: 70-75.

千葉宗男（一九八一）天然更新　堤　利夫・川名　明編　新版造林学　朝倉書店　一三〇―一五五

Clatterbuck, K. W.（2006）Logging damage to residual trees following commercial harvesting to different overstory retention levels in a mature hardwood stand in Tennessee. In Proceedings 13th Biennial Southern Silvicultural Research Conference, TN, USA. 591-594.

Coates, K. D.（2000）Conifer seedling response to northern temperate forest gaps. Forest Ecology and Management 127: 249-269.

Fischer, J., Abson, D. J., Butsic, V., Chappell, M. J., Ekroos, J., Hanspach, J., Kuemmerle, T., Smith, H. G., von Wehrden, H.（2014）Land sparing versus land sharing: moving forward. Conservation Letters 7: 149-157.

Forestry Commission（2004）Transforming even-aged conifer stands to continuous cover management. Forestry Commission.

藤森隆郎（一九九一）多様な森林施業　全国林業改良普及協会

Fujimori, T.（2001）Ecological and silvicultural strategies for sustainable forest management. Elsevier.

藤森隆郎（二〇〇三）新たな森林管理――持続可能な社会に向けて　全国林業改良普及協会

五味高志・宮田秀介・恩田裕一（二〇一〇）ヒノキ人工林流域における表面流の発生と流域の降雨流出特性　水利科学　五三（六）：七七―九四

Gustafsson, L., Baker, S. C., Bauhus, J., Beese, W. J., Brodie, A., Kouki, J., Lindenmayer, D. B., Lõhmus, A., Pastur, G. M., Messier, C., Neyland, M., Palik, B., Sverdrup-Thygeson, A., Volney, W. J. A., Wayne, A., Franklin, J. F.（2012）Retention forestry to maintain multifunctional forests: a world perspective. BioScience 62: 633-645.

箱﨑真隆・吉田明弘・木村勝彦（二〇〇九）福島県鬼沼における木材化石と花粉化石からみた完新世後期の時空間的な植生分布とサワラ・アスナロ湿地林　植生史研究　一七：三―一二

林　泰治（一九二八）カシ類更新法試験成績に就て　研修　七六　熊本営林局

Hirata, R., Ito, S., Eto, K., Kotaro, S., Mizoue, N., Mitsuda, Y.（2015）Early growth of hinoki（*Chamaecyparis obtusa*）trees under different topography and edge aspects in a strip-clearcut site in Kyushu, Southern Japan. Journal of Forest Research 20: 522-529.

Ito, K., Ota, T., Mizoue, N., Yoshida, Y., Sakuta, K., Inoue, A., Ito, S., Okada, H.（2017）Differences in growth responses between *Cryptomeria japonica* and *Chamaecyparis obtusa* planted in group selection openings in Kyushu, southern Japan. Journal of Forest Research 22: 126-130.

Ito, S., Ishigami, S., Mitsuda, Y., Buckley, G. P.（2006a）Factors affecting the occurrence of woody plants in understory of sugi（*Cryptomeria japonica* D. Don.）plantations in a warm-temperate region in Japan. Journal of Forest Research 11: 243-251.

Ito, S., Ishigami, S., Mizoue, N., Buckley, G. P.（2006b）Maintaining plant species composition and diversity of understory vegetation under strip-clearcutting forestry in conifer plantations in Kyushu, southern Japan. Forest Ecology and Management 231: 234-241.

伊藤　哲（二〇一一）森林の成立と攪乱体制　日本生態学会編　シリーズ 現代の生態学８ 森林生態学　共立出版　三八―五四

伊藤　哲（二〇一四）試論 私はゾーニングをこう考える① 林業成立の可否と、その道標としてのゾーニング　現代林業　五七八：四二―四七

伊藤　哲（二〇一六）低コスト再造林の全国展開に向けて――研究の現場から　山林　一五八六：二―一一

梶本卓也（二〇一七）再造林とコンテナ苗の活用――最近の実証研究事例からみた現状と今後の課題　山林　一五九四：二―一〇

片山茂樹（一九三六）イチヰガシ林の施業上主要なる事項に関する研究　熊本営林局

渓畔林研究会編（二〇〇一）水辺林管理の手引き――基礎と指針と提言　日本林業調査会

甲山隆司（一九八四）亜高山帯シラビソ・オオシラビソ林の更新　遺伝　三八（四）：六七―七二

Kohama, T., Mizoue, N., Ito, S., Inoue, A., Sakuta, K., Okada, H.（2006）Effects of light and microsite conditions on tree size of 6-year-old *Cryptomeria japonica* planted in a group selection opening. Journal of Forest Research 11: 235-242.

真鍋　徹（二〇一一）森林のギャップダイナミクス　日本生態学会編　シリーズ 現代の生態学８ 森林生態学　共立出版　一二一―一三五

正木　隆・佐藤　保・杉田久志・田中信行・八木橋勉・小川みふゆ・田内裕之・田中　浩（二〇一二）広葉樹の天然更新完了基準に関する一考察――苗場山ブナ天然更新試験地のデータから　日本森林学会誌　九四：一七―二三

三善正市（一九五九）カシ・シイの中心郷土地帯における常緑広葉樹林の林分構成・成長・更新ならびに施業に関する研究　宮崎大学農学部演習林報告　三：一―一三八

溝上展也（二〇〇七）帯状・群状伐採方式　森林施業研究会編　主張する森林施業論――22世紀を展望する森林管理　日本林業調査会　一七六―一八七

溝上展也・伊藤　哲・井　剛（二〇〇二）宮崎県諸塚村における帯状複層林のスギ・ヒノキ下木の成長特性　日本林学会誌　八四：一五一―一五八

Sprugel, D. G.（1976）Dynamic structure of wave-regenerated *Abies balsamea* forests in the northeastern United States. Journal of Ecology 64: 889-911.

高原　光（一九九八）スギ林の変遷　安田喜憲・三好教夫編　図説日本列島植生史　朝倉書店　二〇七―二二三

竹内郁雄（二〇〇七）複層林施業　森林施業研究会編　主張する森林施業論――22世紀を展望する森林管理　日本林業調査会　一五七―一六五

タットマン（一九九八）日本人はどのように森をつくってきたのか（熊崎　実訳）築地書館

Utsugi, E., Kanno, H., Ueno, N., Tomita, M., Saitoh, T., Kimura, K., Kanou, K., Seiwa, K.（2006）Hardwood recruitment into conifer plantations in Japan: effects of thinning and distance from neighboring hardwood forests. Forest Ecology and Management 237: 15-28.

Yamagishi, K., Kizaki, K., Ito, S., Hirata, R., Mitsuda, Y.（2017）Effect of surface soil conservation by litter from shelterbelts on *Chamaecyparis obtusa* plantation. Journal of Forest Research 22: 69-73.

山川博美・伊藤　哲・作田耕太郎・溝上展也・中尾登志雄（二〇〇九）針葉樹人工林の小面積皆伐による異齢林施業が下層植生の種多様性およびその構造に及ぼす影響　日本森林学会誌　九一：二七七―二八四

山川博美・伊藤　哲・中尾登志雄（二〇一三）照葉樹二次林に隣接する伐採地における六年間の種子散布　日本生態学会誌　六三：二一九―二二八

Yamamoto, S.（2000）Forest gap dynamics and tree regeneration. Journal of Forest Research 5: 223-229.

Yamashita, K., Mizoue, N., Ito, S., Inoue, A., Kaga, H.（2006）Effects of residual trees on tree height of 18- and 19-year-old Cryptomeria japonica in group selection openings. Journal of Forest Research 11: 227-234.

◉第8章

諸外国の生物多様性を保全するための制度・政策

柿澤宏昭

本章の目的は、欧米・オセアニア諸国において、森林管理のなかで生物多様性保全を確保するために、どのような森林管理をめざし、それを達成するためにどのような制度・政策を展開しているのかについて明らかにすることである。本書では森林管理における環境・生物多様性への配慮のなかでも保持林業を焦点としているが、海外における環境配慮型施業は保持林業以外にも多様なものがあり（柿澤 二〇一八）、今後の日本の森林管理政策を考えるうえで、環境配慮の多様なありようを押さえておく必要がある。そこで、本章では保持林業以外の生物多様性や環境に配慮した森林管理についても併せて取り扱うこととする。また、国・州などが策定する法制度だけではなく、環境配慮にかかわる指針の作成や指導普及といったソフト面の取り組み、森林認証などの自主的な取り組みについても視野に入れる。

本章で分析対象として取り上げる国・地域は以下のように設定した。保持林業は皆伐施業にともなう問題への対処から始まり、一般的には皆伐施業に組みこまれる形で進んでいる。このため、皆伐一斉更

表 8.1 本章の分析対象国の生物多様性保全の森林制度・政策の概要

施業方法・資源の状況		国・地域	森林法令による規制	誘導、認証
皆伐施業主体	生産林の比率が高い（天然林と人工林の区分があいまい）	フィンランド	森林ビオトープ保全	保持伐、河畔域保全などを認証で確保（基本は政府ガイドライン）
		スウェーデン	伐採時の環境配慮	森林ビオトープ保全、保持伐、河畔域保全などを認証で補強
		カリフォルニア州・ワシントン州	河畔域保全・保持伐など包括的規制	
		上記以外の合衆国の州	連邦水質浄化法による面源汚染規制	左記をBMP、事業体認証などで確保
	保護林（天然林）と生産林（人工林）の明確な区分	ニュージーランド	生産林については原則なし	FSC 認証基準に保持伐施業なし（絶滅危惧種・薬剤使用など）
非皆伐施業主体		ドイツ（BW 州）	皆伐上限＋ビオトープ保全	近自然林誘導（枯損木残置含む）

新を主体として施業を進めている国々からスウェーデン、フィンランドという北欧二カ国とアメリカ合衆国、ニュージーランドを取り上げる（表8・1）。

北欧諸国では英国やドイツなど市場での環境保護圧力が高い国を輸出市場としていることもあって、環境対応を進めてきており、施業をコントロールする政策と森林認証の組み合わせで実効性を確保しようとしてきた。またこの二国のなかでも森林所有者の規模・性格や社会的な状況の相違から、フィンランドでは国が積極的に介入して施策を進めている一方、スウェーデンでは森林所有者への普及・教育を基礎として環境対応を進めようとしている。

一方、アメリカ合衆国では連邦環境法規制、国内の活発な自然保護運動の影響下で、それぞれの州が、州の課題や社会状況に応じた施業コントロールの施策を展開している。多くの州が連邦法にもとづく水質保全を主体とした施業のコントロールを行なうなか、ワシントン州・カリフォルニア州では自然保護団体や先住民運動の圧力から保持伐も含めた包括的な森林施業規制を実施している。

ニュージーランドでは天然林と人工林を区別し、前者については保護、後者については生産の対象とすることを関係者の合意によって基本路線とし、人工林管理に関しては地方自治体が行なう環境政策のなかで取り扱うというユニークな政策をとっている。

また、非皆伐施業を主体として森林管理が行なわれている地域としてドイツのバーデン・ビュルテンベルク（BW）州を取り上げる（表8・1）。同州では伝統的に非皆伐施業を基本として森林管理が行なわれてきたが、大規模風倒の反省もあって、自然のプロセスを模倣して樹種の多様性や階層の多層性を確保した近自然林業を志向するようになり、そのなかで枯損木の残置といった保持林業も取り入れてきている。

以上、それぞれ特徴をもっているので、森林管理の方向性とそれを支える制度・政策の仕組みだけではなく、その背景についてもできる限りふれながら説明していきたい。そして、最後に日本が学ぶべき点について考察する。

フィンランドにおける環境配慮型施業と制度・政策

フィンランドでは一九九六年に森林法が改正され、法の目的として木材生産と生物多様性の維持を併置し、資源育成を基本とした法体系を大きく転換した。この背景としては第一に一九九二年の地球サミット以降、国際的な取り組みが活発化したこと、第二にこれにともない欧州の木材市場での環境配慮の要求が高まり、林産物が重要な輸出産品であるフィンランドは対応が迫られたこと、第三に国内の環境保護運動が高まったこと、そして第四に社会民主党を中心として保守派から旧共産党までを含む連立政権が誕生し自然環境保全を重視したこと、などが背景として指摘できる。

環境配慮型森林施業を確保するための制度・政策は、森林法体系によるものと、森林認証によるものに分けられるので、それぞれについて見てみよう。

森林法による環境配慮型施業の規定とその実行手段

森林法は「経済・生態・社会的に持続可能な森林の利用と管理を、森林が持続的かつ満足すべき生産を提供する一方で生物多様性を維持できるような形で、すすめること」（第1条）を目的とし、生産と生物多様性保全（注1）を同列に扱うこととしている。

森林法によって、環境保全にかかわって規定していることは以下の点である。

第一は伐採後の更新であり、主伐後三年以内に更新することを所有者に義務づけている。更新は天然更新・人工更新いずれの手法を用いてもよいが、更新したと認められる条件を満たすことや人工造林に用いることができる樹種が法律に規定されている。

第二に伐採を行なうにあたって「残存木や伐採対象地以外への損傷を回避し、また森林の成長力を阻害するような土地への影響を回避する」ことへの配慮を求めている。

第三には生態系保全の配慮であるが、森林の管理は生物多様性が守られるように行なうべきであるという一般的規定をおいたうえで、具体的には重要なビオトープを保全することを求めている。重要なビ

図 8.1　フィンランドの私有林に設定された重要なビオトープ保護区（タイプ①）

オトープとは森林内に小規模に存在する生態系保全上重要な場所であり、森林法において以下の七つのタイプを定めている。

①湧水・渓流・〇・五ヘクタール以下の内水面に接している森林で水系と森林が近接して特別な生育状況をつくっている場所

②自然・半自然の沼沢地

③下層植生が特別に豊かな自然・半自然林および灌木林

④排水工事が行なわれていない泥炭地上のヒースの生えた小さなまとまりの森林

⑤一〇メートル以上の深さをもつ急傾斜の渓谷でほかと異なった特有の植生をもつところ

⑥一〇メートル以上の高さをもつ崖でその下に森林が存在しているところ

⑦砂質土・巨岩・岩盤など貧困な土壌に成立している疎林（図8・1）

以上のような重要なビオトープに対して、更新は自生種によって行なうことを求め、また環境に十分な配慮をする場合にのみ木材の搬出を可としているほか、主伐や林道の建設、排水路の作設などを禁止している。また、例えば①および②については単木的施業を行なうなど、タイプごとに施業の規制内容を規定している。

以上の保護措置によって所有者が大きな損失を被る場合には、所有者の申し出にもとづいて規制当局が規制を緩めることができるが、環境配慮にかかわる補助金を受けている場合はその限りではない。

重要なビオトープに指定されている面積は二〇一三年九月現在一七万六五三七ヘクタールで、生産林に占める比率は〇・九％となっていた（METLA 2015）。

上述の森林法による施業規制は伐採届出制によって運用されている。すべての森林所有者は自家用利用をのぞいて伐採などの施業を行なう際は、森林行政機関である森林センターに届け出ることが義務づけられている。センターは森林関連法規に合致しているかを審査し、問題がある場合には変更させるために所有者と交渉を行ない、交渉が不成立または計画が法規に違反している十分な理由がある場合、フィンランド農山村局は森林センターの申し立てにもとづき計画を差し止めることができる。

伐採届出制の適正な運用を確保する仕組みとして第一に指摘できるのは人材の確保である。森林センターでは、森林科学の専門教育を受けた者を職員として採用し、研修を行ないつつ、一定地域に長期間配属することによって、地域の森林・所有者を知悉《ちしつ》し、状況に即して制度の適用を図る能力をもつ伐採届出審査担当者を確保している。こうした人材の確保はフィンランドに限らず、今回取り上げた国・地域に共通している。専門性・地域性双方を兼ね備えた森林官の存在が、適切な森林の管理を実行するためには欠かせないのである。

第二に指摘できるのは情報インフラの整備であり、森林情報を地理情報システム（ＧＩＳ）上にのせ、森林センターが迅速かつ適切に伐採届出の処理ができるような支援システムが構築されている。また、重要なビオトープの情報も、国の事業として全森林を対象とした調査を行なって場所を特定し、GIS上のデータベースに組みこんでいる。以上のような人材・情報インフラの整備のもとで伐採届出制の適切な運用が可能となっているのである。

環境配慮のための施業に対する規制は、森林所有者などに施業コスト増という負担をかけることとなり、これへの対処を行なわないと、所有者の反発を招き施策の円滑な展開が困難となる。フィンランド森林法では、重要な生息域の保全によって所有者が損失を被る場合にはその補償を行なうことを規定している。なお、森林法とは別に「持続的林業に対する財政支援法」という法律が制定されており、生物多様性保全にかかわって、法律に規定されている以上の配慮・あるいは行為を行なった場合、その費用、あるいは損失の一部または全部を補償することができる条項もあるが、森林関係予算が限られている。このため、現在のところ保持林施業などの環境配慮型施業に対する補助金の仕組みはない。

METSO（フィンランド南部森林生物多様性プログラム）

フィンランドでは国立公園や自然保護区などの規模の大きな保護区域指定は国有地を対象として進めたため、保護区は国有地が多い北部地域に集中していた（Parviainen and Västilä 2012）。一方、南部の林業がさかんな私有林地帯では保護区はほとんど存在しておらず、保護地域の拡大の必要性が認識されていた。ここで着目されたのが森林法で定められた重要なビオトープを中心に保護区ネットワークを形成することであったが、森林法によるビオトープ保護も伐採を禁止するわけではなく、損失補償の仕組みも十分ではない。このことから通常の仕組みではビオトープを中心とした森林内の保護区ネットワークが十分確保できないと認識された。このため二〇〇八年から進められているのがＭＥＴＳＯ（フィンランド南部森林生物多様性プログラム）である。

このプログラムは、森林所有者の自発性にもとづいて行政との間でビオトープ保護にかかわる協定を結びつつ、保護区のネットワークを形成しようとするものである。協定は二種類あり、所有はそのままで損失補償によって時限的な保護区とするか、国が森林を買い取って国の保護区とするかを所有者が選択する。こうした協定締結にあたっては、環境庁が生物多様性の知見を生かして保全すべきサイトの選定基準の策定などを行ない、森林所有者と日常的な接触があり信頼関係を形成している林野庁が森林所有者との交渉にあたるなど、それぞれの特性を生かした省庁間協力関係を構築して展開している。

所有者の自発性にもとづいて、政府との協定によって保護を進めるという点で新たな施策手法を展開していること、環境省・林野庁が省庁の枠組みを超えて進めていることから国際的にも注目を集めている。

森林認証などの自主的な取り組み

前述のように、フィンランドでは環境配慮型施業の実行にあたって森林認証が重要な役割を果たしている。環境問題に敏感な欧州市場でのフィンランド材の場所を確保するために森林認証が必要であることが認識され、一九九六年から認証制度構築の作業を進めてきたが、小規模林家が主体のフィンランドではＦＳＣ森林認証の取得は困難であることから、ＰＥＦＣの認証スキーム（注2）のもと、地域を包括的に認証する地域認証というフィンランド独自の仕組みが構築された。

フィンランドの地域認証の仕組みは行政－森林センターと所有者組合－森林管理組合が協働して認証

図 8.2　フィンランド
森林経営方針について話し合う所有者と森林管理組合職員。森林管理組合職員の専門的な支援が持続的・効率的経営や森林認証を支えている

作業を進めたのが特徴であり、森林所有者は実質的に森林管理組合への強制加入制となっていたため地域認証が円滑に導入されたといえる。現在個人有林はほぼ一〇〇％に近い認証カバー率となっている（柿澤 二〇〇六 a）。

森林認証制度にもとづく環境配慮型施業の実行については、森林認証基準に国が策定した施業ガイドラインが組みこまれていることで確保されている。フィンランドにはＴＡＰＩＯという森林行政を専門的立場から支援する組織があるが、この組織が農林省の指示にもとづき、既存の研究成果をもとにして研究者・技術者の協力のもとで施業ガイドラインを策定している。このなかで保持林施業や河畔域保全など生態系に配慮した施業のあり方についても、科学的な根拠をもって、具体的に提示している。ただし、これはあくまでもガイドラインであって、所有者はしたがう義務はなく、森林センターなどでも普及指導の素材として用いている。しかし、森林認証基準のなかに施業ガイドラインを組みこむことで、行政による強制的な手法なしにその確保が図られているのである（図8・2）。

具体的には、森林認証の基準として森林法で定められた重要なビオトープの保護のほか、広葉樹が主体の下層植生が豊かな森林などについても守るべき重要なビオトープとして保護を求める（基準10）、泥炭地生態系を保護するため排水処理による森林化をしてはいけない（基準11）、把握されている絶滅危惧種の生息域を保護する（基準12）、森林火災に適応した種が重要な場合、生物多様性保全のため火入れ地拵えを行なう（基準13）、伐採地に枯損木などを保残させる（基準14）、河畔域において五〜一〇メートル程度の緩衝域を設定し、そこでの地がき（注3）・施肥・根株掘り起こし・下層植生刈り払い・薬品散布は行なわない（基準17）、といった規定をおいている。基準14では保持木は一ヘクタール当たり最低一〇本を残存させることとし、生立木としては猛禽類の営巣木・大きなビャクシン属樹木・火災跡がある老齢木・前回の更新前よりある巨木・形質の悪い木・広葉樹・鳥類などによって穴をあけられた木などをリストしている。また枯損木を含めて保持木の対象となる立木が一〇本以上ない場合には、胸高直径一〇センチメートル以上で老齢木となって生物多様性に貢献しそうな木を残存させることとしている。

政府が策定した生態系に配慮した施業ガイドラインの実行を森林認証制度によって確保しており、森林認証は政策の補完的な役割を果たしているといえる。

スウェーデンにおける環境配慮型施業と制度・政策

フィンランドと同様、スウェーデンでは、国際的な環境保護の動きと、これに対応した市場での環境配慮要求、国内の自然保護運動を背景として一九九三年に森林法が改正され、林業生産主導の法体系を環境保全と林業を同等の目標とした法体系へと転換した。ただし、フィンランドと異なり、農林家の政治力が大きかったこと、森林法改正時に農民支持政党が政権の一角を占めていたことから、環境配慮を規制ではなく、普及指導的手法を活用して進める政策体系が採用された。

このため、法的な規制は最低限とし、環境配慮などは普及教育を中心に現実化していくこととし、さらにこれを最終的に確保するために森林認証を活用することとした。森林所有者の規模が大きく個別経営能力が高いことから、普及指導を通して認証に耐えるような経営計画の樹立へと誘導し、これを基礎に森林組合による団体認証を行なっている。以下、森林法体系による施業のコントロールと、森林認証の取り組みについて見ていきたい。

森林法による環境配慮型施業の規定とその実行手段

一九九三年に改正された森林法では、法の目的として木材生産と生物多様性（フィンランドと同様自然環境保全と同義とされる）を同列に設定した。

森林法は森林所有者に対して、まず伐採後の更新と保育を義務づけている。更新は三年以内に確保することが求められており、また十分な数の稚樹がない場合には補植が求められる。また、一定の林齢になるまでの主伐は禁止されている。このほか、五〇ヘクタール以上の所有者に対しては、主伐の最大面積の制限など、資源の持続性を確保するための特別な規制を課している。

特別に価値の高い広葉樹林や更新困難地などについては伐採を許可制としているが、これ以外の一般の生産林については伐採届出制としている。ただし、届出制とはいえ実質的には伐採許可制に近い運用がされており、伐採を行なうにあたって、林野庁が作成した環境配慮型施業の指針にもとづいて、以下の点に対して配慮を求めている。

①希少な動植物種の保護

②河川・湖沼などの水辺に対する一〇〜一五メートル程度の緩衝帯の残置

③過大な面積の伐採の禁止

④脆弱な生息域や歴史的価値のある場所への損害の回避

⑤老齢木などの残置

⑥伐採・搬出による土壌・水環境への影響の最小化

⑦林道・作業道作設による林地への影響の最小化

⑧住居跡地など文化遺産の保全（図8・3、図8・4）

これら配慮事項が適切に伐採計画に組み入れられているかは伐採届出の審査のなかで検討されるが、配慮措置は届出された伐採面積の一〇%を超えて求めてはならないこととし、また右記八項目の環境要求のなかでは希少動植物種の保護を最優先とすべきことが定められている。

なおスウェーデンにおいてもフィンランド同様、生産林内に存在する小規模なビオトープの保護の重要性が認識され、WKH（Woodland Key Habitat）という名称でその特定が進められ（Nylund 2010）、GI

図 8.3　スウェーデンで行なわれている保持林施業
主伐の際に生立木や枯損木を残置している

図 8.4　スウェーデンの伐採地で保全された文化遺産
奥に見える石積みが居住跡地で、伐採の際に破壊することは禁止されている

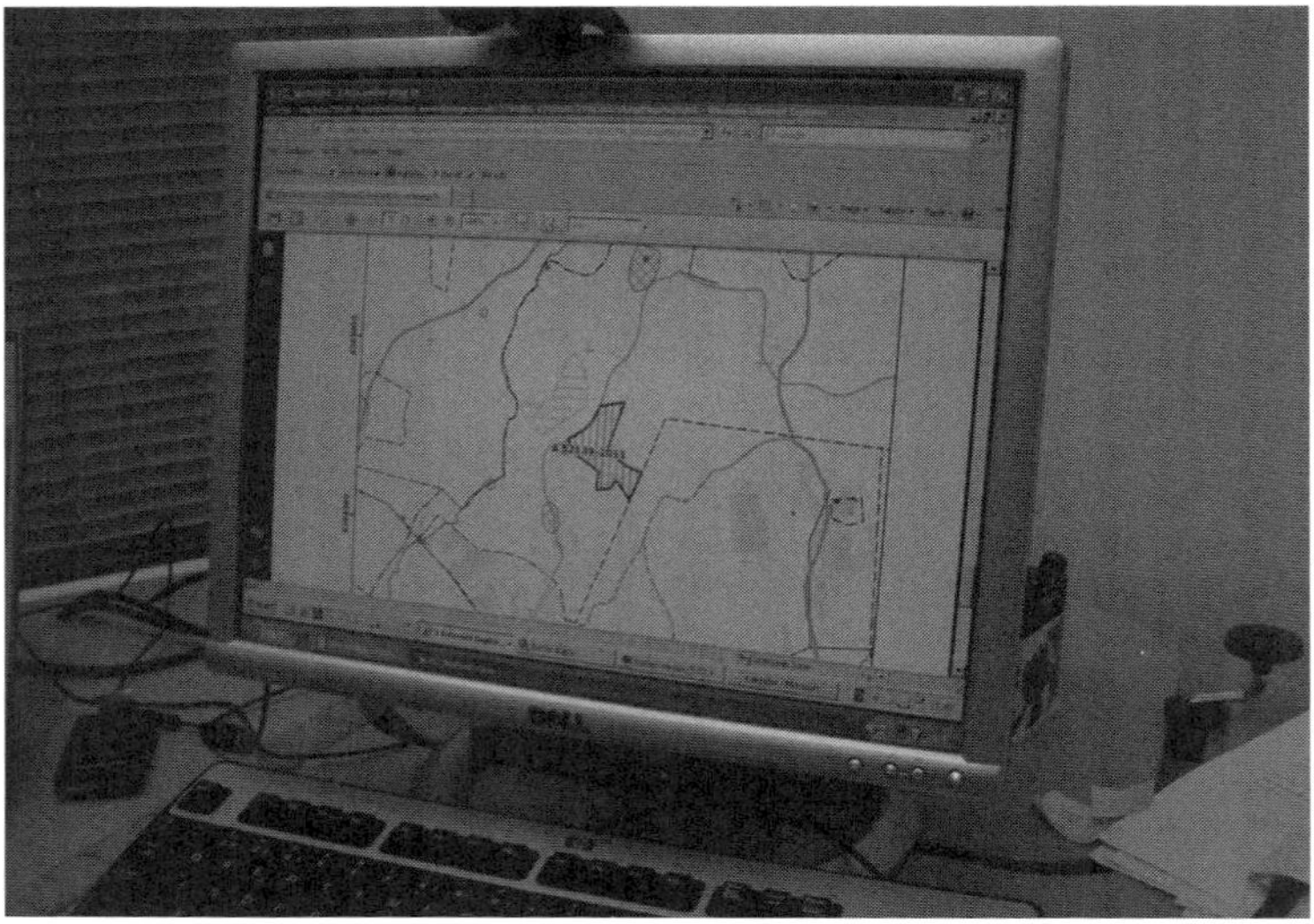

図 8.5　スウェーデンでは GIS 上で森林のデータベースが整備されている

S上のデータベースに整理されてきた。しかし森林法改正において、規制的手法にできる限り依拠しないという基本方針があり、WKHの保護に関する規定は一切組みこまれず、また伐採届出の審査においても一般的な環境配慮のなかで扱われている。

伐採届出の審査は林野庁の出先機関が行なっている。適切な審査を行なう基礎はフィンランドと同様に、地域性をもった専門的人材と、GIS上のデータベース整備などによって確保されている（図8・5）。

スウェーデンにおいては伐採届出の運用状況についてモニタリングが行なわれている。伐採届出記載事項が遵守されているか、更新が適切に行なわれているかについて抽出現地調査を行なっているほか、衛星画像を利用した伐採状況のチェックも毎年行なっている。こうしたモニタリング結果は伐採届出制度運用の改善のために活用されており、PDCA（Plan-Do-Check-

Action）サイクルが機能していることの重要性が指摘できる。

なお、一九九八年に議会主導で「スウェーデン環境目標」を策定し、全省庁が関与した国家的プロジェクトとして、長期的な持続可能な社会形成のための環境負荷低減の取り組みを行なっている（Swedish Environmental Protection Agency 2013）。「持続可能な森林」も環境目標の一つとして設定されており、森林の生産力の維持、森林生態系の機能とプロセスの維持、文化的遺産・環境の保全、自然体験・野外生活の場の保障、危機に瀕する種や生息域の保護などについて具体的な数値目標などが設置されている。またモニタリングおよびそれにもとづく実行状況の評価が継続的に行なわれており、これまでのところ二〇二〇年の期間内に目標達成は見通せないとする厳しい評価が行なわれている（Miljömålsberedningen 2013）。このように、議会において環境政策を重要課題として設定し、森林政策もこのなかに位置づけられて、環境保全の取り組みの強化が求められている。林野庁としても対応を迫られ、環境配慮型施業の指針を改善しつつ、現場向けのガイドラインの策定を行ない、伐採届出制のなかでの環境配慮の取り扱いを明確化するなど、森林法体系の運用の改善に向けた検討を行なっている。

森林認証による生態系保全の確保

森林法は最低限の環境配慮を伐採届出制によって確保する仕組みをとったため、林野庁では、これを越えた環境配慮など持続的森林管理を実行するための森林所有者への普及指導に力を入れてきている。一九九七年に、林野庁は南部を拠点とする森林組合ソドラ（ＳＯＤＲＡ）と共同で、森林所有者向けに「緑の森林経営計画」と称する環境配慮型の森林経営計画のモデル・作成ツールを開発したほか、これをもとにして一九九九年から二〇〇一年にかけて「緑の森へ」と称する普及・教育事業を展開した。「緑の森林経営計画」はＰＥＦＣの森林認証基準と連動し、このプログラムにそった計画策定を行なうことで森林認証を取得できるようになっており、森林政策のなかに認証が位置づけられている（土屋 二〇〇六）。

現在でも、森林組合が「緑の森林経営計画」の策定を継続的に所有者に働きかけつつ認証面積の拡大を図っている。なお上述のように、森林組合はＰＥＦＣの認証を進めてきたが、南部地域を所管する大規模な森林組合であるソドラは、国際市場での地位確保のためにはＦＳＣ認証の取得が重要であるとの認識にいたり、ＦＳＣ森林認証の取得も進めている。こうした積極的な取り組みのなかで、例えばソドラ加入者の森林認証カバー率は七割（ＦＳＣは六割）を超えている。

ＰＥＦＣ森林認証の基準について見てみると、所有山林のうち最低五％については経営から除外する場所として保護し、ＷＫＨについては優先してこれに含めて保護することとした。水土保全への配慮も求めており、林道作設は水辺域を避けること、重機による土壌の攪乱・土砂流出回避などを求めた。また河畔域での施業にあたって緩衝帯を設けることを求めている。また皆伐を行なう際は保持伐の実行を求めた。保持木として認められる種類（例えば広葉樹、老齢木など）を定めるとともに、ヘクタール当たり一〇本以上を残存させることとした。枯損木についても一定材積までは残存させるよう求めた。また、景観レベルでの配慮も求め、五〇〇〇ヘクタール以下の所有者に対しては、地域レベルで策定される環境配慮の行動計画を取り入れて計画策定を行なうこと、より大規模な所有者に対してはギャップ分析などを行ない、広域生態系保全を確保できるような計画策定を求めている。

なおＦＳＣの基準はＰＥＦＣより厳しく、例えばＷＫＨについて、ＰＥＦＣでは所有山林面積の五％を超える部分については保護義務を免除しているが、ＦＳＣではＷＫＨすべてを保護することを要求しているほか、保持木についてもFSCでは枯損木は基本的にすべて残存させることを求めている。このように、FSCとPEFCでは基準の内容が多少異なっているが、森林法で規定されていないWKHの保護や、伐採届出制で十分に確保できない保持林施業や河畔域保全など、政府による環境配慮型施業の指針を入れこんでおり、認証によって指針の実行が確保されている。ソドラ管轄地域など森林認証カバー率が高いところでは、森林認証が政策の補完的な役割を果たしているということができよう（注4）。

アメリカ合衆国における環境配慮型施業と制度・政策

アメリカ合衆国の民有林政策の特徴は、州政府が自然資源管理にかかわる権限をもっているため、各州が独自に法政策の形成を行なってきており、州政府によってその内容は大きく異なることがあげられる（柿澤 二〇〇〇、Ellefson et al. 2004）。一方で、合衆国では自然保護運動の力が強いこともあって、絶滅危惧種法をはじめとして世界をリードするような環境法制度が連邦政府によって早くから確立してきており、これら法制度が各州の森林をはじめとする自然資源政策に大きな影響を与えている。また西海岸諸州においては、自然保護運動が活発に展開しているほか、ワシントン州では先住民の自然資源への権利保障の運動が活発で、森林政策もこれらの運動の影響を大きく受けて形成されている。

現在、合衆国の各州に最も大きな影響を与えているのが連邦水質保全法であり、多くの州はこの法律への対応を基本として、州の森林環境配慮の施策を展開してきている。絶滅危惧種法も森林管理に大きな影響をもっているが、州政府の森林政策全般に影響があるのはサケ科魚類やニシアメリカフクロウの保護など西海岸諸州に限定されている。そこで、まず連邦水質保全法に焦点をしぼって、どのように各州が対応した環境配慮型の森林施策を展開しているのかについて見る。

続いて、自然保護団体や先住民の運動や、絶滅危惧種法の影響を受けて、包括的な施業規制制度を形成してきている州としてカリフォルニア州とワシントン州を取り上げることとしたい。

水質保全を主たる目的とした環境配慮型施業と制度・政策

一九七二年に制定された連邦水質浄化法は州政府に対して、環境水質基準を定め、その基準を達成するために計画を樹立して実行することを求め、また点源汚染（注5）だけではなく、面源汚染も規制対象としていることが特徴である。河川・湿地への土砂の排出・浚渫《しゅんせつ》については陸軍工兵隊の許可を必要とすると規定しているが（四〇四条）、例えば林道作設にともなう土砂の河川への流入など農林業の活動によるものは、一定の条件を満たしている限り許可は必要としないとした。ここで規定されている条件とは、州がＢＭＰ（Best Management Practice）（注6）を制定し、これを遵守させるためのプログラムを策定し、実行することである（Phillips 1992）。これを受けて各州では森林施業に関して面源汚染の低減および四〇四条の農林業への適用回避を目的として、ＢＭＰの作成を行なうとともに、その遵守確保のための方策を講じてきており、これが多くの州において森林施業規制制度の基本を形成している。

連邦水質浄化法を基本とした森林施業のコントロールは州によって多様であるが、まずＢＭＰの基本的内容について見た後、三つのタイプに区分してその遵守確保の方策について見ていこう。

面源汚染から水質を保全するという共通の目標をもっているため、各州でつくられているＢＭＰは基本的には以下の内容を含んでいる（Alabama Forestry Commission 2007; Tennessee Department of Agriculture 2003; State of Connecticut Department of Environmental Protection 2007)。

①河畔・湖沼・湿地などに河畔域管理ゾーンを設定し、ゾーン内において伐採や薬剤散布を規制する。

②河川横断構造物作設の際に河川環境への影響を回避する。

③林道作設にあたって土砂流出の抑制策を講じる。

④伐採作業による土砂流出を抑制する。

⑤更新作業時の地表攪乱を抑制する。

⑥作業道・土場の使用後の植生回復措置を講じる。

このように伐採や林道建設に際して河川への影響を最小限にとどめようとする内容をもっており、土砂流入だけではなく、河川環境一般の保全策としても機能していると考えられる。

以上のようなBMPの確保のために展開されている施策は州によって大きく異なる。第一は最も「緩い」タイプで、州政府としてBMPを策定するが、その実行は基本的には普及指導などを通して自主的に行なうことを期待するものである。こうした手法をとる州としては、財産権保護が強く、政府の環境規制を嫌う南部諸州があげられる。

例えばアラバマ州では、環境・森林関係機関が協働で所有者や事業体への普及プログラムを実施しているほか、BMPの実行状況についてモニタリングして、問題がある場合には指導などを行なっている。二〇一二〜一三年度のモニタリング結果が公表されているが、遵守度は伐採で九七％、河畔域保全九八％などとなっており、現場レベルでほぼ遵守されていることがわかる（Alabama Forestry Commission 2013）。南部諸州ではいずれもアラバマ州と同様、自発的なBMPの遵守を求める仕組みを設けており、共同で実行状況のモニタリングを行なっているが、この結果を見てもおおむね八五％を超える高い遵守率を示している（Southern Group of Sate Foresters 2012）。自発性に依拠しつつ高い遵守率を上げている要因としては、ＢＭＰがあまり高いハードルを要求するものではないこと、またＢＭＰの内容が明確で、すべきこととしてはいけないことが明確に示されていること、普及指導などの取り組みが行なわれていること、ＢＭＰを遵守しない場合は連邦水質浄化法による直接的な規制がかかるというリスクなどがあげられる。

第二のタイプは州政府がＢＭＰを策定したうえで、森林施業の計画策定・実行を行なう主体を認定制にし、ＢＭＰを遵守できる主体のみに施業を行なうことを認め、ＢＭＰの実行を担保しようとするものである。こうしたタイプをとる州はＢＭＰの内容に生物多様性保全などの措置も盛りこんでいる場合が多い。

例えばコネティカット州ではフォレスター（注７）や素材生産事業体などを資格制にし、ＢＭＰを十分に理解し、これをふまえた伐採計画を樹立し、作業の実行・監督ができる者のみが施業の計画・実行に関与できることとしている。認定者に対しては継続的に研修を受けるとともに、毎年活動状況のレポートを提出することを義務づけ、ＢＭＰ遵守などに問題がある場合には資格の停止・取り消しなどの措置が取られる。またＢＭＰには、両生類や無脊椎動物の生息に重要な役割を果たす春季に季節的に現れる池・湿地への配慮や、希少種の生息や野生生物の生息に重要な役割を果たしている樹木を特定し残存させるといった保持林業的な内容が含まれており、連邦水質浄化法対応だけではなく幅広く環境配慮型施業を進めるものとなっている（State of Connecticut Department of Environmental Protection 2007）。

第三のタイプは水質保全を中心としながらもより広範な環境保全にかかわるルール化を行ない、負荷が大きい施業については公的な規制を含むコントロールのもとにおく制度を形成している。

例えば、メイン州では森林施業法を制定し、河畔域に最大七六メートルの保護ゾーンを設けて伐採規制を行なっているほか、重機の河川への乗り入れを禁止した。また、皆伐・更新についても八ヘクタール以上の皆伐については、土砂流出を最小限とすることや、野生生物への配慮を求める規定をおき、伐採許可制によってこれをコントロールしている。また、皆伐の計画策定の際に野生生物専門家から野生動物への影響がないことの認証を求め、伐採計画に認定フォレスターのサインを求めるなど、資格制度にもとづく専門家の関与と計画内容の保証も求めている。

包括的な環境配慮型森林施業規制

西海岸諸州では環境保護や先住民の権利保障にかかわる運動が活発であり、絶滅危惧種や生物多様性保全が重要な課題となってきたことから、包括的に森林施業をコントロールする仕組みを設けてきた。ここでは所有者に対して伐採計画を策定させることによって施業をコントロールするカリフォルニア州と、河川環境保全を中心にして施業許可制によって施業をコントロールしているワシントン州を取り上げることとする。

まず、カリフォルニア州では、かつて森林政策は強力な林産業界をバックとして構成された森林理事会によって形成・運用されてきた。これに対して一九五〇年代以降のセコイア林の伐採に対する自然保護団体による反対運動が活発化し、セコイア林の伐採計画をめぐって差し止め訴訟が行なわれ、州裁判所から、州森林施業法は林産業界に不適正に政策権限を委譲しており州憲法に違反するとの判決が出された。このため、一九七三年に州森林施業法が抜本改正されて、目的規定に環境保護など多目的な価値への配慮が組みこまれるとともに、河畔域保全など施業規制の強化を行ない、また森林理事会についても半数以上を一般市民から選出することとして林産業界の影響力を排除した（Pincetl 2003）。さらにその後も自然環境保全の観点からの施業規則の改正が進み、全米で最も厳しい施業規制の仕組みが形成されている。

森林環境配慮に関して所有者に課せられている規制を見ると以下のようになる。

①長期的な持続性を確保して伐採を行なっていることを資源調査データなどをもとに挙証する責任を負う。

②伐採後に更新する義務を負う。

③伐採にあたって土砂流出などを抑止するために重機の使用場所を制限する。

④水辺域保護ゾーンを設定し、重機の使用禁止、伐採にあたって地表面攪乱は二五％以内に収める。ゾーンの設定幅は魚類の生息状況や取水施設の有無によって四つのカテゴリーに分けて定められており、最大四五メートル幅での確保を要求している。

⑤野生動植物の適切な保護を行なうことを義務づけており、伐採計画が動植物に与える重大な影響と対策について明示するほか、希少種が存在している場合にはその保護対策をとること、また一般的な野生生物保護のために枯損木の残置などを義務づけている。

以上のような規制は木材収穫計画（ＴＨＰ）の許可制度によって確保している。そこで、その制度について見てみよう（Duggan and Mueller 2005）。森林所有者は伐採にあたって認定フォレスターによって策定されたＴＨＰを作成し、州に提出することを義務づけられている。州ではフォレスター法を制定しており、専門性をもったフォレスターを州が認定することとし、認定フォレスター以外はＴＨＰを策定することが認められていない。ＴＨＰには、伐採・更新の方法などを示した作業計画のほか、作業にあたっての侵食防止措置、河畔域保全措置、火災予防措置、生態系・景観保全措置などを記載することとし、施業規則で定められた詳細な規定をふまえた計画の策定を求めている。

州森林・火災防護部（以下、森林部）はＴＨＰ申請を受けつけると、森林部を中心として野生動物や環境関係部局の専門家からなるチームをつくり、その内容について審査を行なう。必要な場合には現地での検討も含めて審査を行ない、この審査結果をもとに森林部長が最終判断を下す。なお、ＴＨＰの審査は一般市民も参加することができ、関心のある市民は森林部に登録すると自動的にＴＨＰの申請が送付され、森林部の審査にあたってパブリックコメントの機会も設けられている。私有林であっても森林は公共財としての性格をもち、市民の審査への参加機会が保障されているのである。

申請者は伐採作業終了後五年以内に更新完了の報告を行なうこととし、森林部は報告提出後六カ月以内に現地検査を行ない、基準を満たした更新が行なわれているかのチェックを行なう。

なお、四〇ヘクタール以下の小規模所有者についてはＴＨＰの記載内容や審査過程を簡略化し、負担の軽減を図っている。

次にワシントン州だが、先住民のサケ資源に対する権利を保障するためには、サケの資源量自体が保全される必要があり、河畔林保護が重要な課題となった。また、自然保護団体による森林環境保全の運動が展開しており、これらに対応するため、森林所有者・林産業界、先住民、自然保護団体が一九八七年にＴＦＷ協定（Timber Fish Wildlife Agreement）を結び、河畔域保全を中心とした森林施業ルールを定めた。州政府は森林施業規則を改正して本協定の内容を入れこみ、施業届出・許可制を運用することでＴＦＷ協定の実行確保を図った（柿澤 二〇〇〇）。その後一九九〇年代になるとサケ科魚類のいくつかの種・個体群が絶滅危惧種にリスト化されたため、これらの種の回復を図り、また絶滅危惧種法による直接的な規制を回避するための対策が、ＴＦＷ協定参加者のほか、環境庁・野生動物局・海洋漁業局など

図 8.6　ワシントン州での渓畔林を残存させた伐採

連邦政府、カウンティ（注8）も加わって検討が行なわれた。この結果一九九九年に森林と魚類レポート（Forest and Fish report）が策定され、これをもとにサケ再生法（Salmon Recovery Act of 1999）が制定され、河畔域保全規制の抜本的強化、不安定斜面の保全・河川への影響回避や道路建設・維持・廃止について施業規則強化を行なうこととし、二〇〇一年に規則改正を行なった（Calhoun 2005）。ＴＦＷ協定・森林と魚類レポート策定過程の双方に共通する特徴は、科学的根拠・データにもとづきつつ、所有者・林産業界が許容でき、なおかつ環境保全目的を達成できる内容のルールを、関係者の徹底的な議論によって探ってきていることである（注9）。

現在の施業規制の内容とその運用について環境保全にしぼって見てみよう。

まず伐採・林道作設・航空機からの薬剤散布などの森林施業について、公共資源（河川水質や野生生物生息域）などへの影響が少ないクラス1から重大な影響があるクラス4まで四クラスに区分し、クラス1は届出の必要がないが、クラス2は届出制、クラス3以上は許可制を取っている。

施業規制の具体的な内容を見ると、前述のようにサケ科魚類の生息域保護・回復が課題であったことから、河畔域の保全が施業規制の主要な内容となっている。河川両岸には河畔管理域を設置し、伐採などの施業や土場の作設を規制している。魚類生息状況から河川を四タイプに区分し、それぞれ地力に応じて河畔管理域を設定することとし、最大で片側六〇メートルとなっている。また、林道の作設にあたっては河川横断をできる限り回避することとし、やむを得ず河川横断する際には魚類の移動を確保できるような河川横断構造物の設置を求めている。さらには森林施業によって生じる累積的影響（注10）を回避するために流域分析の仕組みを整備している（図8・6）。

河畔域以外の生態系保全については保持伐も求めており、森林所有者は伐採にあたって、野生生物の生息のために一定の本数の立木と倒木を残置することが義務づけられている。保持木には①野生生物の生息場所となる可能性のある、欠点のある／枯死した／被害を受けた／枯死しつつある立木、②倒木、③将来①となるように伐採時に残存させる立木の三種類があり、それぞれ最低の高さ（長さ）と胸高直径、および残すべき本数が規定されている。

ワシントン州も森林施業規制は「公共資源」を守るために行なうこととしていることから、カリフォルニア州と同様に施業申請の情報を一般市民に提供し、市民が意見を表明できる仕組みを導入している。

ニュージーランドにおける環境配慮型施業と制度・政策

ニュージーランド森林協定にもとづく天然林保護・生産の人工林への集中

ニュージーランドでは欧州からの入植以来、農地転換や木材生産のための天然林の伐採が進められるなかで、残された天然林の保護が重要な課題と認識されるようになってきた。林野庁の管理のもとにあった国有天然林は木材伐採の対象となっており、自然保護団体が伐採反対運動を展開して激しく対立したが、これらの森林の多くは一九八六年には保全局（Department of Conservation）に移管されて保護対象とされた。しかし、その後も南島西海岸にある政府所有企業の管理下にある森林や、一三〇万ヘクタール存在している私有天然林では、木材生産や農地開発・人工林転換のための伐採が進んでおり、引き続き自然保護団体から強く批判されてきた（Palmer 1990）。

一方、外来樹種であるラジアータパインの造林が好成績で、投資対象となったことから植林ブームが訪れ、農廃地・牧場などへの大規模な植林が行なわれ、輸出産業としての地位を築いてきた。

こうしたなかで一九九一年に自然保護団体、森林所有者および林産業団体の間でニュージーランド森林協定（New Zealand Forest Accord）が結ばれた。これは天然林については保護の対象とし、人工林適地での生産のための経営の重要性を認めるという内容となっていた（木平 一九九九）。

こうした合意の背景には、ラジアータパインによる広大な人工林が集積したことにより、林業部門としては収益が上がる人工林に集中したほうが自然保護団体との対立が避けられ、また人工林材のみで木材供給は十分な量が確保できること、自然保護団体としては天然林を保護するという最重要課題が達成

図 8.7　ニュージーランド
右側はラジアータパインの人工林、左側は自生種の自然林。自然林は厳格な保護の対象となっている

できるという点があった。政府も一九九四年に森林法改正を行ない、天然林の伐採に対する厳しい規制措置を講じ、天然林伐採はほとんど行なわれなくなってきている。

このようにニュージーランドは天然林については基本的に手をつけずに保護し、生産は人工林に集中させるという社会的な合意が形成され、制度的にもこれを保障する仕組みが整えられてきているのである（図８・７）。

人工林管理における環境配慮の仕組み

以上のように生産対象としての人工林と保護対象としての天然林が完全に区分されている状況のなかで、森林施業における環境面からのコントロールがどうなっているのかについて次に見てみよう。

ニュージーランドでは、一九八四年に発足した第四次労働党政権のもとで、新自由主義的な規制緩和政策、地方分権政策が徹底して進められてきたが、このなかで環境行政も抜本的に改革された。一九九一年には資源管理法（Resource Management Act）を制定し、森林を含めた自然資源管理にかかわる行政は基本的に地方自治体が行なうこととし、広域自治体であるリージョンでは総合的な自然資源管理の基本方針を記載した政策声明（Policy Statement）を策定してそれを実行し、また基礎自治体であるディストリクトでは土地利用計画である地区計画（District Plan）を策定してそれを実行することとした（柿澤 二〇〇六b）。中央政府は資源管理政策にかかわる基本政策および国家基準を制定することができるが、現在までに策定されている基本政策は沿岸管理、都市開発、内水管理など、国家基準は大気保全、飲料水保全、通信施設・送電線設置などに限られており、これ以外は基本的に地方自治体の裁量で計画が策定されている。森林にかかわる資源・環境政策については基本的に地方自治体に任されている（注11）。

地方自治体における政策声明や、地区計画における森林に関する記述では、天然林については保護・再生を図るとする規定をおくところが多い。一方、人工林管理に関して規定しているところは必ずしも多くはないが、ディストリクトによっては水系への土砂流出回避のための規定をおいているところがある。例えばタラナキ・ディストリクトでは林業に関して許可を必要とする行為として「五ヘクタール以上の皆伐で、伐採地内に二八度以上の傾斜を有している場合」をあげている。

以上のように私有人工林管理について行政からの政策的な介入は限定されているが、森林所有者協会が人工林業のためのニュージーランド環境施業基準（Environmental Code of Practice for Plantation Forestry）を策定しているほか、これを基礎にFSC森林認証の基準が策定されている。

まず環境施業基準においてはBMPが設定されており、伐採計画の策定、作業道や土場作設などにあたっての土砂移動、伐採、残材処理、水流の横断、機械地拵え、薬剤散布、火入れ、植栽、施肥、歴史遺産の保全それぞれに関して、環境への影響を最小限にするための方策を述べている。基本的な内容は、合衆国における水質浄化法のもとでのＢＭＰと同様に、水系への影響を回避することが中心となっており、合わせて天然林や保護区への影響回避を求めている。

ＦＳＣの森林認証基準について環境の部分について見ると、上述の環境施業基準をふまえつつ、ＦＳＣの国際的な認証基準ともなっている保護区域の設定が含まれている。なお、保持林業に関する規定は、環境施業基準にもＦＳＣ認証基準にも含まれていない。

以上のようにニュージーランドにおいては天然林について徹底的な保護を求めている一方、人工林に関しては木材生産機能が最も重要であると位置づけ、生物多様性に配慮した施業についてはほぼ水系保全に限定されている。生物多様性保全は天然林保全を中心に考えているといえよう。

ドイツにおける環境配慮型施業と制度・政策

ドイツは林業の長い歴史があり、非皆伐施業が重要な役割を果たしている。このなかでどのような環境配慮型施業を進めようとしているのかについて見ていきたい。

ドイツは連邦制をとっており、連邦政府は法体系の枠組みを設定し、施業規制の具体的な内容の決定やその実行は州政府が行なうこととなっており、州によって施業規制の内容が大きく異なる。このため、連邦全体を見渡して森林施業規制の概要を述べるとともに、森林管理の伝統が古く、林業生産活動も活発なバーデン・ビュルテンベルク（ＢＷ）州を事例として、州による森林施業規制の内容および州行政機関による施業規制の実行状況について検討することとしたい。

ドイツ連邦政府の森林法と森林施業規制・森林行政組織の全体的な状況

一九六九年に発足した社会民主党ブラント政権は環境問題を政権の最重要課題として設定し、森林の維持と林業の振興のための連邦法制度の必要性が確認され、一九七五年にドイツ連邦森林法が制定された（北山 一九九二）。環境保護の取り組みの一環として法が制定されたことから、連邦森林法の目的規定では経済的利用・環境保全・レクリエーション利用を同様な重みをもつものと設定し、森林の多面的機能を確保することを求めている。また連邦森林法は大綱規定（注12）を行なうものとし、州政府に対して連邦法に対応した州森林法の制定を求めた。

連邦森林法で定められた森林管理施策に関する基本原則は以下の通りである（山縣 一九九九）。第一に、州政府に国土整備計画の一つとして森林基本計画を策定することを義務づけ、生態系、森林の保全機能、レクリエーション機能を勘案して森林を維持造成するための基本方針をすえることとした。第二は、森林の維持と新規の造成に関して、林地転用に厳格な規制をかけること、新規植林には官庁の許可が必要であることを規定したほか、森林の持続性確保のために伐採後の更新を義務づけた。第三に保安林の原則規定をおき、公共に対する危害・不利益・負担の防止または予防のために特定の措置が必要な場合、その森林を保安林として告示し、特定の措置を所有者に義務づけることができるとし、保安林の詳細については州が定めることとした。また保安林の皆伐などは許可制とした。

以上の基本原則をもとにしつつ、施業規制の具体的な内容については各州に任されており、独自の制度をもっているところが多い。大きく分類すると、以下のようになる（山縣 一九九九）。

①皆伐などを一般的な許可制のもとにおいて森林の公益性確保を図る州（シュレースヴィヒ・ホルシュタイン州、ＢＷ州、ブランデンブルク州など）

②一定林齢以下の森林の伐採規制を行ない、森林の荒廃の予防措置を講じる州（BW州、ヘッセン州、ザールラント州など、針葉樹で五〇年生、広葉樹で七〇～八〇年生）

③施業計画の策定の義務づけなどによって計画的施業の確保を図る州（ほぼすべての州で公有林に対して義務づけ）

なお、ドイツでは一九九〇年に大規模な風倒被害が生じ、針葉樹モノカルチャーの森林育成に反省が迫られたことを直接的なきっかけとして、近自然林業への転換がめざされるようになってきた。当初は、針葉樹資源の増大という生産力主義の林業から、もともと存在していた広葉樹の比率が高い自然に近い森林へ誘導していくことを基本としていたが、近年では健全な森林生態系を再生させるという性格を強めている。この方針は連邦政府の長期的な戦略であるドイツ森林戦略二〇二〇のなかにも組みこまれており、また林業に対する助成制度のなかでも近自然林業の推進が重要な位置づけを与えられている。

森林政策を実行する行政組織の仕組みも各州が独自に形成している。州政府の森林行政組織については、州の森林管理署が行政事務と州有林管理経営をともに行なう統一型森林行政システム（統一営林署型）をもつ州と、州森林管理署は州有林管理を行ない、半官半民的な性格をもった農業会議所という行政組織が民有林行政を行なう分担型森林行政システムをもつ州（農業会議所型）があった。多くの州は統一営林署型のシステムを採用しており、ドイツの森林行政・管理システムの典型として紹介されてきた。こうした森林行政システムは一九九〇年代後半から、州政府の財政悪化、州有林の赤字経営の恒常化、近年の行政改革の流れのなかで改革の対象となり、統一営林署型のシステムが改変されてきた州もある（石井 二〇〇五）。ただし、森林行政・森林管理にあたる専門的な人材の確保・育成の仕組みについては基本的には変化がなく、維持されている。

ＢＷ州における環境配慮型施業と制度・政策

ＢＷ州森林法において環境配慮に関して規定されている内容について見ていこう。

まず保安林については、厳格な自然保護を行なうカテゴリーを設けることとし、具体的には保存林・保護林・生物圏保護区のコアエリアという三つのカテゴリーを設け、施業に厳しい規制をかけることとした。また、希少な森林および希少な動植物種の生息域として重要な森林を保全するためのビオトープ保安林の仕組みがあり、森林の状態に変化を与える行為に規制をかけている。

またＢＷ州森林法では州全体に対して森林機能地図を作成することを求めている。これは保護の網がかかっている地域のほか、法的な裏づけをもっていない機能別ゾーニングなどを地図化したもので、森林基本計画の策定や森林経営を行なう際に依拠すべき資料として活用されている。

次に具体的な施業規制については以下のような規定をおいている（山縣 一九九九、堀 二〇一〇）。

①皆伐規制：一ヘクタール以上の皆伐は森林官庁の許可を必要とする。

②未成熟林分の保護：五〇年生未満の針葉樹林、七〇年生未満の広葉樹林の皆伐は禁止。

③再造林義務：立木のない、または十分に立木のない林地は三年以内に再造林しなければならない。

④自然環境への配慮：森林施業にあたって、自然環境、自然の循環や、自然景観の多様性および自然特性に配慮することを求め、また動植物界に十分な生存空間を確保する。

⑤森林分割の許可制：林地の分割は森林官庁の許可を必要とする。秩序に則った森林施業が困難となる三分の一ヘクタール以下への分割は不許可とすることができる。

⑥森林の計画的な施業：州有林・団体有林に経営計画の策定と、この計画にもとづく管理・経営を義務づけ、一定規模以上の私有林に経営計画策定を義務づけることができる。

図 8.8　自然に近い森林へと誘導されている森林

⑦専門知識にもとづいた施業の実施：州有林・団体有林は専門知識にもとづいた施業を確保するために、原則として森林官吏が経営の管理実行を行なわなければならない。

以上のように森林施業に関して法的に厳しい規制をかけているほか、州政府は近自然林業の取り組みを進めている。近自然林業についてはガイドラインが策定されており、森林のタイプごとに、目標とすべき森林の姿、それを達成するための施業方法などが示されている。もともと非皆伐施業が主体だったということもあり、非皆伐施業を基本として、近自然林業を進めるというのが主要な方向性であり、自生樹種を中心にしつつ、樹種混交・多層林育成や単木施業を進めることで自然に近い森林に誘導しようとするものである。このため、保持林業といった概念にはあてはまらないが、施業にあたって枯損木の維持などは求めている（図8・8）。

政令で州有林管理については近自然林業を基

図 8.9　ドイツ
地域の森林を知悉した森林官が持続的な森林管理を支えている

本概念として管理することを定め、団体有林についてもその実行を推奨しており、公的所有森林をモデルにその普及を図ろうとしている。また、補助金についても、連邦政府・州政府共同による補助金と、州政府独自の補助金を合わせた包括的な助成金支給政策を定めた「持続的森林管理のガイドライン」が策定されているが、近自然林業のフレームワークのもとに助成を提供し、私有林における近自然林業への誘導を図っている（Spielmann et al. 2013）。

森林法の規制や近自然林業への誘導について重要な役割を果たしているのが森林官である。これまでも指摘されているように、最前線で森林行政・管理にあたる森林官は高い専門性をもち、また同一地域に長期間勤務することで地域の森林を知悉し、森林所有者・地域住民と信頼関係を築いてきた。そうした基盤のうえで州有林や団体有林の管理経営を行なったり、私有林に対する監督や助言・指導を行なってきており、法令を遵守した適切な施業の実行に重要な役割を果たしているといえる（図8・9）。

最後に森林認証についてもふれておこう。森林認証の基準も、基本的には政府による近自然林業の方針を組みこんだ内容となっている。ＰＥＦＣドイツの生態系保全にかかわる認証基準を見てみると、例えば基準４・１に樹種が多様な森林をつくるという近自然林業の基本となる原則がすえられているほか、基準４・８では非皆伐施業を基本とすることとし、皆伐施業を選択できるケースを限定している。また基準４・10ではビオトープ木（枯損木や樹洞があり野生生物の重要な生息場所となる木）を残存させることを求めている。ＰＥＦＣによる認定森林面積は約七四〇万ヘクタールで、森林の三分の二程度をカバーしており、ドイツでも私有林における生態系保全に配慮した森林施業を確保するために森林認証が重要な役割を果たしているといえよう。

日本が学ぶべきこと

欧米諸国においては、ほとんどの国・州で、森林管理に環境配慮を組みこむために、法制度の改革が進められており、法律の目的規定を変更するだけではなく、現場レベルの施業を環境配慮型に転換するための仕組みを導入してきている。法制度の目的規定の転換が、政策の抜本的転換をともなっていたことで、現場レベルでの実効性をもったことを改めて確認する必要がある。日本では林業基本法が森林・林業基本法へと改正されたものの、森林法体系にまったく手がつけられなかったことを問題として認識すべきである。

次に、森林管理に環境配慮を組みこむための政策内容と手法であるが、欧米諸国においては環境保全に関して、明確な方針と、現場の施業や経営に落としこめるガイドラインやモデルを形成しており、この実現を規制・誘導・補助金・契約的手法など、それぞれの社会・経済・制度的条件に合わせた手法を組み合わせて確保しようとしていた。

こうした森林管理の方向性やガイドラインなどの具体化は、行政現場だけではなく、森林認証のあり方にも大きな影響を与えている。北欧やドイツに見るように、多くの国で森林認証は実質的に政策の補完的役割を果たしており、国が策定した環境配慮を組みこんだ森林施業のガイドラインや指針が、森林認証基準策定の基礎となっていた。森林認証制度は政府とは別個の民間レベルのものとはいえ、それぞれ国の政策環境から大きな影響を受けているのである。

政策手法については、財産権保護が厳しいなかでアメリカ合衆国やスウェーデン、ニュージーランドなどでは非規制的な手法を用いた政策展開が行なわれている。アメリカ合衆国ではフォレスターや事業体の認定制度が非規制的な政策手法として用いられていた。これらの諸国と同様に財産権保護が強い日本では、非規制的政策手法の応用の可能性があると考えられる。

また規制的手法については、欧米諸国・州のほとんどで、最低限の環境保全を図るために導入されていた。日本においては普通林（注13）に対する規制措置を導入するハードルはきわめて高い。しかし、現在でも伐採更新届出制があり、市町村森林整備で定める内容を遵守して伐採・更新を行なわない場合には、是正や差し止めなどの措置が取れることとなっており、単なる「届出」制をこえた内実をもった制度となっている、実際に北海道の標津町《しべつちょう》などではこの仕組みによって河畔域保全を確保してきた。フィンランドやスウェーデンでも伐採届出を活用して、環境配慮型施業を図ってきており、市町村におけるソフトな合意形成にもとづいて環境配慮を組みこんだ運用を図ることも可能であろう。

このほか、環境配慮型施業を進めるための補助金など経済的な誘導が重要であることも指摘できる。海外での補助金の支給は、一般的な林業支援を対象としたものから、環境配慮型施業を推進するものへと変化してきており、環境配慮型施業を進めるインセンティブとして機能している。

最後に、以上のような政策を支える仕組みとして、第一に地域に張りついた専門家の存在があげられ、欧米諸国では、森林・林業技術者の専門的教育コースを修了した者が森林行政を担い、また就職後も継続的に教育するシステムがつくられており、森林行政の水準を確保していた。第二にデータ・モニタリングシステムの整備の重要性が指摘できる。スウェーデン、フィンランドでは小規模ビオトープについて全国的に調査して特定するなど、環境配慮型施業を進めるうえでの基礎情報を収集し、またこれらの情報をＧＩＳ上でデータベース化しており、このシステムを伐採届出審査や普及指導、森林認証に活用しているほか、モニタリングもシステム化して政策実行上の問題点とその改善措置が提起できるようにしていた。アメリカ合衆国の各州でもＢＭＰの実行状況は継続的にモニタリングされ、またモニタリング手法の検討も継続的に行なわれていた。こうした基礎的なインフラがあって初めて環境配慮型施業の実行性が確保できる。

注１――フィンランド農林省での聞き取りによれば、森林法目的規定の生物多様性は自然環境一般を意味しているとされている。
注２――ＰＥＦＣ森林認証は、環境保護団体主導で国際的な基準を適用していったＦＳＣに対して、各国の状況に即した認証システムをつくりそれを相互認証していくというアプローチをとっている。

注3――更新を促進させるために地表面をはぐこと。
注4――ただし、ソドラ以外の森林組合のカバー率は高くはない。
注5――点源汚染は工場排水など汚染源がポイントとして特定できるものを意味し、面源汚染は農地や林地からの土砂の流入など汚染場所が広範囲にわたり特定できないものを意味する。
注6――BMPは環境負荷を抑えるための最適な管理ガイドライン、例えば森林でいえば環境負荷低減のための森林施業ガイドラインを意味する。
注7――本章では、森林管理・経営に関する専門知識をもち、伐採計画の策定や実行の管理ができ、民間でコンサル業務を行なう者をフォレスターと称する。なお森林官は行政機関に属し、森林施策の実行や公的所有の森林管理、私有林への助言などを行なうものとする。
注8――通常、郡と訳され、州と市町村の間にある行政区分で、日本の郡と異なって行政組織としての実体をもつ。
注9――ただし、森林と魚類レポートについては環境保護措置が不十分であるとして、自然保護団体は策定過程で途中退席している。
注10――伐採地から土砂が林道などを経て河川に流入し、河川内で土砂の影響を受けやすい魚類の産卵地を破壊するなど、ある人間行為による影響が複数の経緯を経て現れることを意味する。
注11――なお、人工林についての国家基準は現在作成中であり、その内容は侵食防止、水系保全が主たる内容となっている。
注12――連邦が基本原則を決め、州政府が手法としてこれを具体化することを意味する。
注13――保安林に指定されていない森林を指す。詳しくは第9章を参照されたい。

【引用文献】

Alabama Forestry Commission（2007）Alabama's best management practices for forestry. Alabama Forestry Commission.
Alabama Forestry Commission（2013）BMP compliance report: fiscal year 2012-2013. Alabama Forestry Commission.
Calhoun, J.（2005）The Status of Washington State's forest practice habitat conservation plan: its origin, objectives and possible value for different landowners. University of Washington.
Duggan, S., Mueller, T.（2005）Guide to the California Forest Practice Act and Related Laws. Solano Press Book.
Ellefson, P., Kilgore, M., Hibbard, C., Granskog, J.（2004）Regulation on forest practices on private land in the United States: assessment of state agency responsibilities and program effectiveness. University of Minnesota.
堀　靖人（二〇一〇）ドイツ　白石則彦監修　世界の林業――欧米諸国の私有林経営　日本林業調査会　五七―九八
石井　寛（二〇〇五）ドイツの森林行政改革　石井　寛・神沼公三郎編著　ヨーロッパの森林管理　日本林業調査会　一一五―一四五
柿澤宏昭（二〇〇〇）エコシステムマネジメント　築地書館
柿澤宏昭（二〇〇六ａ）フィンランドにおける森林政策の転換と地域森林認証制度　畠山武道・柿澤宏昭編著　生物多様性保全と環境政策　北海道大学出版会　二七七―三二〇
柿澤宏昭（二〇〇六ｂ）ニュージーランドにおける環境政策の改革とＲＭＡ実行の現状　畠山武道・柿澤宏昭編著　生物多様性保全と環境政策　北海道大学出版会　三二一―三四八
柿澤宏昭（二〇一八）欧米諸国の森林管理政策――改革の到達点　日本林業調査会
北山雅昭（一九九二）ドイツ連邦共和国における自然保護法制（一）　比較法学　二五（二）：一―三七
木平勇吉（一九九九）ニュージーランドの森林・林業　日本林業調査会編　諸外国の森林・林業　日本林業調査会　二五九―二九四
METLA（2015）Statistical Yearbook of Forestry 2014. METLA.
Miljömålsberedningen（2013）Långsiktigt hållbar markanvändning - del 1. Miljömålsberedningen.
Nylund, J.（2010）Swedish forest policy since 1990. The Swedish University of Agriculture.
Palmer, J.（1990）Environmental politics: a greenprint for New Zealand. John McIndoe Limited.
Parviainen, J., Västilä, S.（2012）State of Finland's forests 2012. Ministry of Agriculture and Forestry & METLA.

Phillips, M.（1992）Impact of the Clean Water Act on State forestry programs to control nonpoint source pollution. Journal of Contemporary Water Research and Education 88（1）: 34-42.

Pincetl, S.（2003）Transforming California: a political history of land use and development. John Hopkins University Press.

Southern Group of Sate Foresters（2012）Implementation of Forestry Best Management: 2012 Southern Region Report. Southern Group of Sate Foresters.

Spielmann, M., Bucking, W., Quadt, V., Krum, F.（2013）Integration of nature protection in forest policy in Baden-Wurttemberg. European Forest Institute.

State of Connecticut Department of Environmental Protection（2007）Best Management Practices for Water Quality while Harvesting Forest Products. State of Connecticut Department of Environmental Protection.

Swedish Environmental Protection Agency（2013）Sweden's environmental objectives; an introduction. Swedish Environmental Protection Agency.

Tennessee Department of Agriculture（2003）Guide to Forestry Best Management Practice in Tennessee. Tennessee Department of Agriculture.

土屋俊幸（二〇〇六）スウェーデンにおける生物多様性保全と森林管理　畠山武道・柿澤宏昭編著　生物多様性保全と環境政策　北海道大学出版会　二五九―二七七

山縣光晶（一九九九）ドイツの森林・林業　日本林業調査会編　諸外国の森林・林業　日本林業調査会　一五七―一九四

◉第9章

日本における環境配慮型森林施業導入の課題と可能性

柿澤宏昭

本章では、日本の私有林における生物多様性に配慮した森林施業導入の可能性を、主として社会・制度面から検討する。国有林などの公的な森林所有については、多面的機能の発揮や環境配慮が管理方針に取りこまれている場合が多く、公的な存在としての行政機関の意思が反映されやすい。一方、私有林においては管理方針の設定や施業内容の決定は、事業者や個人所有者の意向にかかっており、これに対して法制度や社会的仕組みによって生物多様性に配慮した森林施業を具体化していくことが必要となる。そこでまず、森林所有者の森林管理に大きな影響を与えている森林法のもとでの森林管理・施業のコントロールの仕組みについて検討する。続いて、森林所有者の環境配慮型施業の導入の意向について、北海道で行なった調査から明らかにしたい。最後に国内各地で取り組まれている事例をあげつつ、生物多様性に配慮した森林施業を導入する仕組みについて検討したい。

なお、生物多様性に配慮した施業は、多くの場合、ほかの環境配慮と合わせて具体化され、実行されている場合が多いため、本章では生物多様性配慮を含めて環境配慮型施業という用語を用いることとする。

森林法による森林管理のコントロールの仕組み

森林法の歴史的経緯（注1）

日本で初めて森林にかかわる包括的な法律である森林法が制定されたのは一八九七年であった。これ以降、一九六九年まで森林法が森林政策にかかわる唯一の包括的な法律として、中心的な役割を占めてきた。

一八九七年に新たに森林法が制定された背景には、明治維新以降の入会林野の解体や木材需要の増大などにともなう森林の荒廃があった。このため森林法の主たる内容は保安林制度の創設や営林の監督など森林の利用規制を中心とするものであった。一九〇七年に森林法は全面改正されたが、森林荒廃問題の解決には規制だけではなく、植林や保育などの森林管理を助長する必要があることから、強制加入の森林組合制度の創設など積極的に森林管理を行なうための助長措置が追加された。さらに一九三九年には戦時体制における木材需給逼迫《ひっぱく》という課題を受けて、資源の持続的管理とともに木材供給増大に向けて動員するための体制を整えた。

戦後一九五一年には再び森林法の抜本改正が行なわれた。戦中戦後の乱伐による森林荒廃が課題となったため、森林の管理を計画的・保続的に進めるための森林計画制度を創設し、伐採許可制を導入したほか、森林組合の協同組合化を行なった。なお、一九六三年には森林資源が回復してきたこと、高度成長にともなう木材需要に応える必要があることから森林法の一部改正を行ない、伐採許可制を廃止しており、法的規制力をもって施業規制を行なえるのは保安林制度のみとなった。

高度経済成長にともなって木材供給量を増大させることが大きな課題となったが、これを背景に産業としての林業の発展と林業従事者の地位向上を目的とした林業基本法が一九六四年に制定され、林業の振興に関する政策の基本方向を示した。林業基本法では森林資源の基本計画並びに重要な林産物の需要および供給に関する長期見通しを樹立することが規定されており、これにしたがって森林法で規定されている全国森林計画を策定することとなった。森林法は林業基本法のもとにおかれる形となったのであり、森林政策が経済政策としての性格をもつようになったのである。

一方、一九七〇年代に入ると自然保護運動が活発化し、また国土の乱開発が問題とされるようになってきた。こうしたなかで一九七四年には森林法が改正され、法的な規制のかかっていなかった普通林において、林地開発許可制度が設けられ、一ヘクタール以上の森林をほかの用途に転用する場合には都道府県知事の許可を必要とすることとした。さらに、森林の多面的機能の発揮にかかわる要求が次第に高まり、林業中心の法制度の枠組みが問題とされるようになってきた。このため、森林政策の抜本的な改革が検討され、二〇〇一年には林業基本法が森林・林業基本法に改正された。この法律は森林の有する多面的機能の発揮と林業の持続的かつ健全な発展を目的とし、これまでの林業生産中心の目的設定を転換した。ただし、森林法体系にほとんど手がつけられず、森林政策の体系自体の抜本的改革は行なわれなかった。

近年では国内の人工林資源が成熟しつつあることから、林業再生の取り組みを活発化させているほか、土地所有者不明の問題が顕在化してきており、これらに対応する森林法改正が行なわれている。なお、一九七八年に森林組合法が成立して、森林組合に関する規定は森林法から分離独立している。

森林・林業基本法と森林法

日本で森林にかかわる法制度の根幹をなしているのは森林・林業基本法と森林法である。そこで、それぞれの法律の内容と役割分担について見ておきたい。

森林・林業基本法は第一条において、「森林及び林業に関する施策について、基本理念及びその実現を図るのに基本となる事項を定め、並びに国及び地方公共団体の責務などを明らかにすることにより、森林及び林業に関する施策を総合的かつ計画的に推進し、もって国民生活の安定向上及び国民経済の健全な発展を図ることを目的とする」と規定している。第二条で森林の有する国土保全や自然環境保全などの多面的機能が持続的に発揮できるように適切な整備・保全を行なわなければならないこと、第三条では林業が森林の多面的機能の発揮に重要な役割を果たしていることから、林業の担い手の確保や生産性の向上などを通して林業の持続的かつ健全な発展が図られなければならないとした。以上の構成を見ると森林・林業基本法は森林の多面的機能の重視を打ち出したとはいえ、林業生産活動によって多面的機能の発揮を支えるという、予定調和論的な性格を払拭できていないことがわかる（柿澤 二〇一六）。

また、森林・林業に関する施策の総合的かつ計画的な推進を図るために、政府は森林・林業基本計画を策定しなければならないこととし、この計画では施策の基本方針、多面的機能の発揮ならびに林産物の供給および利用に関する目標、政府が総合的かつ計画的に講ずべき施策を定めることとした。

次に森林法であるが、第一条で「森林の保続培養と森林生産力の増進とを図り、もつて国土の保全と国民経済の発展とに資することを目的とする」と規定している。保続培養は現代の言葉に置き換えれば持続的管理であり、森林資源を持続的に管理し資源を育成し、防災などの機能を発揮させ国土の保全に貢献し、また木材生産などを通じて経済発展に貢献することを目的としている。

森林法では、森林管理に関しては森林計画と保安林の二つの制度を規定している。森林計画制度では今後の森林管理のめざすべき方向や、具体的な計画数値、所有者が遵守すべき管理の内容などを設定することとしており、計画制度の実効性を確保するための手段を規定している。また、保安林制度は、公益性を特に発揮すべき森林を保安林として指定し、施業を規制することでその機能の維持を図ることとしている。なお、森林・林業基本法との関係については、森林計画制度のなかで全国森林計画を森林・林業基本計画に即して立てることが必要であるという規定がある。

以上のように、森林・林業基本法は森林の多面的機能の発揮とそれを支える林業活動の発展を目的としており、森林資源・環境の保全と経済的行為としての林業について、国が講ずべき施策の基本的な方向性を指し示している。これに対して森林法は森林資源の持続的管理に目的をしぼって、これを実行するための具体的な手段について規定しており、産業振興的な性格はない。また、森林・林業基本法によって提示された大きな政策の枠のなかで、森林法による資源計画を展開すると位置づけている。

森林法による施業コントロールの仕組み——森林計画制度（注2）

以下、森林法の内容について、森林計画制度から述べていくこととする。

森林計画は国がたてる全国森林計画、都道府県知事がたてる地域森林計画、市町村長がたてる市町村森林整備計画からなり、さらに森林所有者などが森林経営計画をたてることができるとされている。**図9・1**に国有林も含めた森林計画制度の体系を示したが、本章では民有林にしぼって記述する。

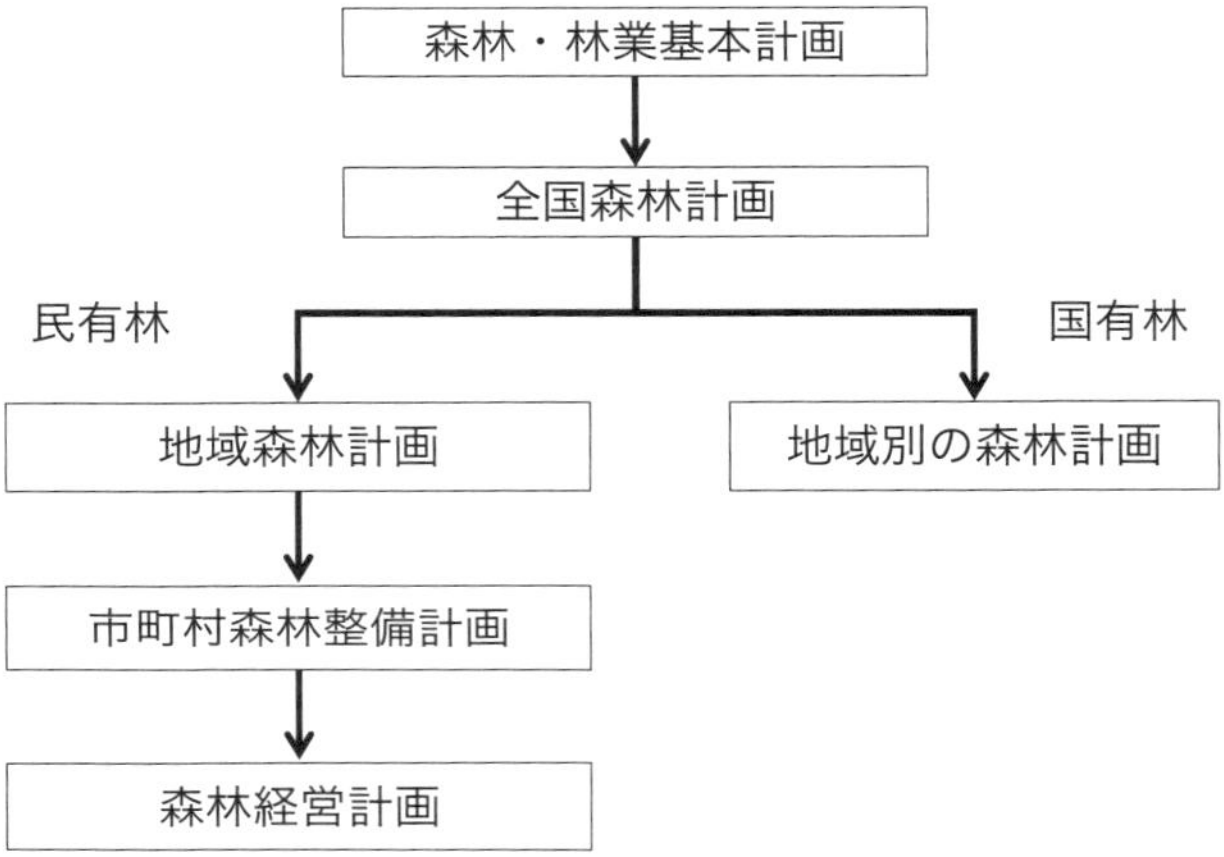

図 9.1　森林計画制度の体系

全国森林計画は、森林・林業基本計画に即して農林水産大臣が一五年を一期として五年ごとにたてるものである。計画をたてるにあたっては、環境大臣その他の関係行政機関の長への協議、林政審議会および都道府県知事の意見聴取が義務づけられており、閣議で決定する。

計画の内容としては、森林の整備保全の目標のほか、伐採、造林、間伐・保育、林道の開設、保安林整備の方向性を流域別に明らかにすることとしている。また、森林計画の策定に合わせて、造林・間伐・林道など森林保全事業に関する計画をたてることとし、公共事業の予算獲得を行ないやすくし、計画と具体的な事業の進展を結びつけようとしている。

地域森林計画は、全国森林計画に即して、都道府県知事が森林計画区別に民有林を対象として一〇年を一期として五年ごとにたてる。樹立にあたっては公衆の縦覧に供すること、都道府県森林審議会・関係市町村長などへの意見聴取を求めている。なお、森林計画区は、流域別に都道府県の区域を分けて設定するとしており、現在一五八計画区が存在している。地域森林計画では森林の有する機能別に、森林の整備・保全の目標、伐採、造林、林道の開設、保安林整備などの目標・方向性を定めることとしている。

市町村森林整備計画は、市町村長が、区域内の民有林について五年ごとに一〇年を一期として策定する。市町村森林整備計画は地域森林計画への適合を求められているほか、樹立にあたっては学識経験者の意見聴取、公衆への縦覧、都道府県知事との協議などを義務づけている。

市町村森林整備計画では伐採・造林・保育など森林整備の基本的事項を定めるとともに、水源涵養・生活環境保全などの公益的機能別にゾーニングを行ない、それぞれのゾーンごとに森林の取り扱いの方法を示し、また作業路網など森林整備に必要な施設整備などを定める。森林所有者などは市町村森林整備計画にしたがって森林の施業および保護を実施することを旨としなければならない。市町村森林整備計画は、森林のマスタープランとして位置づけられており、この計画をもとに市町村が森林の公益的機能の発揮や持続的な森林管理、林業の活性化などに向けた施策を展開することとしている。

全国森林計画から市町村森林整備計画までは必ず樹立しなければならないが、森林経営計画は任意で、持続的計画的な森林の施業を現場レベルで推進し、林業の再生を進めることをねらってつくられた制度である。森林経営計画は、森林所有者または所有者から経営の委託を受けた森林組合や林業事業体などが、五年を一期としてたてる計画で、効率的な森林の管理や路網の整備を図れるよう、一定のまとまりをもった森林を対象に計画を策定することが特徴となっている。計画の内容としては、経営に関する長期の方針、伐採する森林の場所・時期・量、造林する場所・時期・量、間伐する場所・時期・量などを定めることとしている。

森林経営計画は市町村長の認定を受けることとし、その際、市町村森林整備計画の内容に照らして適当であることなどが要件となる。また認定を受けた森林所有者は計画を遵守することが義務づけられている。

なお、森林経営計画の策定は任意ではあるが、造林・保育・間伐・作業道整備などの補助金は、森林経営計画の認定を受けていることを条件として支給される。補助金なしでは林業経営の成立は困難であり、林野庁は補助金とセットとすることで森林経営計画の策定を推進しようとしているのである。

このように森林計画制度は、森林づくりの方向性を指し示すビジョンの提示、具体的な施業や路網の整備など事業に関する計画、現場での施業を行なう際の指針となるルール提示という、さまざまな性格を混在させた仕組みとなっている。また、全国から市町村、さらには所有者レベルまで体系的に森林計画制度の網をかぶせているのは他国には例がなく、日本独自の制度といえる。

森林法では森林計画制度を機能させるための仕組みも設けているが、分権化で市町村が森林行政の最前線を担っており、市町村森林整備計画が森林のマスタープランとして位置づけられていることから、市町村レベルで機能する仕組みとなっている。第一は上述の森林経営計画制度であり、市町村森林整備計画に適合して策定し、計画認定者は経営計画遵守義務を負うことで、整備計画の実効性を担保しようとしている。第二は伐採および伐採後の造林の届出（伐採届出）制度で、森林所有者などに伐採を行なう場合に事前の届出を行なうことを義務づけている。市町村長は届出が市町村森林整備計画に適合しないと認める場合には、変更命令を出すことができる。第三は施業の勧告などである。森林所有者が森林の施業について市町村森林整備計画を遵守していない場合、市町村長は遵守すべき事項を示してこれにしたがって施業する旨を勧告することができる。また、間伐や保育の実施についても、実施すべき方法・時期の通知などができることとしている。

以上のように森林計画制度は、森林管理上配慮すべき点や、ルールなどを書きこむことができる仕組みとなっており、生物多様性保全にかかわる指針やルールなどを盛りこみ、これをもとに森林管理・施業をコントロールすることが可能である。

ただし、市町村のほとんどは林務に関する専門の職員を採用しておらず、森林行政の実行能力が脆弱である。このため市町村森林整備計画の形骸化や、伐採届出制度が十分機能していないこと、施業の監督の実効性が欠如していることが指摘されている。

森林法による施業コントロールの仕組み――保安林制度

保安林制度は、公益的機能の発揮が必要とされる森林を保安林として指定し、施業などに規制をかけることでその目的を達成しようとする制度で、一八九七年の森林法制定以来、存続している制度である。保安林の種類・面積は**表9・1**に示したとおりである。公益性確保のための森林に対する法的規制はもっぱら保安林制度によって行なわれており、普通林に対する法的規制は林地開発許可制度に限られている。

保安林の指定は、水源涵養保安林・土砂流出防備保安林・土砂崩壊防備保安林については流域全体への影響があるため、国土保全の根幹となる重要流域においては農林水産大臣が行ない、それ以外の保安林は都道府県知事が行なう。また、指定の理由が消滅した場合、公益上の必要が生じた場合には指定の解除を行なうことができる。指定・解除は、農林水産大臣または都道府県知事が必要と認めたときに自らできるほか、利害関係を有する地方公共団体の長や、直接の利害関係を有する者が申請することもできる。また指定・解除にあたっては、都道府県知事は内容を告示し、その森林の所有者などにその内容

表 9.1　保安林の種類と指定面積（単位：1,000ha）

区　分	面　積
水源涵養保安林	9,195
土砂流出防備保安林	2,589
土砂崩壊防備保安林	60
飛砂防備保安林	16
防風保安林	56
水害防備保安林	1
潮害防備保安林	14
干害防備保安林	126
防雪保安林	0
防霧保安林	62
なだれ防止保安林	19
落石防止保安林	2
防火保安林	0
魚つき保安林	60
航行目標保安林	1
保健保安林	701
風致保安林	28
合　計	12,931
（実 面 積）	12,184

2017 年 3 月 31 日現在の数値
注：1,000ha 未満を四捨五入しているため区分ごとの面積を合計したものと合計欄に記載した数値が一致しない

を通知することとし、異議があるものは意見書の提出を行なうことができ、また提出があったときは公開による意見の聴取を行なうことを定めている。

指定された保安林ごとに、伐採の方法や限度、伐採後に必要な植栽方法などを示した指定施業要件が示される。指定施業要件は、財産権保護の観点から指定目的を達成するために必要最小限のものであることが求められている。

保安林は、都道府県知事の許可がなければ立木の伐採・損傷、家畜放牧、下草などの採取、土石や樹根の採掘、開墾その他、土地の形質を変更する行為ができない。また、立木を伐採をした場合、指定施

業要件にしたがって植栽を行なうことが義務づけられている。

保安林は森林所有者に対して規制を課するものであるため、損失の補償の規定も設けられている。また、固定資産税など税制優遇措置や、補助金のかさ上げなどの優遇措置が講じられている。

二〇一七年三月末日現在で指定されている保安林面積は一二一八・四万ヘクタールで、全森林の四八%を占めている。このうち国有林への指定が六八九・九万ヘクタール、民有林への指定が五一五・五万ヘクタールとなっており、それぞれの森林面積に占める比率は九二%、二九・六%となっている。このように民有林でも指定比率が三割に達しており、厳しい指定施業要件をできるだけかけずに保安林指定面積の拡大を図ってきた林野庁の政策が反映されている（中山　一九七四）。

保安林制度の歴史は古く、国土保全や気象害緩和など古典的に認識されてきた機能を中心に保安林種がつくられてきており、生物多様性保全が問題とされてから、これへの対応としてつくられた保安林種はない。例えば魚つき保安林を河畔域保全へと応用できる可能性がないわけではないが、例えば欧米に見たように河川一般に河畔域保全をかけるといった仕組みへの応用は困難である。森林を森林として維持したり、保健保安林など施業に厳しい規制をかけることが、結果として生物多様性保全に貢献する可能性はあるが、副次的な効果であり、生物多様性保全をねらって保安林指定を行なうことはできない。

林野庁によるその他の取り組み

生物多様性に関する関心は、二〇一〇年に名古屋で生物多様性条約第一〇回締約国会議（ＣＯＰ10）が開催されたこともあって高まっており、現場レベルでの生物多様性保全の取り組みも各地で行なわれるようになってきている。

森林に関しても、二〇〇八年に林野庁に「森林における生物多様性保全の推進方策検討会」が設置されて、森林における生物多様性の保全および持続可能な利用に向けた森林・林業施策などの検討を行ない、二〇〇九年七月に「森林における生物多様性の保全および持続可能な利用の推進方策」が出された。

この方策をふまえて二〇一一年に策定された森林・林業基本計画で、基本的な方針の一つとして生物多様性保全への対応が設定されている。森林の有する多面的機能の発揮に関する目標のなかで、森林の機能の一つとして生物多様性保全機能を掲げ、「伐採や自然の攪乱などにより時間軸を通して常に変化しながらも、一定の広がりにおいてさまざまな生育段階や樹種から構成される森林が相互に関係しつつ発揮される機能」と定義した。そのうえで「原生的な森林生態系や希少な生物が生育・生息する森林など属地的に発揮されるものをのぞき、区域設定の対象とはしないものとする」として、生物多様性のためのゾーニングは原生的森林や希少種生息域などに限定することとした。また、二〇一三年に樹立された全国森林計画では、森林の有する機能ごとの森林整備および保全の基本方針のなかで、生物多様性保全機能について「……順応的管理の考え方にもとづき、……一定の広がりにおいてその土地固有の自然条件・立地条件に適したさまざまな生育段階や樹種から構成される森林がバランス良く配置されていることをめざすものとする」ことを基本方針とし、原生的な森林生態系、希少な生物が生育・生息する森林など、属地的に機能の発揮が求められる森林については生物多様性保全機能の維持増進を図る森林として保全することと規定している。

以上のように、森林管理において生物多様性保全への配慮が求められるようになっているが、森林計画制度のもとで生物多様性保全のためにゾーニングされるのは、原生林や希少種生息地などに限定する方針が設定されている。一方、それ以外の森林の生物多様性保全については「さまざまな生育段階や樹種から構成される森林がバランス良く配置されていることをめざす」という抽象的な指針はあるが、施業の現場で参照できるような生物多様性に配慮したガイドラインは存在していない。

前述のように、欧米諸国などでは、河畔域の保全、伐採作業にあたって広葉樹や枯損木を含めた立木の一部の保持、小規模なビオトープの保全などのルール化や、普及指導、認証による生物多様性保全の取り組みなどが行なわれており、施業の現場で生物多様性保全が組みこまれつつある。日本でも今後、経済林での生物多様性保全に配慮した施業を具体化する必要がある。

森林所有者アンケート調査から見る環境配慮型施業の受容可能性(注3)

以上の背景をふまえて、日本で生物多様性に配慮した施業を進めていくために、森林所有者が環境配慮型施業に対してどのような意向をもっているのかについてアンケート調査を実施した。

アンケート調査を行なったのは北海道の足寄町《あしょろちょう》、本別町《ほんべつちょう》、浦幌町《うらほろちょう》で、個人森林所有者全員を対象として郵送で行なった。この三町は十勝総合振興局管内の東部に位置し、まとまった民有林資源を擁しており、管内の民有林素材生産量の約四割弱を占めている。また足寄町内の国有林にはシマフクロウの生息地があり、民有林はその緩衝帯とも位置づけられる地域である。こうした点で、伐採活動と環境配慮をどう折り合いをつけていくのかを調査するのに適している地域と考えられる。

アンケート調査は二〇一三年一二月に発送し、不達をのぞいて所有者に送付したものが二一二三通、回収したものが五四九通で、回収率二六%であった。

所有者の属性を見ると平均年齢六九歳、在村二七八名、不在村一三七名で、不在村のうち十勝総合振興局管内居住が八七名であった。世帯主の職業は農業一三一名、酪農・畜産七四名、会社員・公務員一三一名、その他が一九二名となっており、その他はリタイア層が多いと考えられる。

森林の所有規模を見ると一～四ヘクタールが一六％、五～九ヘクタールが二〇％、一〇～一九ヘクタールが二一％で、三〇ヘクタール以上が四三％を占めていた。また、過去三年以内に主伐のみ行なったもの一四％、間伐のみ行なったもの一五％、主伐・間伐両方とも行なったものが七％であった。

アンケートでは林業経営一般に関する意向と、生物多様性保全に配慮した施業への意向について聞いた。それぞれについて結果を述べたい。

林業経営一般に関する意向

まず「今後あなたの家の森林をどうするおつもりですか」との問いに対しては、「自分または後継者で林業経営を行なう」が二二％、「委託する」が二七％となり、何らかの形で経営を続ける意向を示したものは半数に満たず、「放置する」が一八％、「売却する」が二一％であった。なお、委託すると回答したもののうち九一％が委託先として森林組合を選択していた。

このような経営意向について、所有規模別、在村・不在村別、後継者の有無別に見ると、所有規模が大きい所有者、在村の所有者、後継者有の所有者で経営継続および委託の比率が高く、経営意欲が相対的に高かった。

次に人工林の経営意欲について、トドマツ・カラマツ人工林別に経営方針を聞いた。

カラマツ人工林については「長伐期施業をめざす」が二四％、「皆伐・再造林で人工林経営を続ける」が二七％で、両者を合わせて五一％が人工林経営を続ける意向をもっていた。トドマツ人工林に関しては「長伐期施業をめざす」が三〇％、「皆伐・再造林で人工林経営を続ける」が一五％で、両者を合わせて四五％が人工林経営を続ける意向をもっており、カラマツ人工林に比べて若干経営意欲が低い傾向にあった。

このように人工林の経営を続ける意向をもっている所有者は半数程度であり、皆伐天然更新や放置を選択した所有者も少なからず存在した。また長伐期施業を選択した所有者は、長伐期施業が確立されておらず、また大径材の市場も存在していないという現状を考えると、明確な施業方針があるというよりは判断の先送りという側面が強いと考えられる。経営条件が厳しいなかで人工林経営に明確なビジョンをもちえていないことがわかる。

回答した所有者が平均年齢六九歳であることからも、森林の適切な管理を進めるためには、森林の継承や、所有者と森林組合など事業体との関係の強化が喫緊の課題となっている。

生物多様性保全に配慮した施業への意向

環境配慮型施業に関する意向については、保持林施業と希少種保護のための施業規制の二つについて質問した。後者は、希少種保護のためには広域的な生態系保全を進めることが必要であるという観点から設定したものである。前述のようにアンケート対象地はシマフクロウ生息地の緩衝帯としての役割を果たしていると想定されるため、保全対象の希少種としては森林性の絶滅危惧種の代表であるシマフクロウを想定した。

保持林施業への意向を聞く前に、まず「あなたの家の森林にすんでいる生き物に関心がありますか」と質問したところ、「ある」と回答したものが五三％、「どちらともいえない」が一八％、「ない」が二〇

%であった（小数点以下四捨五入のため合計が一〇〇%を超える）。

続いて保持林施業について「森にすむ鳥の種類や数を増やすためには広葉樹が多いほうがよいことがわかってきました。このために、人工林を皆伐するときに、人工林のなかに自然に生えてきていた広葉樹を残すことが望まれますが、伐採作業のコストや伐採後の経営コストが増える可能性があります。あなたはこのような広葉樹を残すような伐採を行なうつもりがありますか」と質問した。これに対して「条件なしでやる」を選択したものが一七%、「かかり増し分の補償があればやってもよい」が三二%、「かかり増し分の補償に加え、上乗せの補償があればよい」が二一%となり、「どんな条件でもやる気がない」は一六%であった（図9・2）。また、所有山林の経営意向別、跡継ぎ層の有無別にクロス集計したところ、自身で経営を続けるまたは委託するなど何らかの形で経営をする意思がある所有者、後継者有の所有者で保持林施業を受容する意向が高い傾向が見られた。

次に希少種保護の施業規制への意向を聞く前に、「シマフクロウの保全に関心がありますか」と質問したところ、「ある」と回答したものが六一%、「どちらともいえない」が二六%、「ない」が一三%であった。

そのうえで、「シマフクロウは魚を主食とするため、河川沿いの森林に広葉樹が豊富にあることが重要とされています。希少な生き物を守ったり、河川の生き物を守るために、伐採の一部制限や広葉樹への樹種転換をすることが有効な場合があります。あなたの所有森林のなかに伐採や植栽の樹種を制限する場所を設けることについて同意されますか」と質問した。これに対して、「生育の良くない人工林なら同意する」を選択したものが二〇%、「損失補償が行なわれれば成育の良い人工林でも同意する」が五〇%、「補償があっても同意しない」は九%であった（図9・3）。また所有山林の経営意向別、跡継ぎ

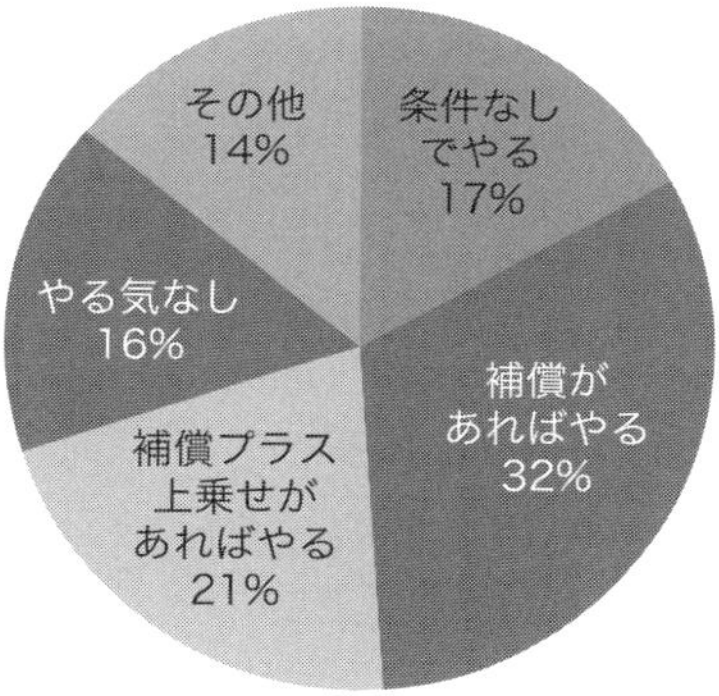

図 9.2　広葉樹保持木施業に対する森林所有者の意向

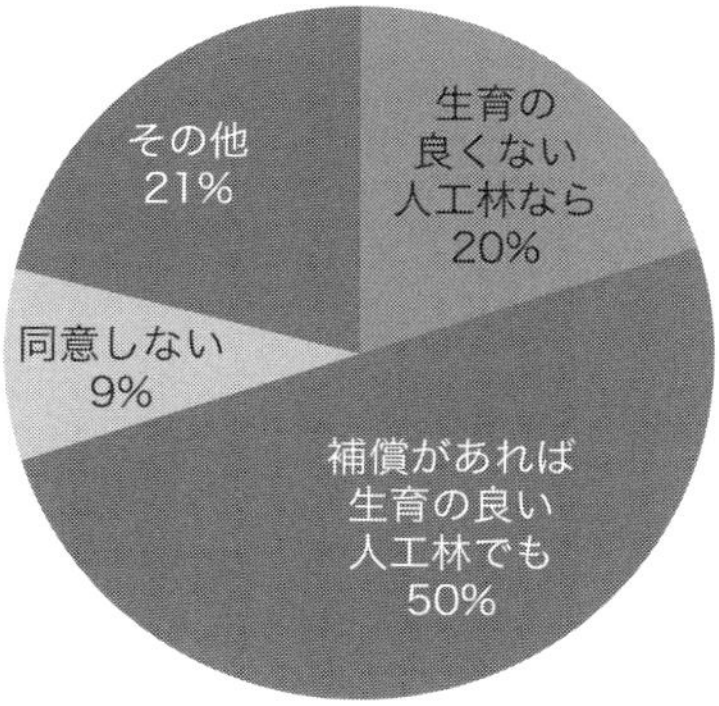

図 9.3　希少種を保護するための施業規制受容に関する所有者の意向

層の有無別にクロス集計したところ、規制の受容意向にあまり大きな差がなかった。

以上より、生物多様性に配慮した施業については拒否する所有者は必ずしも多くはなく、補償などの措置があれば進展する可能性があることが示された。また、所有林を放置・売却する意向をもっている所有者も多く、保全上重要な森林を買い取るなどの対応をとれる可能性もある。

環境配慮型の施業を進めるために

基本インフラとしての指針作成と人材育成

最後に、前章の海外での事例から学べることを参照しつつ、日本において環境配慮型の施業を進めるために必要とされること、また取り組み可能なことについて述べていきたい。

環境配慮型施業を進めるために、第一に必要なのは具体的な施業の指針の策定である。どのような施業を行なえば生物多様性への配慮が可能となるのか、さらには施業コスト面や労働安全面もふまえた科学的根拠をもった具体的な指針を、さまざまな専門家や林業技術者が協働で作成することが必要である。さらには、配慮すべき場所がどこにあるのかなどについて調査・地図化を進めていくことも必要である。指針やその実行を支えるデータシステムの構築は地域性の反映が必要であり、課題に応じたスケール設定を考える必要があろう。

第二は森林所有者、所有者へ指導普及を行なう自治体職員、施業を担う森林組合や事業体職員に、上述の指針を理解し、普及あるいは実行してもらうことである。所有者の多くは生物多様性保全に配慮した施業を受容する意向をもっており、また比率では少ないが経済的なインセンティブなしでも実行する意向をもつ所有者も存在する。これらの所有者に具体的な手法を普及することで、こうした施業が進む可能性がある。ここで留意すべき点は、地域の森林行政の前線にいる市町村職員や普及指導職員、また実際に施業を計画し実行する森林組合など事業体職員の多くは、生態系保全やそれを進めるための施業についての知識が脆弱であるという点である（北海道大学大学院農学研究院 二〇一五）。このため、これらの技術者に対する教育・啓発をまず進めるべきであろう。環境配慮型施業を進めるのは事業体やそこで働く人々である。彼らが環境配慮がなぜ必要かを理解し、ルールを守って作業をしてもらうことが大切であり、こうした人々にまで行き届くような普及指導を行なっていくことが重要である。

指針の具現化の手法

第三には生物多様性保全に向けた指針の具現化である。ここで具体的にその方策について実例をあげながら示していきたい。

《市町村森林整備計画へルールとして書きこむ》

まず考えられるのは、地域の森林のマスタープランである市町村森林整備計画にルールとして書きこむことである。こうしたルールの書きこみを行なっている例として標津町がある（鈴木 二〇一二）。標津町は水産業が活発なところで、水産資源の保全のための流域の保全に力を入れてきており、知床世界遺産を抱える羅臼町にも隣接し、豊かな自然をもつことから生物多様性保全も重要な課題となっている。こうしたなかで、地域の森林管理のなかでも河畔域保全が重要な課題となり、市町村森林整備計画において**図9・4**に示したように、河川沿いに緩衝林帯を設定し、伐採を行なわないルールを設定した。具

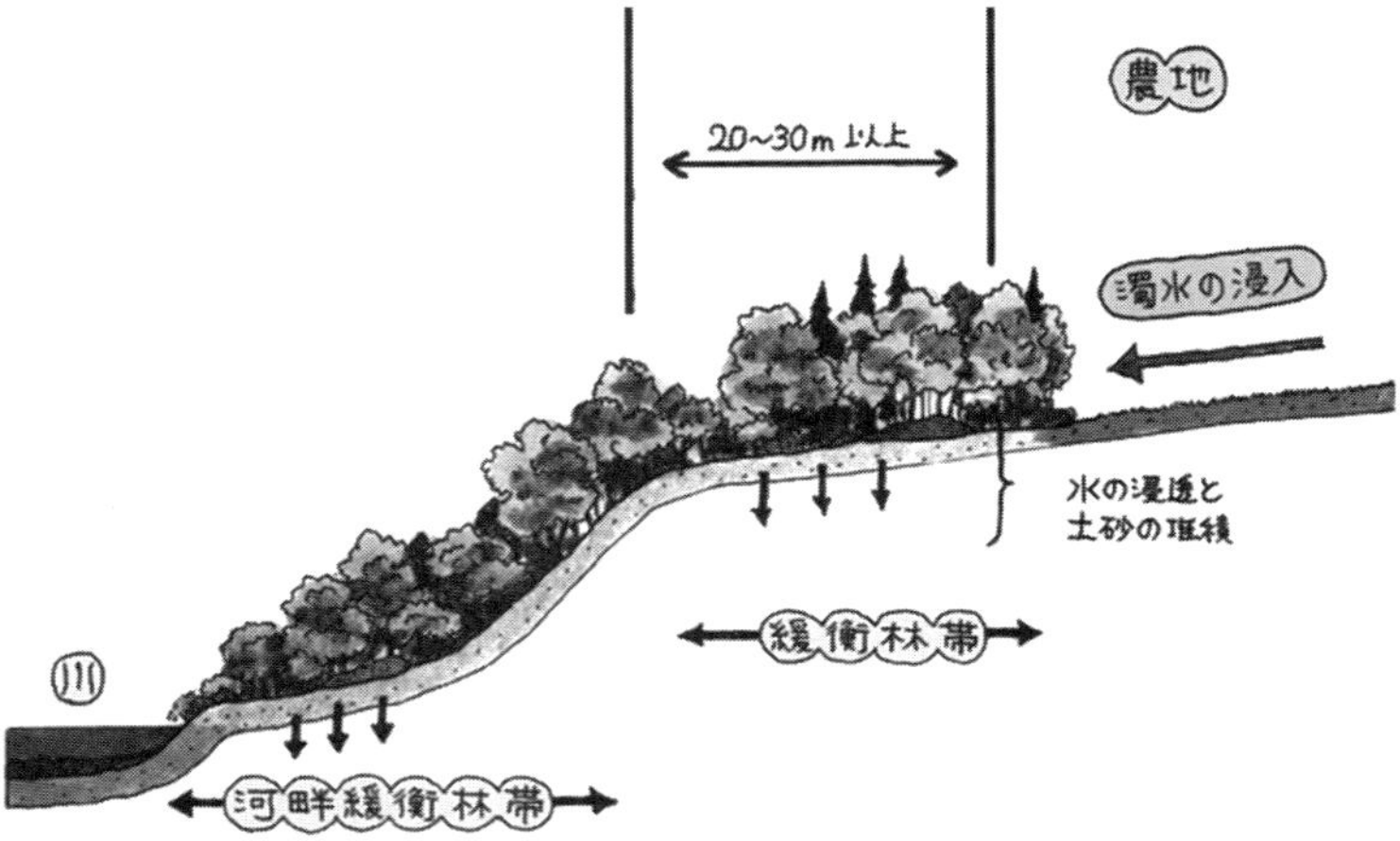

図 9.4　標津町で保全をルール化した河畔緩衝林帯

体的には、立木竹の伐採に関する事項・立木の伐採（主伐）にかかる残地林帯の取り扱いの項目に「……水辺林の伐採にあたっては……原則、段丘肩の部分から二〇～三〇メートル以上残すこととする」との記載を盛りこんだ。また、ルールを設定しただけではもちろんなく、緩衝林帯を含めた伐採届出に対しては、粘り強く説得して、伐採対象からはずしてもらうようにし、河畔域に緩衝林帯を設けて基本的に手をつけないというルールは町内で共有されるようになってきた。

ただし、市町村森林整備計画にルールを書きこみ、これを強制することは地域内での合意形成を図ることが難しく、また規制を受ける側からの大きな反発を受ける可能性がある。標津町は水産資源保全という課題が地域で共有され、また担当者と町長など町執行部層でルール化を進める意思が形成されていたが、こうした体制をつくることが難しい地域が多い。

《自主的な地域ルールの設定》

右記のように市町村森林整備計画に書きこむなど公

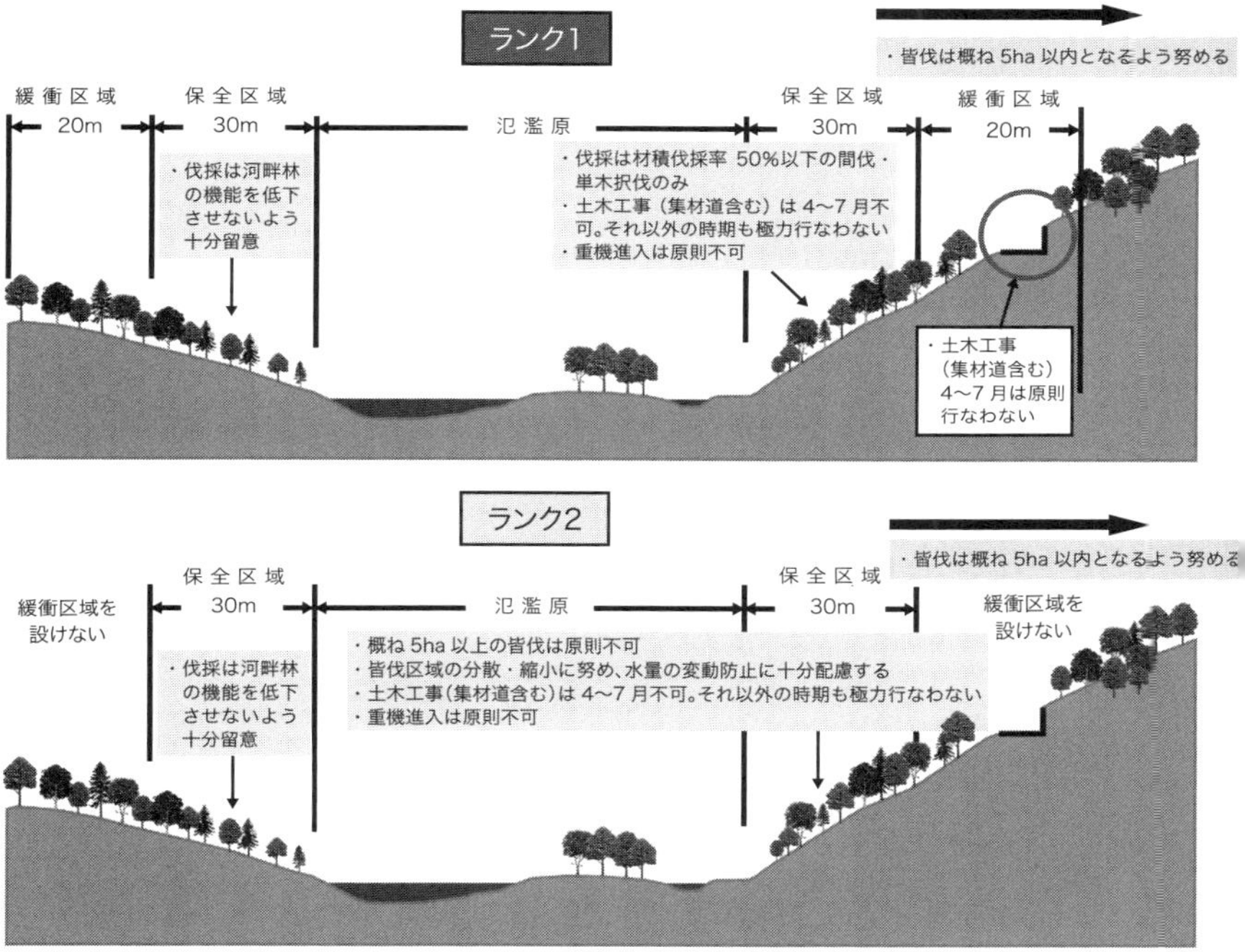

図 9.5　南富良野町におけるイトウ保護のための河畔保護域の概念図

的ルール化することが難しい場合、拘束力をもたないマスタープランのようなものに書きこんだり、自主ルールを設定するといった取り組みを行なうことが可能である。

例えば南富良野町では、二〇一一年に地域の森林の多面的な機能の発揮・保全を行ないつつ、地域林業の活性化を図ることを目的に、森林・林業マスタープランを策定した。このなかで、絶滅危惧種であるイトウの道内有数の個体群をもつことから、イトウを守る森づくりも計画に組みこみ、**図9・5**に示したように、特に配慮を要する上流部分と下流部分に分けて、それぞれに施業上の配慮のガイドラインを策定した。南富良野町ではこれを市町村森林整備計画に書きこむことはせずに、森林所有者との合意を図りながら「ソフト」に地域に浸透させようとしている。

南富良野町で重要な点は、町としてイトウの保護に力を入れているため、役場でイトウの専門家を学芸員として雇用していることである。この専門家が産卵場所を毎年調査して地図上に落とし、施業上特に注意すべきところはどこかをはっきりさせ、産卵場所周辺に森林を所有している者（注4）が森林施業を行なう際は、専門家と施業担当者・施業実行事業体責任者で、現地を見ながらどのように配慮をして作業を行なうかについて決定している。配慮内容は前記のガイドラインを機械的に適用するのではなく、それぞれの現場の状況に応じて決めていき（注5）、また作業中のチェックも行ない、問題があれば修正をかけることもある。このように専門家が入ることで、どこで、どのような配慮を行なうのかをはっきりさせることができ、焦点をしぼった環境配慮が可能となっている。

また、岐阜県の郡上《ぐじょう》市では、健全な森林づくりの推進と活力ある地域経済に寄与する森林づくりの方向性、および具体的な推進課題を検討するために、一般市民も含めた森林づくり推進協議会が二〇〇六年に設置されている。二〇一〇年には郡上市の森林のマスタープランである「郡上山づくり構想」を策定し、一〇〇年後を見すえて、地域の森林づくりの基本理念や基本的施策、取り組むべき事業を設定した（相川・柿澤 二〇一六）。さらに、地域内に大規模工場の建設が予定され、皆伐が進展することが予想されたことから、協議会に皆伐施業ガイドラインの部会を設置した。部会では二〇一三年に「皆伐施業のガイドライン検討報告書」を作成し、これをもとに郡上市は森林所有者用と伐採事業者用の郡上市皆伐施業ガイドラインを策定し、その遵守を呼びかけている。ガイドラインでは大面積皆伐の回避、皆伐が望ましくない場所、作業道作設上の注意、更新が確実にできるような方策などが記載されており（注6）、一ヘクタール以上の皆伐を行なう際には伐採届とあわせて、皆伐作業計画書とガイドラインにもとづくチェックリストを提出することを求めている。

《事業ガイドラインの策定》

林業事業体を対象とした、伐採などのガイドラインの策定の取り組みが行なわれ始めている。この取り組みを先導的に行なったのが宮崎県南部を活動拠点とする素材生産業の若手経営者のＮＰＯである「ひむか維森の会」である（藤掛 二〇〇八、薛ら 二〇一五）。この会は、もともとは新しい発想をもつ素材生産事業体の若手が自由な意見交換を行なうために発足した。しかし、宮崎など九州南部で皆伐が急速に進み、無秩序な皆伐や跡地放棄などに社会的な批判が起こるなかで、素材生産業者として説明責任・社会的責任を果たさなければならないと考え、二〇〇八年に環境保全にも配慮した伐採搬出ガイドラインを作成した。ガイドラインの目次は**表９・２**に示したが、立木売買の透明性の確保から、実際の作業、跡地処理・更新、労働安全衛生まで含まれており、ガイドライン策定にあたっては、宮崎大学などの専門家と一緒に議論し、理想と現場で対応可能なぎりぎりの線で策定しており、ＮＰＯの代表は「これ以上のものはできないと自負している」と認識している。

ＮＰＯは、ガイドラインを遵守した素材生産活動を社会的により見やすくし、社会的な認知を獲得し、普及していくことを目的に、二〇一一年に認証制度を開始した。審査は独立した認証委員会が、素材生産業者がガイドラインを遵守しているかどうかを作業跡地の調査も行なってチェックし、信頼性を確保しようとしている。ガイドラインの実施によって、素材生産業者への信頼度が高まり、イメージが向上し、また森林組合との信頼関係が形成されるといった効果があり、また、県の特定優良事業体認定にあたっては加点要素となっている。

表9.2　ひむか維森の会ガイドラインの目次

伐採契約・準備	伐採更新計画の策定
	契約、許可・届出、制限の確認
	保護箇所・注意箇所のチェックと現地マーキング
路網・上場開設	使用目的・期間に応じた開設
	林地保全に配慮した路網・上場配置
	民家、一般道、水源地付近での配慮
	生態系と景観保全への配慮
	切上・盛上と法面の処理
	路面の保護と排水の処理
	谷川横断箇所の処理
伐採・造材・集運材	
	伐採区域
	作業実行上の配慮
更新・後始末	
	更新の支援
	枝条残材、廃棄物の処理
	路網・上場の後始末
	事後評価
健全な事業活動	
	労働安全衛生
	層用改善
	作業請け負わせ
	技術向上と事業改善
	業界活動・社会貢献活動

こうした自主的なガイドラインの取り組みの影響を受けて、行政が策定・運用に取り組む例も見られている。鹿児島県では、二〇一二年に「森林伐採・搬出・更新の手引き」を策定し、森林の荒廃につながるおそれのある大面積の森林伐採や無秩序な路網開設を未然に防止し、更新作業を確実に実施するための指針として提示した。さらに二〇一六年には鹿児島県森林組合連合会と鹿児島県素材生産事業連絡協議会が協同で「責任ある素材生産業のための行動規範」と「伐採・搬出・再造林ガイドライン」を策定して、会員事業体にその遵守を働きかけている。

これらのガイドラインには生物多様性保全の配慮も盛りこまれているが、例えばひむか維森の会のガイドラインの場合、「重要な植物群落、野生生物の生息箇所を可能な限り調べ、生物多様性の保全に配慮した路網・土場の配置に努める」、「谷川沿いの生態系を保護するため、伐採更新計画において谷川沿いの箇所を特定する。路網・土場は、谷川を横断する必要がある場合をのぞき、谷川から一定の距離をおいて配置する」といった一般的な規定となっている。NPOの中心的メンバーも生態系への配慮が重要であることはわかるが、何をしてよいのかわからないのが現状であると述べている。こうした点から、本節の冒頭で述べた生態系配慮の具体的指針を策定することが、現場レベルでの生態系保全の具現化には欠かせないといえる。

《経済的なインセンティブの供与》

生物多様性保全に配慮した施業は、施業コストのかかり増しや、伐採できない林分が出てくるなど所有者に負担をかけるおそれがある。前述のアンケート結果から、何らかの補償があればこれを乗り越えることができる可能性はあるが、現行の補助金体系ではこうした補償措置は考えられていない。欧州諸国では、生物多様性を含めて環境へ配慮した施業に対する財政的助成・補償の仕組みをもっていることが一般的である。海外の事例なども参考に、生物多様性に配慮した施業へと誘導するための補助金など、経済的インセンティブの供与を検討する必要がある。

地方独自の水源環境保全税と環境配慮型施業をつなげて進めているのが神奈川県である。神奈川県の水源環境保全税の経済学的な意義については第10章で述べるが、ここで指摘したいのは、水源環境保全税という独自財源を活用して科学的根拠にもとづいた水源地域の環境配慮型施業を進めていることである。神奈川県は以前より丹沢大山自然再生計画などによる森林の再生に取り組んできたが、新しい税制を活用して人工林の混交林への誘導や、河畔域の保全再生などの取り組みを行なってきている。この際、森林の重要性や森林所有者の意向に合わせて、所有者との協定の締結・買い取り・分収（所有者が林地を提供、行政が森林造成の費用を負担し、伐採時に得られる収入を分け合う）・協力協約（所有者が行なう森林整備の経費の一部を助成）・長期施業受委託など多様な手法を活用しているほか、県自然環境保全センターでは、「水源の森林づくり　広葉樹林整備マニュアル」「渓畔林整備指針」「土壌保全対策マニュアル」「渓畔林整備の手引き」「丹沢ブナ林再生指針」など現場で活用できる指針を作成している。また、順応的管理を導入し、モニタリング・事業評価の仕組みを税制運用のなかに組みこんでおり、環境保全型森林管理という点で最先端の取り組みを行なっているといえる。

《森林認証制度の活用》

第8章で述べたように、海外では森林認証が政策補完的な役割を果たして環境配慮型施業を進めている国がある。日本では森林認証材への需要が少なく、認証が進んでいなかったが、市場差別化の手段として森林認証を戦略的に取得・活用してきた地域がある。

例えば諸塚村では二〇〇四年にＦＳＣの森林認証を取得し、認証取得を最大限生かして村の活性化につなげている（矢房　二〇一五）。諸塚村でまず取り組んだのは産直住宅で、環境や山村に関心のある都市部の人々をターゲットにして、認証を受けた森から生産された木材で良質な健康志向の住宅を建てるという、産直住宅の仕組みをつくった。施主に実際に諸塚村まで足を運んでもらって森林づくりや村の様子を知ってもらったうえで契約を結び、伐採や加工を行なう際にも足を運んでもらう機会を設けることで都市山村交流のきっかけともなっている。さらに世界で初めてシイタケにもＦＳＣ認証を取得したり、環境に配慮した村づくりを生かしたグリーンツーリズム・エコツーリズムにも取り組み、ＦＳＣ森林認証の取得をきっかけに、このメリットを最大限に生かして地域の活性化を進めている。

近年では、二〇二〇年東京オリンピックで、大会委員会が整備する関連施設で使用する木材を認証材にする方針が打ち出されたこともあって、認証への注目が再び高まってきている。森林認証は地域活性化の手段としても活用できることから、環境配慮と地域活性化双方を達成できるツールとして重要な役割を果たす可能性がある。

森林認証の活用という点ではいくつか問題もある。北欧やドイツでは、政府によって環境配慮型施業の指針が策定され、これをふまえて森林認証の基準が策定されていたが、日本の場合、生物多様性など環境配慮の具体的な指針が明確化されていないこともあって、本書で議論されている保持伐などは基準に含まれていないという限界がある（注7）。また認証を地域活性化のツールとするという点も、市場での認知度や需要がなかなか高まらないなかで、混案を抱えている地域が多い。十分生かしきれているのは諸塚村などわずかな地域に限定されており、地域力が問われている。

取り組みの基本的視点

森林施業を行なうために道路を作設する、伐採・集材をするといった行為は森林をはじめとした自然環境に何らかの影響を与える。森林や河川、あるいはそれを舞台にして成立している生態系は、地域住民、さらに言えば国民の共有の財産でもある。地域の人々の生活の舞台である自然環境に影響を及ぼすことは、地域の人々の生活へ影響を及ぼすことになる。こうした影響を回避あるいは最小限にするための配慮は、地域で共に生きる人たちに迷惑をかけないという、あたりまえの行為といえる。森・川・

里・海というつながりのなかで、地域の人々はそれぞれに自然に依拠し、また自然を活用して生活しており、誰もが良好な自然環境を享受できるように、地域に住む人々がそれぞれ環境に配慮することが求められている。環境配慮型施業を行なう基本もここにある。

森林認証のところでも見たように、環境配慮型施業はマーケティングや地域活性化のツールにもなりうる。近年、生物多様性保全、地球温暖化防止など環境保全に関する市民の関心が高まってきており、環境配慮型施業を行なうことで、こうした市民の関心と呼応してマーケットを開拓していける可能性もある。例えば、森林認証を先導的に取得した諸塚村では、森林認証を活用して産直住宅やグリーンツーリズムなどの活動を展開し、新たな市場の開拓や地域活性化を図っている。また第10章で述べるような新たな経済的手法を地域独自で取り入れることもできる。環境に配慮した施業を行なうことで市場の開拓や地域活性化を有利にすることができるのであり、環境保全を求める社会の動きに応えることができる。

これまでも繰り返し述べてきたように、環境配慮を具体的に進めていくためには、守るべき指針・ガイドライン・ルールを決めてそれを守ることが必要となってくる。こうしたガイドラインやルールは個人の自由を縛るという点で拒否反応を示される場合が多いが、一方で、ルールをつくることで魅力的な地域づくりができることがしばしば指摘されている。例えば、自然景観や文化景観保全で魅力的なまちづくりを進めている地域は、必ず保全のためのルールをもち、それを地域全体で守ることで地域の魅力を向上させている。無秩序に土地利用を進めることは地域の活力を高めるのではなく、むしろ地域の荒廃を生み出す。地域づくりという観点からも、環境配慮型森林管理に取り組む重要性があるのである。

こうした点で、例えば郡上市で市民も参加した森林づくり推進協議会が議論を積み重ねて地域のルールをつくってきていることは重要である。それぞれの地域でどのような環境への配慮が求められているのか、地域の森林や社会の状況をふまえてどのような環境配慮型施業が可能なのかを、所有者や事業体や地域住民とともに考えてルール化していくこと、そして関係者の合意でできたルールをみんなで守っていくことが理想といえる。

環境配慮型施業を実行するのは手間がかかったり、コストがかかり増しになることもある。ただ一方で、コストを切り詰めることしか考えない施業に比べて、長期的に見れば手間がかからずコスト低減につなげることができる場合がある。例えば土砂の流出を防ぐように林道や土場を作設することは、長期的に維持管理コストを抑えることができ、また社会的な軋轢を起こすこともなく、かえって安上がりになる。

欧米の事例を見てもルールを決めて環境に配慮した施業を進めることは、林業の活力を下げるわけではなく、むしろ市場での信認を高め、国内での林業への信用度を高め、不要な軋轢を回避することにつながっている。日本でも環境配慮をあたりまえとして組みこんでいく工夫が求められている。

謝辞

アンケート調査は北海道庁森林計画課の協力のもとに行なった。また、科学研究費補助金、旭硝子財団研究助成、環境研究総合推進費の助成を得て行なった。アンケート調査の設計・実行・分析については筑波大学・立花敏氏、北海道大学・庄子康氏、北海道立総合研究機構環境科学研究センター・小野理氏と共同で行なった。記して謝意を表したい。

注1――森林環境保全にかかわる法制度の歴史の詳細については、柿澤宏昭（二〇一八）を参照のこと。

注2――「森林法による施業コントロールの仕組み――森林計画制度」「森林法による施業コントロールの仕組み――保安林制度」の記述は、柿澤宏昭（二〇一四）を改稿したものである。

注3――本節の記述は、柿澤宏昭（二〇一五）を改稿したものである。

注4――主として国有林と製紙企業の社有林である。

注5――例えば保全区域の幅は三〇メートルが基準だが、地形条件によってはこれより大きくとるところも、小さくとるところも出てくる。

注6――ガイドラインには「保残木」の記載はあるが、急傾斜地や岩石地で林地を保護するために集団的に残すもので、防災上の観点から設定されている。

注7――日本で最も認証面積が大きいSGEC森林認証制度による認証基準において生態系保全関連のものを見ると、①対象森林内で生物多様性の確保に重要な構成要素（原生林を含む天然林、里山林、草地、湿地、沼、農地など）が地図上で明らかにされ、それらの保護・保全に関する管理方針が定められていなければならない、②絶滅危惧Ⅰ類、絶滅危惧Ⅱ類、準絶滅危惧に属する種およびその生息地の保護・保全が図られていなければならない、③下層植生を含め自然植生・野生動植物の保護・保全に努めなければならない、となっており、希少種など特別な配慮を要するもの以外は一般的・抽象的規定にとどまっている。

【引用文献】

相川高信・柿澤宏昭（二〇一六）市町村による独自の森林・林業政策の展開――合併市における自治体計画の策定・実施プロセスの分析　林業経済研究　六二（一）：九六―一〇七

藤掛一郎（二〇〇八）素材生産業界による伐採搬出ガイドラインの策定――NPO法人ひむか維森の会の取り組み　現代林業　五〇五：一四―二九

北海道大学大学院農学研究院（二〇一五）平成二六年度 文部科学省『成長分野における中核的専門人材養成等の戦略的推進』事業――北海道に即した中核的林業技術者養成プログラムの開発事業実績報告書　北海道大学大学院農学研究院

柿澤宏昭（二〇一四）森林に関する法制度――森林法を中心に　月報司法書士　五〇四：四―一一

柿澤宏昭（二〇一五）森林所有者は生物多様性保全のための施業を受容するか？――北海道内森林所有者へのアンケート調査の結果から　山林　一五七六：三二―三八

柿澤宏昭（二〇一六）平成二八年森林・林業基本計画と森林・林業基本法についてのいくつかの考察　林業経済　六九（六）：八―一四

柿澤宏昭（二〇一八）日本の森林管理政策の展開――その内実と限界　日本林業調査会

中山哲之助（一九七四）日本林政論――基礎的考察　日本林業調査会

鈴木春彦（二〇一二）市町村における森林マスタープラン策定の実践と課題――標津町森林マスタープランを事例に　北方森林研究　六〇：一三―一六

薛　佳・大地俊介・藤掛一郎（二〇一五）素材生産業界による環境配慮の意義と課題――ＮＰＯ法人ひむか維森の会による事業体認証制度創設までの取り組みについて　林業経済　六八（二）：一―一四

矢房孝広（二〇一五）ＦＳＣ森林認証の森の恵み――都市と山村の幸せの邂逅　林業経済　六七（一二）：一三―一五

◉第10章

生物多様性の保全を進める新たな手法

栗山浩一・庄子　康

森林において生物多様性の保全を進めていくためには、森林と関係する個人や企業、政府などが行なうあらゆる意思決定において、森林生態系サービスに対する配慮が明確な形で組みこまれる必要がある。個人の自発的な意思決定に影響を与える仕組みもあれば（例えば、森林認証制度）、法律にもとづき意思決定に強制的な影響を与える仕組みもある（例えば、保安林制度）。保持伐を行なうという意思決定は、どのような形で社会のなかに組みこまれるのだろうか？

この章では、これまで議論してきた保持伐について俯瞰的にとらえ、個人や企業、政府などの意思決定にどのような形で入りこんでいけるのか、特に経済的な視点から整理を行なっていきたい。まず、このような動きに関する世界的な動向について整理し、そのうえで生態系サービスの価値化（あるいは見える化）について整理を行なう。いわゆる環境経済評価が取り扱っている内容の紹介である。そのうえで、森林生態系サービスに対する配慮を明確な形で組み入れる仕組み、ここでは生態系サービスへの支払制度と生物多様性オフセットを紹介したい。保持伐は、おそらくこれらの仕組みに組み入れられる形で実現されることになるだろう。ここまでは、どちらかというと理論的な話であるが、章の後半では評価事例と森林環境税を含めた具体的な実践事例を通じて理解を深めていきたい。

従来の枠組みで扱うことの限界

保持伐が生物多様性の保全を進める一つの方策であるとしても、それが自動的に社会システムに組みこまれ、機能を発揮するようになると考えるのは楽観的すぎるだろう。むしろ過去の反省をふまえて、適切に機能を発揮するような積極的な位置づけを見出すことが必要である。ここでは、過去のアメリカ合衆国の国有林の事例をあげ、生態系サービスに配慮することの難しさを改めて確認したい。

森林の多目的管理――アメリカ合衆国の国有林における事例

これまでの章でも述べられてきたように、保持伐には新しい考え方が数多く反映されている。しかしながら、乱暴な言い方をすれば、これまでも森林の多面的機能（以前は公益的機能とも呼ばれていた）については、繰り返しその必要性が謳われてきており、それにもとづけば、森林の多面的機能はすでに適切に発揮されていてもおかしくないはずである。しかし、現状ではそうとはいえないであろう。この課題をアメリカ合衆国の国有林の事例をもとに考えてみたい。

森林には、木材生産だけでなく、水源保全や災害防止、レクリエーション、野生動物の保全などのさまざまな機能があるが、こうした機能のなかには両立（あるいは並立）可能なものと両立不可能なものが存在する（Clawson 1975、熊崎 一九七七）。例えば、水源保全のために河川周辺の森林を保全することは、水温を維持することで、魚類の生息にも望ましい影響をもたらすであろう。同時に、そこを訪れる利用者のレクリエーションの価値を高めることになる。つまり水源保全と野生動物の保全、レクリエーションは並立でき、同一地域で三つの役割を発揮させることが可能であろう。一方、木材生産のために河川周辺の森林を伐採することは、野生動物の保全やレクリエーションとは並立することができない。これらの例で示されるように、木材生産を行なう地域と、野生動物の保全やレクリエーションを行なう場所は、ゾーニングによって区分する必要がある。このような森林の機能の両立可能性を考慮した管理は、多目的管理と呼ばれ、アメリカ合衆国の国有林では基本概念として一九六〇年代から用いられてきた（畠山 一九九二、大田 二〇〇〇）。

一九七〇年代に入り、アメリカ合衆国では人々の環境問題への関心が高まり、それに応じて多くの環境保全関連の法律が整備されるようになった。一九七〇年には国家環境政策法が制定され、一九七三年には絶滅危惧種法が制定されている。このような社会背景に対応するため、アメリカ合衆国の国有林では、森林計画の策定に対してＦＯＲＰＬＡＮというソフトウェアが使われていた。ＦＯＲＰＬＡＮは線形計画モデルによって最適な森林計画を求めるコンピュータ・モデルであり、野生動物の保全やレクリエーションに関係した伐採規制を加味したうえで、木材生産の収益を最大化する伐採計画を策定することができる（Bowes and Krutilla 1989）。

しかしながら、一九九〇年代に入ると新たな問題が発生した。北西部で森林伐採が進んだ結果、原生林に生息するニシアメリカフクロウの生息数が減少し、一九九〇年に絶滅危惧種に指定されたのである。そのため、ニシアメリカフクロウの生息域の森林伐採は禁止されることとなった（村嶌 一九九八）。これにより、北西部の林業・林産業の雇用者数は、一九九〇年から一九九四年にかけて二万人も減少し、深刻な失業問題を引き起こした。ニシアメリカフクロウ減少の問題はなぜ発生したのだろうか？　その理由の一つは、ＦＯＲＰＬＡＮにおいてニシアメリカフクロウを考慮した伐採規制の条件が甘すぎたことであり（甘すぎた伐採規制のもとで産業が形づくられてきた）、もっと言えば、多目的管理といいながらも、実際には木材生産が主目的であり、野生動物の保全やレクリエーションは制約でしかなかったことにある。

問題点の詳細は栗山浩一の論考（栗山 二〇一五）に譲るが、ここで得られた教訓の一つは、森林の多面的機能、今日的言葉でいえば生態系サービスの「サービス」の部分の価値が明確になっていなかったということである。ＦＯＲＰＬＡＮは計画を通じて木材生産による収益を最大化させるものであり、サービスが価値化されていたのは木材生産機能だけであった。野生動物の保全やレクリエーションの機能も価値化されていたとすれば、また別の結果を示していたはずである。

生態系と生物多様性の経済学（ＴＥＥＢ）

ニシアメリカフクロウをめぐる問題は、森林機能の価値化をめぐって大きな論争を引き起こしてきた。特にニシアメリカフクロウの生息地を保全することの価値といった、後述する非利用価値（受動的価値）の評価をめぐっては、さまざまな論争が繰り広げられてきた。これらについては次節で整理することとして、アメリカ合衆国の国有林で起きてしまったような問題をどのように乗り越えようとしているのか、話を続けたい。

生態系サービスの価値化は、環境経済評価の分野では主要な課題であったが、それらが世界的な動きとして、実際の経済との関係性にまで言及して注目を集めるようになったのは、二〇〇七年に開始された「生態系と生物多様性の経済学（The Economics of Ecosystem and Biodiversity　通称ＴＥＥＢ）」の貢献によるものである。ＴＥＥＢはドイツ銀行取締役パバン＝スクデフがリーダーとなって取りまとめ、二〇一〇年一〇月に名古屋市で開催された生物多様性条約第一〇回締約国会議（ＣＯＰ10）までに一連の報告書がまとめられた。地球温暖化が経済に与える影響に関して研究した「気候変動の経済学（The Economics of Climate Change）」（スターン・レビュー）の生物多様性版ともいわれている。

二〇〇八年五月に公表されたＴＥＥＢ中間報告書（TEEB 2008）によると、現在のまま「何も対策を行なわない」シナリオだと、二〇〇〇年に存在していた自然地域のうち一一％が二〇五〇年までに失われ、サンゴ礁の六〇％が早ければ二〇三〇年までに消滅すると予測されている。原因は、農地への転換や開発の拡大、そして気候変動などである。生物多様性の保全を目的として投資されている金額は、地球全体で年間八〇億～一〇〇億ドルとされているが（James et al. 2001; Pearce 2007）、生態系のなかで重要な役割を果たすキーストーン種のうち、現在はまだ保護されていない生物種までも保護するためには、地球全体で毎年二二〇億ドルの管理費用が必要であると見積もられている（Bruner et al. 2004）。つまり、「何も対策を行なわない」シナリオを脱却するには、根本的な取り組みの変更が求められている。ＴＥＥＢは従来の政府を中心とした保全策を見直し、私たちの経済活動自体が生物多様性や生態系サービスを考慮して、持続可能な社会へと転換することを求めているのである。一方、ＴＥＥＢのユニークな点は、単に保全を求めるだけではなく、生物多様性を保全するうえで、経済政策やビジネスの役割を重視している点である。

ＴＥＥＢが示唆する問題は大きく二つに分けることができる。一つは、現在は認識されていない生態系サービスの価値を適切に評価することである。そのためには生物多様性の喪失によって社会が被るコストを把握し、生態系と生物多様性を保全することの社会的意義を示す必要がある。もう一つは、そのような生態系サービスの価値をふまえて、生態系サービスに対して対価を支払う仕組みを構築し、生態系と生物多様性の保全による利益を分け合う制度を構築することである。TEEBは二〇〇九年一一月に、政府担当者向けの報告書を公開しており（TEEB 2009）、ここでは、従来の補助金政策の見直しとともに（例えば、EUの予算のかなりの部分は加盟国の農業従事者を支援するために用いられている）、生態系サービスに対する支払制度を導入することで、生態系保全のインセンティブを与えることできることを示している。さらにTEEBは二〇一〇年七月に、企業向けの報告書も公開しており（TEEB 2010）、ここでは、企業活動によって失われた自然の代償として、自然再生の費用を企業が補償する生物多様性オフセットが紹介されている。

次節からは、TEEBが掲げる「生態系サービスの価値を適切に評価する」という課題と、「生態系サービスに対して対価を支払う仕組みの構築」という二つの課題について整理していきたい。

環境経済評価による生態系サービスの価値化

環境経済評価は、環境の価値を経済的な観点から評価する試みである。環境経済評価を行なうための手法は環境評価手法と呼ばれている。ここでは、環境経済評価を語るうえで大きな転機となった、エクソン・バルディーズ号による原油流出事故について紹介したい。そのうえで、われわれが環境から得ているさまざまな価値について整理し、それぞれの価値を評価するための手法を紹介したい。ここでは紙面の都合上、概要だけを示すので、詳細については栗山らの著作（二〇一三）を参照されたい。

エクソン・バルディーズ号の原油流出事故

エクソン・バルディーズ号の原油流出事故は、アメリカ合衆国アラスカ州のプリンス・ウィリアム湾で一九八九年に発生した。北極海沿岸に位置する油田からパイプラインによって運ばれた原油は、太平洋に面したバルディーズでタンカーに積み出されることになる。そのタンカーであるエクソン・バルディーズ号が、プリンス・ウィリアム湾内で暗礁に乗り上げ、およそ四〇〇〇万リットルもの原油を流出させたのである。直接的な人的被害はなかったが、主に風評被害を通じて、水産物には大きな漁業被害が生じることとなった。さらに海洋生態系にも重大な悪影響をもたらし、四〇万羽のウミガラス、九〇〇羽のハゲワシ、五〇〇〇羽のマダラウミスズメ、三〇〇匹のゴマフアザラシ、三〇〇〇匹のラッコなどが死亡したとされている（栗山　一九九七）。

エクソン社は原油の除去を行ない、加えて水産業者や地域住民、州政府、連邦政府に対して多額の賠償金を支払うこととなった。そのなかで議論となったのが、破壊された海洋生態系に対する損害をどのように評価するかであった。その評価額をめぐっては、信頼できる評価が可能であるという経済学者と、信頼できる評価は不可能であるという経済学者の間で鋭い対立が生じ、その評価の信頼性は法廷でも大きな争点となった。

問題の核心部分は、海洋生態系に対する損害は、損害を受けた人々から聞き出した価値からしか算定できないことである。例えば、ある水産業者が被る損害は、原油流出事故がなかったとしたら販売できたであろうサケの匹数から、実際に販売できたサケの匹数を引き、そこに一匹当たりの市場価格をかけることで求めることができる。サケの需要量と供給量、価格の間には関係性があり、その関係性（市場メカニズム）のもとでサケは取引されているので、損害額も市場メカニズムから査定することが可能である。

一方、海洋生態系は商品やサービスとして市場で取引されていないので、市場価格も存在していない。しかし、市場価格がないからといって価値がないわけではない。海洋生態系が健全に保全されていること、例えば、ラッコがプリンス・ウィリアム湾で暮らしているという事実は、その事実自体には価格はないが、その事実に対してわれわれは満足感を得ることができる。言い方を換えると、市場メカニズムあるいは市場価格という解釈を経ずに、「ラッコがプリンス・ウィリアム湾で暮らしているという事実」自体から恩恵を受けている。逆にそれが失われれば、われわれの満足感は低下することになる。

このような場合、満足感の低下を貨幣単位で、それが生じた人々から聞き出すほかに方法は存在していない。しかし、「多くのラッコがプリンス・ウィリアム湾で死亡した事実の補償として、あなたはいくら受け取りたいですか」といった質問をし、さらに本当に補償が行なわれる状況であるとしたならば、ほとんどの人は本当の金額を表明しないであろう（普通は過大な補償額を表明するであろう）。そこで研究者は、このような形での損害額の評価をする代わりに、今後、同じような原油流出事故を発生させないように、タンカーに護衛船（エスコートシップ）をともなわせることを義務づける保全策へ、どれだけお金を支払うつもりがあるのかをたずねることとした。「多くのラッコがプリンス・ウィリアム湾で死亡した事実」を深刻に受け止める人は、多くのお金を支払うであろうし、そうでない人はまったく支払わないかもしれない。このような形で、アンケート調査を用いて全米で評価が行なわれた。言い換えれば、タンカーに護衛船をともなわせるという商品（あるいはサービス）に、人々はどのような価値づけを行なうかを調査したのである。このような評価手法は仮想評価法（ＣＶＭ）と呼ばれるものである。仮想評価法の評価額は二八億ドルと推定されて、アラスカ州はこの数値も根拠の一つとして、裁判を通じてエクソン社に賠償金を求めた。最終的にエクソン社は、海洋生態系の破壊に対して追加的に約一一億ドルの賠償金を支払うこととなったのである。

森林生態系サービスの価値と評価手法

環境の価値を経済的に評価する意味を理解したうえで、次はわれわれが森林から得ている価値について見てみよう。そして、それぞれの価値を評価するための環境評価手法についても整理していきたい。

日本では第二次世界大戦後に燃料や住宅用の木材確保を目的とした大規模な森林伐採が行なわれ、森林は一時的に荒廃した。しかし今日では、この時期に植林された森林が一斉に伐期を迎えており、逆にその森林資源の有効利用が大きな課題となっている。一方、日本の国土は急峻であり、人々は森林が提供する水土保全や災害防止のサービスに強い期待を寄せている。さらに自然環境の保全に対する意識の高まりから、野生動物の保全や遺伝的多様性の保全のサービスに対しての期待も高い。政策担当者には、これらの多様化する期待を的確に把握し、適切な政策を立案することが求められている。しかし、前述のように生態系サービスのなかには、容易に価値を把握できるものもあれば、そうでないものもある。

森林には多くの樹木が存在している。森林所有者はこれらの樹木を伐採し、利益を得ている。その利益は、先ほどの原油流出事故で水産業者が被った損害と同じような形で、伐採した樹木の量（材積）と、市場価格から算定することができる。このように、森林という環境から資源を直接的に利用することで得られる価値、またその価値が市場価格を通じて直接算定できるものを「直接利用価値」と呼んでいる。

直接利用価値は通常容易に価値を把握することが可能であり、一般的に想定される利益や損害は直接利用価値に関係したものであることが多い。

一方、森林ではレクリエーションを行なうことができる。例えば、森林公園などの施設が整備された場所では、散策やジョギングなども楽しむことができる。このような場合、森林という環境から資源を直接的ではなく、間接的に利用している。間接的に利用することで得られる価値を「間接利用価値」と呼んでいる。ほかにも、保安林のなかには、風速を緩和して風害を防止するための防風保安林や津波や高潮、塩害を緩和する潮害防備保安林などがあるが、これらも「間接利用価値」が生じている例である。間接利用価値は、直接利用価値のように明確な形で価値を評価することはできないが、レクリエーションであれば、その森林を訪問するための旅行に必要な費用、災害にかかわるものでは、同じ機能を森林以外で発揮させるための人工物を設置するための費用など、間接的な形で価値を把握することが可能である。

さらに、現在は森林を利用しないが将来レクリエーションに利用したい、森林に生息する未知の昆虫から有用な遺伝資源が発見されるかもしれない、といったさまざまな理由で森林を現状のまま維持したいと考える人がいるかもしれない。このように、将来の利用可能性を維持するために、その環境を残しておくことから得られる価値を「オプション価値」と呼んでいる。直接利用価値と間接利用価値、そしてオプション価値は、いずれも利用にともなって得られる価値であるため「利用価値」と総称されている。

これに対して、森林には人間が利用しなくても得られる価値も存在する。森林には大型動物をはじめとして、小型の哺乳類や鳥類、昆虫などたくさんの生きものが生息している。また、そのなかには希少な動物や植物もおり、その一部については、それを見るためのエコツーリズムが成立している場合もある。この場合、希少な動物や植物の価値の一部は間接利用価値という形で把握することも可能である。しかし、希少な動物や植物も、単独で森林で生活しているわけではなく、森林という生息する環境、そして希少な動物や植物も含めた関係性のなかに存在している。つまり、間接利用価値で測られる希少な動物や植物の価値は、森林生態系のほんの一部であり、実際には、森林にさまざまな動植物が生息している、あるいはそのような森林生態系が存在しているという事実が生み出している価値のほうがより大きいと考えられる。このように、森林が存在することそのものから得られる価値を「存在価値」という。

また、そのような貴重な環境を子どもや孫の世代に残したいと考える人は、森林生態系を次世代に残すことからも価値を得ることができるだろう。このように、環境を将来世代に残すことから得られる価値を「遺産価値」という。遺産価値や存在価値のように、利用の有無にかかわらず得られる価値は「非利用価値」または「受動的利用価値」と呼ばれている。

このように、森林はわれわれにさまざまな恵みをもたらしているが、それらのなかで市場が存在しているのは、樹木を伐採して生じる木材だけであり、それ以外のものは市場で取引されないため、市場価格が存在していない。したがって、もし市場価格にもとづいて森林の価値を評価すると、直接利用価値だけが評価されることになる。これは明らかに過小評価である。経済学的な視点から考えると、アメリカ合衆国の国有林で起きた問題はまさにここに根っこが存在している。

少なくとも、今後このような事態を避けるためには、森林のもつさまざまな価値を適切に評価し、意思決定に反映させることが必要である。森林のもつ価値を貨幣単位で評価することができれば、伐採して木材として利用した場合の利益と伐採せずにおく場合の利益とを直接的に比較することが可能になる

- 森林の価値
  - 利用価値
    - 直接利用価値
      - 市場価格から価値を直接的に評価できる
        - 具体例：木材
        - 手法：市場価格から直接的に評価可能
    - 間接利用価値
      - 市場価格から価値を間接的に評価できる
        - 具体例：レクリエーション
        - 手法：トラベルコスト法・代替法・ヘドニック価格法
    - オプション価値
      - 市場価格を用いて評価できるが、実際には適用できる場合は少ない
        - 具体例：未知の遺伝資源
        - 手法：市場価格（市場価格が使えない場合は仮想評価法など）
  - 非利用価値
    - 存在価値
      - 市場価格を用いて評価できない
        - 具体例：森林生態系・野生動物
        - 手法：仮想評価法・コンジョイント分析
    - 遺産価値
      - 市場価格を用いて評価できない
        - 具体例：森林生態系・野生動物
        - 手法：仮想評価法・コンジョイント分析

図 10.1　森林の価値の種類と環境評価手法

だろう。

日本では、二〇〇〇年には農林水産大臣が日本学術会議に対し、農業および森林の多面的な機能の評価を諮問しており、二〇〇一年にはそれらの経済評価についても公表されている（日本学術会議 二〇〇一）。しかしながら、これらの価値は顕示選好法にもとづいた利用価値が主であり、TEEBに示されたような、非利用価値も含めた多様な価値を把握するにはいたっていない。このようなことから、想定される森林生態系サービスに対して人々がどのような選好をもっているのか、という事実を国家レベルで明らかにすることは、森林生態系サービスを実質的に組み入れた政策を立案するうえでは欠かせない作業であるといえる。

価値の分類と環境評価手法

環境のもつさまざまな価値に応じて、これまでさまざまな環境評価手法が開発されてきた。代表的な環境評価手法を整理すると図10・1のようになる。

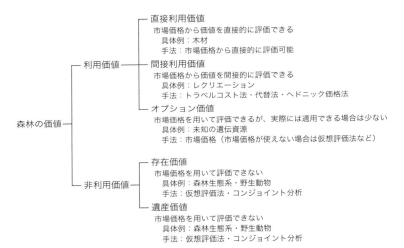

環境評価手法は、人々の行動にもとづいて環境の価値を評価する「顕示選好法」と、人々の意見にもとづいて環境の価値を評価する「表明選好法」に分類される。「トラベルコスト法」や「代替法」「ヘドニック価格法」は顕示選好法に分類される手法である。前述のように、トラベルコスト法はその森林を訪問するための旅行費用から評価を行なうものであり、代替法は同じ機能を森林以外で発揮させるための人工物を設置するなど、環境が提供するサービスと同様の商品やサービスを人為的に供給するために必要となる費用から評価を行なうものである。ヘドニック価格法は不動産価格から評価を行なうものである。例えば、森林公園が周辺にある宅地の価格は、同じ条件で森林公園が周辺にない宅地の価格よりも高い可能性がある。もしそうであれば、この価格差が、森林公園が周辺にあることの価値として評価することができる。

一方、エクソン・バルディーズ号の原油流出事故の際に用いられた手法である「仮想評価法」や「コンジョイント分析」は表明選好法である。仮想評価法は、アンケート調査を用いて環境の価値を直接たずねる手法である。一方、コンジョイント分析は、同じようにアンケート調査を用いた手法であるが、環境を改善するさまざまな代替案に対する好みをたずねることで、環境の価値を評価する手法である。多属性版の仮想評価法といえる。仮想評価法では評価対象となる環境の質あるいは量の改善は一属性一水準に限られるが、コンジョイント分析では、多属性多水準で構成された代替案を回答者に提示し、それらを比較、選択してもらった結果にもとづいて評価を行なうことになる。もちろん、多属性多水準に対する評価結果を得ることができる。

顕示選好法は、実際の消費行動にもとづいて分析を行なうため、データの信頼性は高いが、消費行動に顕示されない非利用価値を評価することはできない。一方で表明選好法は、人々の表明する意見にもとづいて評価を行なうため、非利用価値も評価することができる。ただし、アンケート調査にもとづくため、評価内容の設定や説明方法などによって評価額が影響を受けやすい。

ここまでが、ＴＥＥＢが掲げる「生態系サービスの価値を適切に評価する」という課題に相当する議論である。仮想評価法が使えるのか、使えないのか、残念ながら経済学者の間でも結論は依然として示されていない。ただ、それは仮想評価法によって評価された価値が、現実の社会問題を解決する際に使えるものかどうかの議論であり、生態系サービスの価値自体は間違いなく存在するし、またそれを社会に組みこむ必要があるという点では、理論面でもコンセンサスが得られている。以下では、もう一つの課題である「生態系サービスに対して対価を支払う仕組みの構築」について見ていきたい。

生態系サービスに対して対価を支払う仕組みの構築

世界各地での具体的な取り組み

ＴＥＥＢによる国際的な枠組みでの議論の一つの方向性は、生物多様性条約といった国家間での議論から、条約の批准、国内法への反映という、いわゆる伝統的なアプローチである。もちろんこれ自体重要であるが、一方で先に見てきたように、世界的な議論が国内法に反映されるにはかなりの時間を要するであろうし、ほかの国内法と齟齬がないように調整が図られるため、当初の目的は相当程度薄まることも考えられる。

ここでもう一つの方向性である、法制度によらない方法、具体的には生態系サービスを保全するインセンティブを生み出して、市場を創設する経済政策に注目してみたい。このような経済政策は強制力がないことが欠点であるが、逆にインセンティブを適切に設定できれば、自発的に生態系サービスを保全する個人や企業が仕組みに参加することになる。ここでは主に四つの取り組みを紹介したい（栗山 二〇一四）。

第一の取り組みとして、生物多様性の保全にビジネスが参画するためのパートナーシップが世界各地で設立されている。例えば、オランダのLeaders for Nature（二〇〇五年）、フランスのAssociation Orée（二〇〇五年）、カナダのCanadian Business and Biodiversity Council（二〇〇八年）、ドイツの'Biodiversity in Good Company' Initiative（二〇〇八年）、欧州連合のThe EU Business and Biodiversity Platform（B@B）（二〇一〇年）などがある。日本国内では「企業と生物多様性イニシアティブ（ＪＢＩＢ）」が二〇〇八年に設立され、二〇一八年四月の時点では四五社が参画している。二〇〇九年には環境省が「生物多様性民間参画ガイドライン」を公表し（環境省 二〇〇九、二〇一七）、民間企業が生物多様性に取り組むための具体的な手順も示されている。二〇一〇年に設立された「生物多様性民間参画パートナーシップ」には、二〇一八年六月現在、四七四団体が加入している。こうした民間企業のパートナーシップをきっかけとして、多くの民間企業が生物多様性の保全に対する関心を高めるようになっている。

第二の取り組みとして、環境認証が進められている。環境認証とは、環境対策が適切に行なわれている製品を第三者が認証し、認証ラベルを貼ることで、通常の製品と環境対策が行なわれた製品を識別できるようにする制度のことである。例えば森林に関する環境認証として「森林管理協議会（ＦＳＣ）」による森林認証がある。これは世界自然保護基金（ＷＷＦ）が中心となって一九九三年に設立されたＦＳＣが行なうもので、森林管理に対して認証を行なう「森林管理認証」と林産物の加工・流通に対して認証を行なう「ＣｏＣ認証」がある。二〇一六年の段階での認証森林面積は一億九四〇九万ヘクタールである（FSC 2016）。またヨーロッパを中心に一九九九年に設立されたPEFC森林認証プログラムは世界各国の森林認証制度との相互認証を行なっており、二〇一七年の認証森林面積は三億一五七万ヘクタールとなっている（PEFC 2016）。FSCおよびPEFCの森林認証はヨーロッパを中心に普及が進んでおり、認証森林の割合はフィンランド九七%、スウェーデン七七%、ドイツ七二%、オーストリア七〇%、カナダ五八%、アメリカ合衆国一五%となっているが、日本の認証森林はわずか二%にすぎない。日本の森林認証が普及しない原因としては、日本は大規模な森林所有者が少なく、森林認証を取得するためのコスト負担が難しいことが考えられる。このため、日本独自の森林認証制度として緑の循環認証会議（SGEC）が二〇〇三年に設立された。二〇一六年からはこのSGECがPEFC森林認証プログラムと相互認証を開始しており、日本における認証面積も増加しつつある。

第三の取り組みとしては、生態系サービスに対する支払制度（Payment for Ecosystem Services：PES）が世界各地で導入され注目を集めている。PESとは、生態系サービスの受益者が、生態系サービスの対価を支払うことで生物多様性の保全を実現する制度である（林・伊藤 二〇一〇a）。PESの代表的な事例として、ナチュラルミネラルウォーターのブランドであるヴィッテル（フランス）の取り組みが知られている。ミネラルウォーターの水源地域の水質を改善するには、水源地域の農家の協力が不可欠であった。そこで、水源地域の農家と交渉し、ヴィッテルの資金提供により農家が水質対策を実施することで合意が得られた。ヴィッテルが農家に水源地対策として支払った金額は、七年間で総額二四二五万ユーロにも達した。このようなPESの事例は世界全体で三〇〇件を上回るといわれており、世界的にPESに注目が集まっている。OECDは世界各国の代表的なPESの事例として四一件を検証し、PESが成功するためには生態系サービスの供給者と受益者が協議を行なうことを支援する制度が必要であり、民間レベルの取り組みであっても行政が重要な役割を担っていると指摘している（OECD 2010）。なお、本来のPESとは、生態系サービスの供給者と受益者が自発的に協議し、保全内容と費用負担額を交渉によって決めることで生物多様性の保全対策を実現するものである。経済理論の観点から見れば、PESはコースの定理に相当するものであり（つまり、受益者が生態系サービスの供給者に費用負担を行なう状況でも、逆に供給者が受益者に補償金を払って、生態系サービスの提供を抑制する状況でも、両者が合意する提供水準は一致し、いずれの場合でも最適な資源配分を達成できる）、当事者間交渉によって効率的な保全対策の実現が期待できることを意味する。ただし、交渉相手を探すこと自体に費用が必要な場合や、受益者と供給者でもっている情報の質や量に差がある場合などは、当事者間交渉では効率性が得られないこともある。例えば、生態系サービスの供給者は、その真の価値を知らないが、受益者はそれを知っているならば、本来の負担すべき金額よりも大幅に低い金額で交渉が決まってしまう可能性もありうる。

第四の取り組みとしては、生物多様性オフセットがある。企業が開発を行なう際には、生物多様性への影響をできる限り回避し、影響を最小化することが求められている。しかし、影響を完全にゼロにすることは困難なことも多い。そこで、開発場所とは別の場所で自然を再生することで開発によって失われる自然の代償措置とする「生物多様性オフセット」が注目されている（林・伊藤 二〇一〇b）。開発企業が単独では自然再生が困難な場合、開発企業が費用を負担し、自然再生は他社に委託することも認められている。生物多様性オフセットは、アメリカ合衆国ではすでに数十年の歴史があり、多数の実施事例が存在するが、近年は国際的な枠組みでも生物多様性オフセットに対する関心が高まっている。例えば、二〇〇四年一一月に設立された「ビジネスと生物多様性オフセットプログラム」（Business and

Biodiversity Offsets Programme：ＢＢＯＰ）には世界各国から七五団体以上が加盟している。加盟団体のなかには、国際機関、各国政府、ＮＧＯなどに加えて、国際的に活躍する大手の資源開発企業も参加している。ＢＢＯＰは二〇一二年に生物多様性オフセットを評価するための基準に関する報告書と生物多様性オフセットの実施手順を示したハンドブックを公表した（BBOP 2012a, b）。ＢＢＯＰが世界共通のフレームワークを構築することで、今後は生物多様性オフセットへの注目が国際的に高まることが予想される。生物多様性オフセットでは「ノーネットロス」が求められている。これは、開発によって失われる生態系サービスと、自然再生によって新たに生み出される生態系サービスの価値が等しく、オフセットの実施により全体としては生態系サービスの価値が失われないことを意味する。さらにＢＢＯＰの報告書では、失われる価値よりも新たに生み出される価値が上回る「ネットゲイン」を実現することで、生物多様性の保全に貢献することが提案されている。ただし、「ノーネットロス」や「ネットゲイン」を判断するためには、失われる価値と生み出される価値のそれぞれを評価し、比較することが不可欠である。

生態系サービスの評価を実装する

このような枠組みが示されると、それらがあたかも自動的に機能し、目的が達せられるようにも感じられる。しかし実際には、個人や企業、政府の担当者に、生態系サービスの価値を評価するという、新しい課題が突きつけられることになる。結局は、最も根本となる価値評価が必要とされることには変わりはない。しかし、生態系サービス支払制度（ＰＥＳ）や生物多様性オフセットでは費用負担をともなうため、生態系サービスの金銭単位での評価が重要な課題となり、新規事業では何らかの形でそれらを示すことが必要となる。環境経済評価の実証研究のデータベースである環境評価データベース（ＥＶＲＩ）によると、これまでに三八〇〇件を上回る実証研究の蓄積が存在するが、実証研究をふまえて、実際に評価を行なわなくてはならないかもしれない。さらに、企業が生物多様性を配慮するためには、企業活動が生態系サービスに対してどのような影響を与えているのかをサプライチェーンやライフサイクル全体、つまり原料が加工されて製品やサービスとなって消費者の手に届き、最終的に廃棄されるまでの全プロセスで把握する必要も出てくる。ＴＥＥＢは二〇一〇年に公開した一連の報告書のなかで、生物多様性の保全を実現するためには生態系サービスの価値評価が不可欠であり、環境経済評価の手法を環境政策や企業活動に取り入れることが有効であることを強調している。

このような状況に対応して、価値評価を実装する手法の開発が急速に進んでいる（栗山 二〇一四）。第一に、生物多様性や生態系サービスの評価手順や基準の設定に関する議論が進んでいる。世界資源研究所（ＷＲＩ）は、二〇一二年二月に「企業のための生態系サービス評価」（The Corporate Ecosystem Services Review：ＥＳＲ）を公表し、企業が生態系サービスを評価するための手順をわかりやすく整理している（WRI 2012）。

第二に、原料調達、製造、流通、消費、廃棄という製品のライフサイクル全体での生物多様性への影響を把握するライフサイクル・アセスメント（ＬＣＡ）やサプライチェーン分析の研究が進んでいる。二〇〇五年には産業技術総合研究所が中心になって開発された被害算定型影響評価手法（ＬＩＭＥ）が公表された（伊坪・稲葉 二〇〇五）。ＬＩＭＥは企業の経済活動によって生じるさまざまな環境負荷を製品のライフサイクル全体で評価している。ＬＩＭＥでは生物多様性に関連する評価項目として生物の絶滅種数が用いられており、企業は自社の環境対策によって生物種の絶滅リスクをどれだけ低減できるかを定量的に把握できる。二〇一〇年には改訂版のＬＩＭＥ２が公表され（伊坪・稲葉 二〇一〇）、国際版のＬＩＭＥ３の公表も予定されている（伊坪ら 二〇一八）。海外では欧州委員会（ＥＣ）が二〇一〇年から製品のライフサイクル全体で環境負荷を評価する「環境フットプリント」に関する検討を行なっている。欧州委員会は製品と組織の環境フットプリントに関する報告書草案を二〇一一年に公表し、さまざまな製品に対して実証分析を行なっている。二〇一二年に公表された最終報告書草案では、一四項目の環境領域について環境負荷を評価することが提案されているが、そのなかには富栄養化、資源枯渇、土地利用などの生物多様性に関係するものも含まれている（EC 2012a, b）。

こうしたなかで、スポーツウェアメーカーのＰＵＭＡは、二〇一一年に「環境損益計算書」を公表し、サプライチェーン全体における環境のコストを試算した。ここでは水資源使用、温室効果ガス排出、土地利用、大気汚染、廃棄物の五種類の項目について評価が行なわれた。生態系サービスと関連の強い土地利用の環境コストは三七〇〇万ユーロであり、これは全体の環境コストの二五％に相当するものであった。ただし、生態系サービスを評価するには、環境経済学、環境経営学、環境工学などの専門知識が必要であり、企業が単独で評価を行なうことは容易ではない点に注意が必要である。ＰＵＭＡの「環境損益計算書」の場合はサプライチェーンの環境負荷を計測するために四六四部門から構成される産業連関分析が用いられており、この評価は専門のコンサルタント会社のＴｒｕｃｏｓｔ社が担当した。

このような事情もあり、企業が生態系サービスの評価を実践し、経営戦略の意思決定を支援するためのソフトウェアやデータベースの開発が進められている。例えば、スタンフォード大学が中心となって開発されたソフトウェア「環境サービス・トレードオフ統合評価（ＩｎＶＥＳＴ）」では、土地利用の変化などが生態系サービスに及ぼす影響をモデルを用いて分析し、経済価値に換算したものを地図上に表示することが可能である（The Natural Capital Project 2017）。企業はＩｎＶＥＳＴを導入することで、工場排水が下流の水質や生態系に及ぼす影響を地図上で把握し、排水対策と環境コストを直接比較して自社の経営戦略を見直すことが可能となる。こうしたソフトウェアやデータベースの開発が急速に進んだことで、今後はより多くの企業が生物多様性の評価に取り組むことが予想される。

日本国内における具体的事例

議論は世界的な話題に広がったが、もう一度話を国内に向け、上記の世界的な流れと比較して、日本では何がどこまで進んでいるのか具体的な事例をあげながら紹介していきたい。生態系サービスの価値評価が、さまざまな政策の根幹をなすことは何度も指摘してきたが、そうなると実際に生態系サービスには具体的にどれだけの価値があるのかに興味が湧いてくる。まず、この疑問に答えるコンジョイント分析による森林生態系サービスを対象とした研究事例を一つ紹介したい。想定される森林生態系サービスは複数あるため（例えば、ＴＥＥＢでは生態系サービスを一七種類に分類している）、仮想評価法ではなくコンジョイント分析によって評価することが想定される。本評価の詳細については庄子らの研究（Shoji et al. 2018）を参照されたい。

選択型実験による森林生態系サービスの評価

この研究では、ＴＥＥＢに示されている一七種類の生態系サービスから、森林にかかわりのある一四の生態系サービスに、教育の場としての生態系サービスを加えた、一五の生態系サービスを評価対象と

表 10.1　対象とした森林生態系サービス

1	きのこや山菜などの林産物を生産する働き
2	住宅用建材や家具、紙などの原材料となる木材を生産する働き
3	水資源を蓄える働き
4	空気をきれいにしたり、騒音をやわらげたりする働き
5	二酸化炭素を吸収することにより、地球温暖化防止に貢献する働き
6	山崩れや洪水などの災害を防止する働き
7	土壌の流出を防いだり、肥沃な土壌を維持したりする働き
8	飲み水にも使われる河川や湖沼の水をきれいにする働き
9	貴重な野生動植物の生息の場としての働き
10	動植物の遺伝的な多様性を維持する場としての働き
11	運動で身体的健康を増進したり、癒しや安らぎで精神的健康を増進したりする場を提供する働き
12	自然に親しみ、森林と人とのかかわりを学ぶなど教育の場としての働き
13	観光や、登山やハイキングなどの野外レクリエーションに出かける場としての働き
14	美しさを感じたり、文化や芸術、デザインの源となったりする働き
15	宗教的な体験を行なったり、精神的に大切な場所となったりする働き

して設定した（表10・1）。それぞれの生態系サービスに対する説明はできる限りTEEBに沿うようにしたが、一方で日本においてなじみのある表現と齟齬がある部分については、回答者が理解できる形に調整を行なった。つまり、TEEBの定義と本研究が使っている定義は厳密には一致していない。

評価シナリオは、これらの生態系サービスについて、サービスを強めたりあるいは弱めたりする新しい政策が検討されていると仮定し、そのために保護地域面積を増やしたりあるいは減らしたりするというものである。政策を実現するためには税金の負担が必要になるとしている。先ほどTEEBに示されている一七の生態系サービスを一四にしぼったと述べたが、これはシナリオの現実性を確保するため、日本において該当する保護地域が実際に存在するものに限定したためである。

保護地域面積の水準は、現状の面積を基準と

	政策 1	政策 2	政策 3	
きのこや山菜などの林産物を生産する働き	−25%	+50%	+25%	現状維持
災害を防止する働き	+25%	+25%	+50%	
河川や湖沼の水をきれいにする働き	+25%	−25%	0%	
遺伝的な多様性を維持する場としての働き	+50%	0%	−25%	
教育の場としての働き	0%	+25%	+25%	
必要となる税金の負担額	1,000 円	5,000 円	3,000 円	
望ましい政策を一つ選択	●	●	●	●

図 10.2　提示した選択セットの一例

して、それぞれ二五％減、〇％（現状維持）、二五％増、五〇％増の四水準、税金の負担額は、一〇〇〇円、三〇〇〇円、五〇〇〇円、一万円の四水準である。選択対象となる政策は一五の生態系サービスのうち五つの生態系サービスと税金の負担額の組み合わせから作成している。政策に含まれない属性は現状維持であると想定し、回答者にもその旨を説明している。本調査では、政策を三つ組み合わせて一つの選択セットを形成しているが、それぞれの選択セットの右端には「現状維持」という選択肢も組み合わせている。これは、一五の機能すべてが現状と変わりがない、つまり新しい政策を実施せず、また税金の負担増もないという現状維持プロファイルである。回答者にはこのような設問を八回提示し、それぞれの選択セットのなかから最も望ましいものを選択してもらっている（図10・2）。各選択セットで示される五つの生態系サービスが毎回異なるようにデザインされている。

　回答にあたっては、一つの生態系サービスを発揮させることでほかの生態系サービスに悪影響が及ぶと想定する回答者が存在することが懸念された。例えば、木材を生産するために樹木を伐採すれば、野生動植物の生息の場が失われるはずだといった懸念である。この懸念は先ほどのアメリカ合衆国の国有林の多目的管理で示されてい

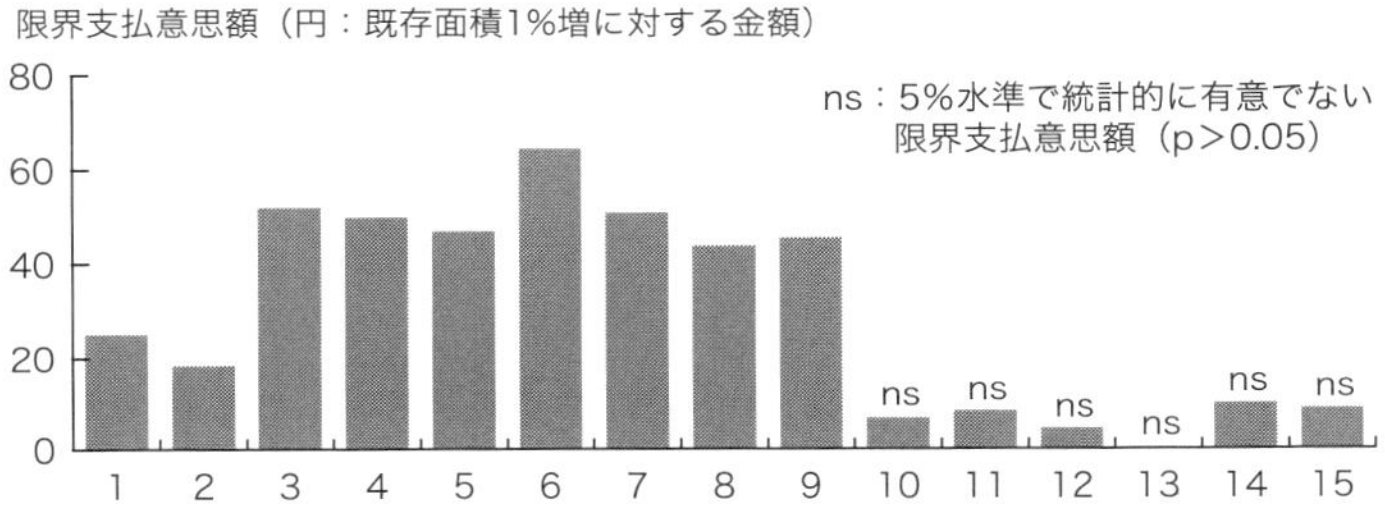

1. きのこや山菜などの林産物を生産する働き
2. 住宅用建材や家具、紙などの原材料となる木材を生産する働き
3. 水資源を蓄える働き
4. 空気をきれいにしたり、騒音をやわらげたりする働き
5. 二酸化炭素を吸収することにより、地球温暖化防止に貢献する働き
6. 山崩れや洪水などの災害を防止する働き
7. 土壌の流出を防いだり、肥沃な土壌を維持したりする働き
8. 飲み水にも使われる河川や湖沼の水をきれいにする働き
9. 貴重な野生動植物の生息の場としての働き
10. 動植物の遺伝的な多様性を維持する場としての働き
11. 運動で身体的健康を増進したり、癒しや安らぎで精神的健康を増進したりする場を提供する働き
12. 自然に親しみ、森林と人とのかかわりを学ぶなど教育の場としての働き
13. 観光や、登山やハイキングなどの野外レクリエーションに出かける場としての働き
14. 美しさを感じたり、文化や芸術、デザインの源となったりする働き
15. 宗教的な体験を行なったり、精神的に大切な場所となったりする働き

図 10.3　条件つきロジットモデルによる評価結果

るように当然想定されるものである。本研究では、木材を生産するための森林と貴重な野生動植物の生息の場としての森林は、別々の場所に設定されていると説明し、属性間に関係性が生じないと想定して回答するように説明を行なっている。

ＷＥＢアンケート調査は二〇一五年三月六日から九日まで行なった。対象者は調査会社に登録している二〇代から六〇代の一般市民モニターで、回答者数は一一六三名である。回答者の選択行動をモデル化の一つである条件つきロジットモデルによる推定結果から、保護地域面積が一％増加することに対する支払意思額（限界支払意思額）を推定することが可能である。条件つきロジットモデルによる評価結果は**図10・3**に示されている。

山崩れや洪水などの災害を防止する働きをはじめとして、いくつかのサービス（3～9）が高く評価されており、それに次いで林産物を生産する働きや木材を生産する働き（1～2）などが評価されている。ほとんど評価されていない生態系サービス（10～15）も見られる。一方、これらは平均的な評価結果で、選好の多様性については考慮されていない。人々が森林から受け取っている生態系サービスは空間的にまちまちであることから、平均値は○であっても、高い評価を与えている人と低い評価を与えている人が混在している可能性もある。評価結果の解釈にはさらなる検討が必要である。

このように、人々は生態系サービスに対して価値をもっており、具体的には支払意思額という形でそれらを評価することができる。これらは全国を対象とした調査であり、全国の傾向を把握するための大まかなものである。ただ、この評価と同じような評価、あるいはそれに使える生態系サービスの価値に関する情報が、さまざまな政策や制度設計では必要になってくる。

水源林の下流費用負担

一方、生態系サービスに対して対価を支払う仕組みの構築の話題に対応する、二つの事例について紹介したい。一つは滋賀県造林公社による水源林の下流費用負担であり、もう一つは森林環境税である（栗山 二〇一六）。どちらも生態系サービスに対する支払制度（PES）に類似する制度として位置づけられるものである（林・伊藤 二〇一〇a）。

水源林の下流費用負担とは、上流域の水源林を整備・管理するための費用の一部を受益者である下流住民が負担する制度である（熊崎 一九八一a、b、c）。一九六五年に設立された滋賀県造林公社は、水源林の下流費用負担の代表的事例の一つである（栗山 一九九三）。滋賀県造林公社は、淀川上流の琵琶湖周辺で水源林の造成を行なってきただ、淀川流域の下流自治体である大阪府、兵庫県などが造林公社の社員となり、造林費用の一部を融資していた。当時は高度経済成長により下流側で水需要が急速に高まり、水源確保の必要性から上流の水源林造成に対して下流自治体が資金面で協力することになった。上流と下流が協力して水源林整備を行なっていることから、滋賀県造林公社は下流費用負担のモデルケースといわれていた。

滋賀県造林公社は、造成した水源林の伐採収益から借入金の返済を行なうことになっていたが、生産コストの上昇と木材価格の下落により伐採収益で借入金を返済することは困難となった。造林公社は下流自治体から経営改善を求められたが、すでに大幅な債務超過の状態にあり、このままでは経営破綻は免れない状況にあった。このため二〇〇七年一一月に造林公社は大阪地方裁判所に特定調停の申し立てを行なうことになり、造林公社と下流自治体との協議の結果、二〇一一年三月に特定調停が成立した。

特定調停では、滋賀県造林公社が債務額四〇〇億円のうち、予想伐採収益六七億円を債務の弁済に充て、債務者は残額の三三三億円を放棄することになった。下流自治体のうち兵庫県以外は、特定調停の時点で一括返済し、そのための資金は滋賀県が造林公社に貸し付けることとなった。こうして、水源林の下流費用負担のモデルケースとされてきた滋賀県造林公社は、経営破綻により下流自治体の大半が撤退するという残念な結果となったのである。

造林公社は伐採収益で残りの債務を返済する予定だが、そのために経営計画の大幅な見直しが行なわれた。第一に、収益の見こめない非経済林に対しては分収契約（造林者が民有地に木を植えて、伐採後の販売代金を土地所有者と分け合う契約）を解除し、造林公社の管理対象から離れることになった。契約解除の対象となった森林は、造林公社が造成した森林のうち四六%を占めている。第二に、契約を継続する森林に対しては、分収割合を変更することになった。当初の契約では、土地所有者四〇％、造林公社六〇％の割合で伐採収益を配分する予定だったが、これが土地所有者一〇％、造林公社九〇％の割合に変更されることになった。

こうした造林公社の経営計画の見直しにより造林公社の経営状況は改善されるだろうが、森林所有者にとっては不利なものであり、容易に受け入れられるものではない。事実、分収割合の見直しは二〇一三年度までに完了するはずだったが、二〇一六年度までに完了したのは六五・五％に止まっている。しかし、特定調停では、契約解除や分収割合の見直しを前提として返済計画が決められたため、契約解除や分収割合の変更が予定通り進まなければ、造林公社の債務返済は実現が困難となる。このため特定調停後も依然として厳しい状態が続いている。

下流費用負担のモデルケースとされた滋賀県造林公社が、経営破綻と下流自治体の撤退という不幸な結果に終わったのはなぜだろうか。大きな問題の一つは、滋賀県造林公社の下流費用負担の方式では、森林に対する人々の要求の変化に対して、柔軟に対応することが制度的に不可能な点である。高度経済成長期においては、水源確保の必要性から滋賀県造林公社の下流費用負担の実現へとつながった。しかし、低成長期に入ると水需要は減少し、今日では下流の受益者の要求は、レクリエーション、温暖化対策、生物多様性保全など多様なものへと拡大した。このため、本来ならば受益者の要求の変化に応じて森林整備や費用負担の内容を見直すことが必要だが、造林公社の場合は分収契約により伐採時期や分収割合を見直すことが不可能な仕組みとなっていた。

このように、社会の変化に対応できない硬直的な造林公社の仕組みが経営破綻の原因となっていた。ところが、その後の特定調停によって経営計画が定められたため、硬直的な状況が継続されることになったのである。今後、社会状況が大きく変化したならば、特定調停によって身動きできない造林公社は、また経営破綻を引き起こしかねないであろう。こうして、滋賀県造林公社の下流費用負担は、水源林の受益者負担という設立当初の理念とは大きく乖離したものへと変貌したのである。

先に述べたように、森林がもつ環境の価値にはさまざまな種類が想定される。最も目に見える形で現れる直接利用価値であっても、市場価格の変動により大きくその価値を変えてしまった。しかし、今日的な視点で眺めれば、森林がもつ環境の価値は失われるどころか、逆に価値を増していると考えるのが普通である。それらの価値を当初から把握し、制度のなかに組み入れていれば、このようなことは回避できたのかもしれない。市場に顕示される価値も、顕示されない非利用価値も、どちらも時代によって大きく変わり行くことは、ＰＥＳを考えるうえできわめて重要な問題であるといえる。

森林環境税

二〇〇三年に高知県で森林環境税が導入されて以後、森林環境税の導入は全国各地の自治体に広がっており、二〇一六年度までに三七の自治体が森林環境税の導入を行なっている。森林環境税は、森林の生態系サービスの受益者である住民が森林保全費用の一部を負担するものであり、県民税に上乗せして課税する仕組みとなっている。多くの自治体では森林環境税の税率は個人の場合は五〇〇〜一〇〇〇円、法人の場合は五〜一一％の定率となっている。

各地の森林環境税のなかで、とりわけ注目を集めているのが神奈川県の水源環境保全税であろう（宮永二〇一二）。その理由としては、第一に、他地域と比較して税収規模が大きい点である。他地域の森林環境税の税収が数億円程度のものが多いのに対して、神奈川県は横浜市などの大都市を含むことから税収は三九億円にも及ぶ。第二に、神奈川県では流域全体の保全が対象となっている。一般に、森林環境税の目的は森林保全となっており、その税収は間伐対策などに使われることが多い。これに対して、神奈川県では水源環境の保全が目的として定められており、森林だけではなく河川や地下水など流域全体の保全が対象となっている。第三に、神奈川県では住民参加型税制の仕組みが水源環境保全税に対して適用されている。神奈川県の水源環境保全税では水源環境の保全に市民の意見を反映することを目的に「水源環境保全・再生かながわ県民会議」が設置されており、有識者、関係団体、公募委員などが委員として参加している。この県民会議では水源環境保全税の税収をどのような事業に用いるかについても検討が行なわれており、水源環境保全税に県民の意見が反映される仕組みが制度化されている。

神奈川県の水源環境保全税のもつ上記の特徴については、すでに多くの先行研究で言及されているが、それに加えて特筆すべきなのは、水源環境保全税が神奈川県民にもたらす効果の経済評価が実施されている点である。神奈川県では、水源環境保全税の導入前の二〇〇二年の時点で、森林保全や生活排水対策に対する支払意思額をたずねる仮想評価法による評価が行なわれた。その評価結果によれば、神奈川県民の支払意思額は一世帯当たり年間三六七三円、県民全体の集計価値は年間一二八億円であり、森林保全や生活排水対策に必要とされた費用を上回る経済価値が得られると予想されていた（吉田 二〇〇四）。ただし、最終的な税率は県議会で決定されたのであり、仮想評価法の評価額がそのまま税率として採用されたわけではないことに注意する必要がある。

さらに、神奈川県は二〇一五年にも仮想評価法により水源環境保全税の事後評価を行なっている。この事後評価では、今後も水源保全を継続することに対する支払意思額を調査しているが、支払意思額は一世帯当たり年間一万六四四四円、集計価値は年間三六五億円であった。これは前述の二〇〇二年に実施された事前評価を大幅に上回るものであり、水源環境保全税による水源保全活動によって水源地域の環境価値が高まったといえる。

このように神奈川県では仮想評価法の調査結果が水源環境保全税での議論で使われている。県民の水源保全に対する支払意思額が、県議会や県民会議での意思決定のための情報として使われた点は、人々の森林に対する要求を政策に反映するという観点からは評価できるものといえよう。事実、神奈川県が二〇一四年に実施した県民アンケート調査では、水源環境保全税を今後も継続すべきと考えている人は回答者の八割に達しており、水源環境保全税はおおむね県民に肯定的に受け入れられている。

以上のように森林環境税は、受益者の住民が森林管理費用の一部を負担することで森林管理に間接的にかかわるものと見なすことができる。ただし、今日、森林に対する人々の要求が水源保全だけではなく、レクリエーション、温暖化対策、生物多様性保全など多様化していることを考えると、地方自治体の森林環境税をもとに住民の要求を反映することには限界があると言わざるをえない。例えば、神奈川県の森林に対する県民の要求をコンジョイント分析によって評価した研究によると、水源保全を重視したときの森林の価値が四〇億円にすぎないのに対して、水源保全と生態系保全の両方を重視した場合は一五二億円であり、生態系保全の重要性が相対的に高いことを示している（栗山ら 二〇〇六）。しかしながら、水源環境保全税は水源環境の保全を目的として制定されたものであり、県民の要求が生態系保全にまで拡大したとしても、直ちにその目的を変更することは困難である。しかも、生態系保全は非利用価値であり、その受益者は県民に限定されるとは限らない。したがって、地方自治体による森林環境税では、生態系保全の場合は一部の受益者である県民だけが負担することになり、他県の受益者はフリーライド（ただ乗り）することになってしまうのである。先にあげた選択型実験による全国調査の結果も、この見解を支持するものである。つまり、地方自治体による森林環境税の導入は、限界も存在しているのである。それは、多分に森林がきわめて多様な生態系サービスを提供しており、またその受益者が空間的に不均等に存在しているからである。

保持伐の実質化に必要なこと

この章では、生態系サービスの価値化について整理を行なうとともに、森林生態系サービスに対する配慮を明確な形で組み入れる仕組みについて紹介してきた。理論的枠組みと同時に、現実に行なわれている仕組みにも言及してきた。この章を終えるに際して、もう一度二つの点を強調しておきたい。

まず重要な点は、生態系サービスの価値を明確にすること、そしてその生態系サービスが及ぶ範囲、それらの受益者もできる限り特定することが重要である。それらは、制度や政策を立案するうえで基礎となるものである。もう一点は、生態系サービスを価値化し、社会に組み入れる試みは、近年世界的に大きな流れとして広まっており、日本においても同様の試みは始まっているという点である。ただ、滋賀県造林公社による水源林の下流費用負担や森林環境税に見るように、利用価値と非利用価値という価値の分類を意識した綿密な制度設計が必要であり、また対象となる価値は、市場で扱われるものでも、扱われないものでも容易に変化しうることを考慮に入れる必要がある。

本書のテーマである保持伐は、提供される生態系サービスを意識し、さらにその価値評価も視野に入れている点では、おそらく生態系サービスの価値化についてはクリアする可能性が高いといえる。あとは、それをどう社会に落としこむのか、想定された生態系サービスが発揮されなかったり、あるいは想定された価値が大きく変わったりしたときにも、意義を失わずに存在し続けられるような制度設計が求められている。

【引用文献】

BBOP（2012a）Standard on biodiversity offsets. https://www.forest-trends.org/publications/standard-on-biodiversity-offsets/（二〇一八年六月二五日参照）

BBOP（2012b）Biodiversity offset design handbook. https://www.forest-trends.org/publications/biodiversity-offset-design-handbook（二〇一八年六月二五日参照）

Bowes, D. M., Krutilla, J. V.（1989）Multiple-use management: The economics of public forestlands. Resources for the Future.

Bruner, A., Gullison, R. E. Balmford, A.（2004）Financial needs for comprehensive, functional protected area systems in developing countries. BioScience 54: 1119-1126.

Clawson, M.（1975）Forests for whom and for what? Resources for the Future.

EC（2012a）Organization environmental footprint（OEF）guide final draft.

EC（2012b）Product environmental footprint（PEF）guide final draft.

FSC（2016）FSC Facts & Figures. https://ic.fsc.org/file-download.facts-figures-december-2016.a-1309.pdf（二〇一八年六月二五日参照）

畠山武道（一九九二）アメリカの環境保護法　北海道大学図書刊行会

林希一郎・伊藤英幸（二〇一〇ａ）生態系サービスへの支払い（ＰＥＳ）　林希一郎編著　生物多様性・生態系と経済の基礎知識　中央法規

林希一郎・伊藤英幸（二〇一〇ｂ）生物多様性オフセットと生物多様性バンキング　林希一郎編著　生物多様性・生態系と経済の基礎知識　中央法規

伊坪徳宏・稲葉　敦（二〇〇五）ライフサイクル環境影響評価手法――LIME-LCA、環境会計、環境効率のための評価手法・データベース　産業環境管理協会

伊坪徳宏・稲葉　敦（二〇一〇）ＬＩＭＥ２――意思決定を支援する環境影響評価手法　産業環境管理協会
伊坪徳宏・稲葉　敦（二〇一八）ＬＩＭＥ３――グローバルスケールのＬＣＡを実現する環境影響評価手法
James, A. N., Gaston, K. J., Balmford, A. (2001) Can we afford to conserve biodiversity? BioScience 51: 43-52.
環境省（二〇〇九）事業者のための生物多様性民間参画ガイドライン――第一版
環境省（二〇一七）事業者のための生物多様性民間参画ガイドライン――第二版　https://www.env.go.jp/nature/biodic/gl_participation/BDGL2_ja.pdf（二〇一八年六月二五日参照）
熊崎　実（一九七七）森林の利用と環境保全――森林政策の基礎理念　日本林業技術協会
熊崎　実（一九八一ａ）水源林造成における下流参加の系譜（Ｉ）――費用負担問題への接近　水利科学　一四〇：一―二四
熊崎　実（一九八一ｂ）水源林造成における下流参加の系譜（Ⅱ）――費用負担問題への接近　水利科学　一四一：三一―五五
熊崎　実（一九八一ｃ）水源林造成における下流参加の系譜（Ⅲ）――費用負担問題への接近　水利科学　一四二：三三―五四
栗山浩一（一九九三）下流費用分担の現状と問題点――滋賀県造林公社と木曽三川水源造成公社の事例　林業経済　五三一：二二―二九
栗山浩一（一九九七）公共事業と環境の価値――ＣＶＭガイドブック　築地書館
栗山浩一・寺脇　拓・吉田謙太郎・興梠克久（二〇〇六）コンジョイント分析による森林ゾーニング政策の評価　林業経済研究　五二：一七―二二
栗山浩一（二〇一四）生物多様性とビジネス　農業と経済　八〇：二六―三七
栗山浩一（二〇一五）保護区制度の課題　大沼あゆみ・栗山浩一編　シリーズ環境政策の新地平４　生物多様性を保全する　岩波書店
栗山浩一（二〇一六）自然資源管理における市民の視点　林業経済研究　六二：二八―三九
栗山浩一・柘植隆宏・庄子　康（二〇一三）初心者のための環境評価入門　勁草書房
宮永健太郎（二〇一二）水・森をめぐる公共政策とそのガバナンス――水源環境保全・再生かながわ県民会議の意義と教訓　諸富徹・沼尾波子編　水と森の財政学　日本経済評論社　一五九―一八一
村嶌由直（一九九八）アメリカ林業と環境問題　日本経済評論社
日本学術会議（二〇〇一）地球環境・人間生活にかかわる農業及び森林の多面的な機能の評価について（答申）　http://www.scj.go.jp/ja/info/kohyo/pdf/shimon-18-1.pdf（二〇一八年六月二五日参照）
OECD (2010) Paying for biodiversity: Enhancing the cost-effectiveness of payment for ecosystem services.

大田伊久雄（二〇〇〇）アメリカ国有林管理の史的展開　京都大学学術出版会
Pearce, D.（2007）Do we really care about biodiversity? Environmental and Resource Economics 37:313-333.
PEFC（2016）PEFC global statistics（December 2016）
https://www.pefc.org/images/documents/PEFC_Global_Certificates_-_Dec_2016.pdf（二〇一八年六月二五日参照）
Shoji, Y., Tsuge, T., Kubo, T., Imamura, K. Kuriyama K.（2018）Advantages of using partial profile choice experiments: Examining preferences for forest ecosystem services. The 6th World Congress of Environmental and Resource Economists, 25-29 June 2018, Gothenburg, Sweden.
TEEB（2008）The economics of ecosystems and biodiversity - An interim report.
http://www.teebweb.org/publication/the-economics-of-ecosystems-and-biodiversity-an-interim-report/（二〇一八年六月二五日参照）
TEEB（2009）The economics of ecosystems and biodiversity for policy makers - Summary: Responding to the value of nature.
http://www.teebweb.org/publication/teeb-for-policy-makers-summary-responding-to-the-value-of-nature/（二〇一八年六月二五日参照）
TEEB（2010）The economics of ecosystems and biodiversity for business - Executive summary.
http://www.teebweb.org/publication/teeb-for-business-executive-summary/（二〇一八年六月二五日参照）
The Natural Capital Project（2017）InVEST: Integrated valuation of ecosystem services and tradeoffs.
https://www.naturalcapitalproject.org/invest/（二〇一八年六月二五日参照）
WRI（2012）The corporate ecosystem services review, version 2.0: Guidelines for identifying business risks and opportunities arising from ecosystem change.
吉田謙太郎（二〇〇四）環境政策立案のための環境経済分析の役割——地方環境税と湖沼水質保全　季刊家計経済研究　六三：二一—三一

おわりに

本書は二〇一六年三月の日本生態学会企画集会「環境保全型林業：保残伐施業の日本における展開に向けて」の開催がきっかけとなっている。企画集会には、本書の執筆者に講演者あるいはコメンテーターとして参加していただいた。保持林業をはじめとした生物多様性の保全に関して多角的な視点で発表・議論できたことから、編者の一人の栗山が書籍化を提案し、執筆者の同意を得て書籍としてまとめることができた。企画集会の開催に協力してくださった学会・大会関係者、そして企画集会に参加してくださった方々に深くお礼申し上げたい。

本書を終えるにあたって、retention forestryを「保持林業」と訳した経緯についてふれておきたい。じつは編者の一人、山浦は長年、retention harvestingを保残伐と呼び続けてきた（山浦 二〇〇七）。これが原因となってか、第5章で紹介した北海道の実験も「保残伐施業」と名づけられ、現在にいたっている。本書を執筆するにあたり、執筆者全員でretention forestryの訳語について再度話し合った。この話し合いのなかで、造林学の分野では、非常に似通った言葉として「保残木作業（千葉 一九八一）」がすでに定着していることがわかった。第7章で述べられているように、保残木作業は天然更新を意図して主伐の際に母樹を残す手法であり、母樹はその後伐採・収穫されることが念頭におかれている（ちなみにアカマツ林では一ヘクタール当たり三〇本以上残すと、天然更新した後継樹の成長を阻害するという）（千

葉 一九八二）。

Retention forestryでは、生物多様性や生態系の保全・回復に主眼をおいて残す木を選択し、残された樹木はその後伐採されず、林分の構造や組成の複雑化に貢献することが期待される。したがって、保残木作業とretention forestryは木を残す発想や目的、方法が大きく異なる。そのため、retention forestryに保残伐や保残伐施業という訳語をあてて本書を出版すると、retention forestryと保残木作業との混同を招いてしまい、今後のretention forestryの検証や普及の障害になってしまうのではないか、と考えられた。そこで、保残伐や保残伐施業に代わるretention forestryの訳語として残ったのが「保持林業」である。ほかにも「保存」や「保全」「保留」といった単語も検討されたが、保残以上に誤解を招きかねない面もあり、スタンダードな「保持」という訳語をあてることになった。

読者の皆さんは本書を手に取って、どういった感想をもたれただろうか。つい二〇年前まで、林業や林学分野では、生物多様性という単語や概念はほとんど扱われていなかった。しかし現在では、植えた木以外の樹木や動物を研究する教員も多くの大学で増え、時代は変わった。木材消費大国かつ森林大国の日本で森林は今後どのように管理され、人間とかかわってくるのだろうか。編者の一人、柿澤がアメリカ合衆国の生態系配慮型森林管理（エコシステムマネジメント）（柿澤 二〇〇〇）を日本に紹介してから二〇年が経過しようとしている。また、保持林業先進国・スウェーデンの環境配慮型森林施業の翻訳書（The National Board of Forestry Sweden 1997）が出版されてからは二〇年が経過した。日本では森林の生物多様性にかかわる研究は進んできているものの、実践へと落としこむ試みはまだ限定されている。日本で生物多様性を組みこんだ林業のモデルを構築し、普及していくにあたって、本書がそのきっかけとしての役割を果たせればと希望する。

【引用文献】

千葉宗男（一九八一）天然更新　堤　利夫・川名　明編　新版 造林学　朝倉書店　一三〇―一五五
柿澤宏昭（二〇〇〇）エコシステムマネジメント　築地書館
The National Board of Forestry Sweden（一九九七）豊かな森へ――自然保護とエコロジーの１９９０年代の最先端技術 日本語版（神崎康一＋沼田邦彦＋芝　正己＋鈴木保志ほか訳）こぶとち出版会
山浦悠一（二〇〇七）広葉樹林の分断化が鳥類に及ぼす影響の緩和――人工林マトリックス管理の提案　日本森林学会誌　八九：四一六―四三〇

編者一同

索　引

【A～Z】

【ア行】

【カ行】

【サ行】

【タ行】

【ナ行】

【ハ行】

【マ行】

【ヤ行】

【ラ行】

【ワ行】

編者略歴

柿澤宏昭（かきざわ・ひろあき）
北海道大学大学院農学研究院教授　博士（農学）
北海道大学大学院農学研究科修士課程修了、北海道大学農学部助手・助教授を経て現職。主な研究テーマは欧米諸国の森林管理政策の比較研究、地域森林ガバナンスの構築。主な著書は『日本の森林管理政策の展開』『欧米諸国の森林管理政策』（ともに日本林業調査会）など。

山浦悠一（やまうら・ゆういち）
国立研究開発法人森林研究・整備機構 森林総合研究所 森林植生研究領域主任研究員　博士（農学）
東京大学大学院農学生命科学研究科修士課程修了後、長野県林務課に勤務。その後、同研究科博士課程修了、森林総合研究所非常勤研究員、北海道大学農学部森林科学科助教を経て現職。山村に生まれ育ち、森林や林業、野生生物の保全に関心をもち研究を行なっている。近年の著作は「人工林の主伐は生物多様性保全のチャンス!?――木を伐って、残して守る日本の自然」（林業経済）など。

栗山浩一（くりやま・こういち）
京都大学大学院農学研究科教授　博士（農学）
京都大学大学院農学研究科修士課程修了、北海道大学農学部助手、早稲田大学政治経済学部専任講師・助教授・教授を経て現職。専門は環境経済学で、自然環境の経済価値を評価する手法の研究を行なっている。主な著書は『初心者のための環境評価入門』（共著、勁草書房）、『環境経済学をつかむ　第3版』（共著、有斐閣）、『環境と観光の経済評価　国立公園の維持と管理』（共編著、勁草書房）など。

著者略歴

明石信廣（あかし・のぶひろ）
北海道立総合研究機構林業試験場研究主幹　博士（理学）
京都大学大学院理学研究科修士課程修了、北海道立林業試験場（現北海道立総合研究機構林業試験場）において、森林における シカ対策や林業と生物多様性保全の両立に向けた試験研究を行なっている。主な著書は『シカの脅威と森の未来――シカ柵による植生保全の有効性と限界』（分担執筆、文一総合出版）、『日本のシカ――増えすぎた個体群の科学と管理』（分担執筆、東京大学出版会）など。

伊藤　哲（いとう・さとし）
宮崎大学農学部教授　博士（農学）
九州大学大学院農学研究科修士課程修了、九州大学農学部助手、宮崎大学農学部助手・助教授を経て現職。日本有数の林業県にある大学で、プレッシャーを感じながら造林学を教えている。好きな研究対象は萌芽林と渓畔林。主な著書は『22世紀を展望する森林施業――その思想、理論そして実践』（共著、日本林業調査会）など。近年の著作は「低コスト再造林の全国展開に向けて――研究の現場から」（山林）など。

井上大成（いのうえ・たけなり）
国立研究開発法人森林研究・整備機構　森林総合研究所　多摩森林科学園チーム長　学術博士
千葉大学大学院自然科学研究科博士課程修了、森林総合研究所四国支所、本所を経て現職。学生時代より樹木の害虫・森林昆虫の生活史と多様性の研究を行なってきた。近年の共編書に『チョウの分布拡大』（北隆館）、『昆虫ワールド』（玉川大学出版部）、幼児用絵本に『チョウのふゆごし』（福音館書店）など。

大澤正嗣（おおさわ・まさし）
山梨県森林総合研究所特別研究員　博士（農学）

筑波大学大学院農学研究科修了。研究テーマは森林の病害虫対策、森林昆虫の多様性。

岡　裕泰（おか・ひろやす）

国際農林水産業研究センター林業領域長　博士（農学）

東京大学教養学部教養学科卒業。林業試験場、熱帯農業研究センター、森林総合研究所林業経営・政策研究領域チーム長などを経て現職。主な研究テーマは、森林経営および林産物需給の長期推計などで、個別経営から地球規模の問題までを対象とし、林業の環境影響にも関心をもっている。主な著書は『改訂　森林・林業・木材産業の将来予測』（共著、日本林業調査会）など。

尾崎研一（おざき・けんいち）

国立研究開発法人森林研究・整備機構　森林総合研究所　研究ディレクター（生物多様性・森林被害担当）　博士（農学）

東京農工大学大学院農学研究科修了後、農林水産省林業試験場（現在の森林総合研究所）に就職する。それ以降は数年間をのぞき、北海道支所で北海道の森林を対象に、世界的な視野で研究を行なう。三年前に管理職になり、つくば市に転勤。森林昆虫研究領域長を経て現職。主な著書は『オオタカの生態と保全――その個体群保全に向けて』（共編、日本森林技術協会）、“Galling arthropods and their associates: Ecology and evolution”（分担執筆、Springer-Verlag）など。

五味高志（ごみ・たかし）

東京農工大学大学院農学研究院教授　Ph.D.

北海道大学大学院農学研究科修士課程修了、ブリティッシュ・コロンビア州立大学森林学部博士課程修了後、京都大学防災研究所研究員、東京農工大学大学院講師・准教授を経て現職。主な研究テーマは、森林流域を対象とした森林の水土保全機能評価、砂防や山地保全対策に関する研究。

庄子　康（しょうじ・やすし）

北海道大学大学院農学研究院准教授　博士（農学）

北海道大学大学院農学研究科博士課程修了、日本学術振興会特別研究員、北海道大学大学院農学研究院助教を経て現職。

主な研究テーマは、環境経済学的手法を用いた自然資源の価値評価、自然保護地域の管理施策の評価。主な著書は『入門自然資源経済学』（共訳、日本評論社）、『自然保護と利用のアンケート調査　公園管理・野生動物・観光のための社会調査ハンドブック』（共編、築地書館）など。

長池卓男（ながいけ・たくお）
山梨県森林総合研究所主幹研究員　博士（農学）
新潟大学大学院自然科学研究科博士後期課程修了。現在の研究テーマは、ニホンジカの森林や高山帯への影響把握・管理や人工林の生態的管理など。主な著書は"Restoration of boreal and temperate forests 2nd Edition"（分担執筆、CRC Press）、『日本のシカ――増えすぎた個体群の科学と管理』（分担執筆、東京大学出版会）など。

中村太士（なかむら・ふとし）
北海道大学大学院農学研究院教授　博士（農学）
北海道大学大学院農学研究科修士課程修了、北海道大学農学部助手・講師・助教授を経て現職。河川を中心にさまざまな生態系の相互作用を流域の視点から研究している。近年のテーマは、生態系を生かした防災・減災で、グリーンインフラの機能評価と配置計画を検討している。主な著書は『河川生態学』（編集、講談社）、『森林と災害』（共編、共立出版）など。

森　章（もり・あきら）
横浜国立大学環境情報研究院准教授　博士（農学）
京都大学大学院農学研究科修士課程修了、サイモンフレーザー大学博士研究員、横浜国立大学助教、カルガリー大学訪問研究員などを経て現職。生物多様性がどのようにして形成され、生態系の維持にどのように貢献するのかを主に研究している。主な著書は『エコシステムマネジメント』（編集、共立出版）、『生物多様性の多様性』（共立出版）など。

由井正敏（ゆい・まさとし）
東北鳥類研究所所長　博士（農学）

東京大学農学部林学科卒業。一九六六年林業試験場保護部鳥獣研究室勤務。小鳥の生態調査やセンサス法研究に従事。森林総合研究所東北支所保護部長から岩手県立大学教授を経て、退職後は一般社団法人東北地域環境計画研究会会長などを併任。主な著書は『野鳥の数の調べ方』(日林協)、『森に棲む野鳥の生態学』(創文)など。

吉田俊也(よしだ・としや)

北海道大学北方生物圏フィールド科学センター教授　博士(農学)

新潟大学大学院自然科学研究科博士後期課程修了、北海道大学農学部附属演習林助手、北方生物圏フィールド科学センター准教授などを経て現職。北海道の天然林を主な対象として、生態系の保全を考慮した森林の施業方法を研究している。主な著書は『森への働きかけ——森林美学の新体系構築に向けて』(分担執筆、海青社)など。

保持林業――木を伐りながら生き物を守る

二〇一八年一一月三〇日　初版発行

編者――柿澤宏昭＋山浦悠一＋栗山浩一

発行者――土井二郎

発行所――築地書館株式会社
東京都中央区築地七―四―四―二〇一　〒一〇四―〇〇四五
電話〇三―三五四二―三七三一　ＦＡＸ〇三―三五四一―五七九九
http://www.tsukiji-shokan.co.jp/
振替〇〇一一〇―五―一九〇五七

印刷・製本――シナノ印刷株式会社

装丁――吉野　愛

 ISBN978-4-8067-1570-2

くわしい内容はホームページで。URL=http://www.tsukiji-shokan.co.jp/

●築地書館の本

日本人はどのように森をつくってきたのか

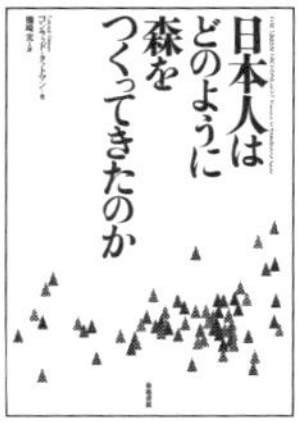

タットマン［著］熊崎実［訳］◉5刷　二九〇〇円＋税

強い人口圧力と膨大な木材需要にもかかわらず、日本に豊かな森林が残ったのはなぜか。古代から徳川末期までの森林利用をめぐる、村人、商人、支配層の役割と、略奪林業から育成林業への転換過程を描く。

木材と文明

ラートカウ［著］山縣光晶［訳］◉3刷　三二〇〇円＋税

ヨーロッパは文明の基礎である「木材」を利用するために、どのように森林、河川、農地、都市を管理してきたのか。王権、教会、製鉄、製塩、製材、造船、狩猟文化、都市建設から木材運搬のための河川管理まで、ヨーロッパ文明の発展を「木材」を軸に膨大な資料をもとに描き出す。

◎総合図書目録進呈。ご請求は左記宛先まで。
〒一〇四―〇〇四五　東京都中央区築地七―四―四―二〇一　築地書館営業部
《価格（税別）・刷数は、二〇一八年一一月現在のものです》

エコシステムマネジメント

柿澤宏昭［著］二八〇〇円＋税

経済・社会開発と生態系保全を両立させる、地域住民の利害調整と合意形成による生態系配慮型森林管理の手法を日本で初めて本格的に紹介。アメリカでの行政・企業・市民・専門家の協働による実践事例をもとに、そのプラス面・マイナス面を冷静に評価・分析する。

自然保護と利用のアンケート調査

公園管理・野生動物・観光のための社会調査ハンドブック

愛甲哲也＋庄子康＋栗山浩一［編］三四〇〇円＋税

自然保護や観光・レクリエーションの現場でのアンケート調査の計画から、調査票の作成、調査の実施、データ解析までを、造園学、環境経済学、野生動物管理学、観光学など多様な分野の研究者が解説。